"高等院校安全与减灾管理系列教材"
编委会

主　　编　张继权

副 主 编　郑大玮　刘　茂　李　宁

编　　委　（以姓氏笔画为序）

　　　　　包玉海　刘兴朋　刘　茂　李　宁

　　　　　佟志军　张继权　郑大玮　廖晓玉

秘　　书　刘兴朋

策划编辑　王树通

主编、副主编简介

张继权： 博士、教授、博士生导师

东北师范大学自然灾害研究所所长

中国灾害防御协会风险分析专业委员会理事、副秘书长

中国草学会草原火专业委员会副理事长、秘书长

农业部草原防火专家组专家

郑大玮： 博士、教授、博士生导师

中国农业大学资源与环境学院教授

农业部减灾专家组成员

国家发改委国家适应气候变化战略专家组成员

北京减灾协会常务理事

刘　茂： 教授、博士生导师

南开大学城市公共安全研究中心主任

《中国公共安全（学术版）》主编

李　宁： 博士、教授、博士生导师

北京师范大学民政部教育部减灾与应急管理研究院

灾害与公共安全研究所所长

内 容 简 介

　　本书是"高等院校安全与减灾管理系列教材"中的基础性教材，为其他教材提供必要的灾害学知识与理论基础，共分七章：第一二两章首先介绍有关灾害和灾害学的基本知识、灾害分类和灾害的发生规律；第三至六章分别介绍了不同类型灾害事故的特点与减灾途径；第七章阐述了减灾系统工程的主要内容和减灾管理各个环节的主要工作。要求学生通过本课程的学习，能够基本掌握有关灾害与灾害学的基本知识以及减灾系统工程的基本要点，为深入学习安全与减灾管理系列教材的其他课程打下坚实的基础。

高等院校安全与减灾管理系列教材

灾害学基础
Basic Catastrophology

郑大玮　编著

北京大学出版社
PEKING UNIVERSITY PRESS

图书在版编目（CIP）数据

灾害学基础/郑大玮编著. —北京：北京大学出版社，2015.9
（高等院校安全与减灾管理系列教材）
ISBN 978-7-301-26259-7

Ⅰ.①灾…　Ⅱ.①郑…　Ⅲ.①灾害学－高等学校－教材　Ⅳ.①X4

中国版本图书馆 CIP 数据核字（2015）第 207889 号

书　　　名	灾害学基础
著作责任者	郑大玮　编著
责 任 编 辑	王树通
标 准 书 号	ISBN 978-7-301-26259-7
出 版 发 行	北京大学出版社
地　　　址	北京市海淀区成府路 205 号　100871
网　　　址	http://www.pup.cn　新浪微博：@北京大学出版社
电 子 信 箱	zpup@pup.cn
电　　　话	邮购部 62752015　发行部 62750672　编辑部 62765014
印 刷 者	北京虎彩文化传播有限公司
经 销 者	新华书店

787 毫米×980 毫米　16 开本　16.5 印张　332 千字
2015 年 9 月第 1 版　2024 年 5 月第 3 次印刷

定　　　价　40.00 元

目 录

灾害学基础

Basic Catastrophology

第一章

灾害与灾害学

学习目的：了解灾害和灾害学的基本概念和术语，灾害分类方法及灾害学研究方法。

主要内容：灾害定义，灾害系统与特性。灾害分类原则与方法。灾害学的研究内容、学科体系与研究方法。

1.1 灾害概述

1.1.1 灾害概念

1. 灾害概念的由来

顾名思义，灾害学是以灾害为研究对象的一门科学。那么，什么是灾害呢？

狭义的灾害仅指自然灾害。"灾"字的繁体字是"災"，早在甲骨文中就已出现，上半部是水，下半部是火。《辞海》中释义为"原指自然发生的火灾"，"后泛指水、火、荒旱等所造成的祸害。"[1]这是因为在中国古代，水灾和火灾是最为常见的能够造成生命财产损失的灾害，因此有"水火无情""水深火热"等成语。"害"指的是"损害"。"灾"与"害"合在一起，既包括致灾原因，又包括灾害后果。

"灾害"一词在英语中相应的用词是"disaster"。据西方学者的分析，disaster 源于法语的 desaster，其前缀与后缀源自拉丁语的 dis 和 astro，意义上与星星有关，意思是上天带来的消极结果或"上帝的行动"。[2]

2. 灾害的定义及内涵

随着人类社会经济的发展，人们对形形色色的自然灾害有了更加全面的认识，同时也把灾害的概念扩展到人为引起的灾祸。联合国国际减灾十年专家组的灾害定义是：一切对自然生态环境、人类社会的物质和精神文明建设，尤其是人们的生命财产等造成危害的天然事件和社会事件。我国马宗晋院士等给灾害下了一个十分简明的定义：凡危害人类生命财产和生存条件的各类事件，通称之为灾害。[3]

目前国内外不同学科对灾害的理解有一定差异。狭义的灾害概念大多指自然灾害，广义的灾害概念还包括人为灾害。但习惯上人们一般不把故意造成的伤害和损失看成是灾害，而是使用灾难、人祸、犯罪、事故等词汇。联合国在开展"国际减灾十年活动"和实施"国际减灾战略"时，已经把灾害的内涵扩展到技术灾害和环境灾害等人为原因造成的损害，但不包括战争、动乱、犯罪、恐怖袭击等完全人为故意造成的损害事件。

灾害概念包含"灾"与"害"的两个方面，前者侧重灾害形成的原因或动力，后者侧重灾害对人类社会造成的损害，二者缺一不可。如果某种强烈的自然现象发生在无人区，尽管能量巨大，但并未对人类造成伤害或损失，通常也不被认为是灾害，如宇宙的超新星爆发、月球地震、南极大陆上的狂风（如果考察队不在场）等。

3. 与灾害及风险相近的名词辨析[4]

（1）灾难（calamity）。是与 disaster 最接近的名词，有时也替代使用。在语气上 calamity 强调事件的不幸后果，而 disaster 强调自然起因。

（2）灾祸（catastrophe）。指大的灾难，巨灾的发生通常使用该词。

（3）不幸事件（misfortune）。通常指个人的不幸事件，较少用于自然灾害。

（4）事故（accident）。指发生于预期之外，造成人身伤害或经济损失的事件。在中文里指生产和生活中的人为事故，一般不用于自然灾害。在英文里强调意外性与偶然性，有时也指有利的机遇。

（5）突发事件（sudden incident）。指不期待发生或突然发生的情况，需要紧急的行动。在《突发事件应对法》中定义为"突然发生，造成或者可能造成严重社会危害，需要采取应急处置措施予以应对的自然灾害、事故灾难、公共卫生事件和社会安全事件。由于突发事件一般都会造成相当大的危害，必定与灾害相关联。但有些自然灾害是缓发或累积形成的，如干旱、土地沙漠化、地面下沉等，因此，突发事件还不能涵盖所有灾害。

（6）危机（crisis）。从字面上看，危机由"危"和"机"构成。危机是一种紧急状态，对社会产生了实际威胁，需要社会和政府采取紧急行动来处理。但危机有可能导致灾害，也有可能不导致灾害，这取决于危机的大小和对于紧急情况的处理结果。

（7）灾害危险（hazard）。指灾害的危险性或致灾因子。Hazards 通常翻译成"灾害危险源"。

（8）风险（risk）。风险指某种可能发生的危害或损失，而灾害是指已经发生并造成重大伤亡和财产损失的事件。风险有可能转化为灾害，也有可能不发生灾害。

（9）危险（danger）。危险是指某一系统或事物存在可能造成人员伤害或财产损失的状态。与风险的含义不同，风险强调不确定性和未来，风险事件的后果有可能发生，也有可能不发生;有可能是坏的结果,也有可能是好的结果;而危险专门针对坏的结果。

　　(10)胁迫(stress)。在人体生理与动物生理上译为应激,在工程领域译为应力。胁迫指不利于植物生长发育的环境条件,应激指动物机体在受到各种强烈因素刺激时所出现的非特异性全身反应。在工程领域,应力定义为"单位面积上所承受的附加内力"。胁迫、应激或应力虽然会对生物的机能或工程材料、构件的性能造成一定影响,但如不超过生物的适应能力(adaptation ability)和材料、构件的弹性(resilience),就不至于造成器质性的损坏,不会成灾。如胁迫、应激或应力特别强且持续很长时间,则有可能超出生物的适应能力或材料、构件的弹性而造成损害,形成灾害。

1.1.2　灾害系统与结构

1. 灾害系统

　　对于灾害系统(disaster system)有不同的理解。申曙光从灾害的组分和结构角度研究灾害系统,认为从灾害系统的组分结构来看,灾害系统由各种元素即各种灾害和灾害事件构成;在时空结构上则是指各种灾害在时间和空间上相互联系和作用的方式。各种自然灾害间由于时间、空间及因果联系具有一定的整体性和层次性,构成了自然灾害系统。各种人为灾害的相互关联也构成了人为灾害系统。同样,整个灾害系统可以划分为自然灾害与人为灾害两大子系统;按照灾害类别,二者又可以划分为更低层次的若干子系统。[5]

　　就单个灾害而言,孕灾环境(environment inducing disasters)、灾害源(disaster source)、灾害载体(disaster carrier)、承灾体(disaster suffering body)共同构成了一个灾害系统。

图 1.1　灾害系统

　　(1)孕灾环境。孕灾环境指灾害酝酿和形成的环境条件,如中国的气象灾害与大陆性季风气候有关,地震与地球各板块的相对运动有关。孕灾环境中还包含着若干致灾因子,2009 年联合国国际减灾战略公布的减灾术语将致灾因子定义为:"一种或几种危险的现象、物质、人的活动或局面,它们可能造成人员伤亡或对健康产生影响,造成财产损失、生计和服务设施丧失、社会和经济被搞乱或环境损坏。"[4]

　　(2)灾害源。导致灾害发生的自然或社会经济原因称为灾害源,如风灾的灾害源是强气流,植物病害由细菌、真菌或病毒传播。

　　(3)灾害载体。灾害过程中具有破坏作用的事物称为灾害载体,即破坏性物质与能量的载体,如作物病毒病大多通过蚜虫和灰飞虱吸食叶汁传播,掺混石块的泥浆构成山区泥石流灾害的载体。但也有一些灾害的致灾因子与灾害载体是合为一体的,如洪水与火灾。有时直接受损害的并非人类本身,而是与人类有密切经济关系的设施、农作物、畜禽、野生动植物或生存环境,但最终受害的还是人类。

(4) 承灾体。直接受损的灾害作用对象称直接承灾体,人类是间接承灾体。[6]但在灾害直接造成人体的伤害或财产损失时,人类就是直接承灾体。

从灾害发生发展的全过程看,一个灾害系统按照发展演变过程可以分为以下不同的阶段:孕育期、发展期、爆发期、扩散蔓延期、衰减期、恢复期,每个阶段可以看成是一个子系统。

灾种是具有相同特征的灾害组成的集合体,灾害系统指以不同灾种为单元所组成的一个复杂系统。灾害系统的结构体现在不同灾种之间存在复杂的相互关系,有些灾种具有相互促进关系,如干旱与高温;有些灾种则具有相互抑制作用,如干旱与洪涝。有些灾种之间具有单向的促进作用,如干旱有利于蝗虫的繁衍和迁飞;有些灾种则具有单向的抑制作用,如暴雨有助于扑灭森林火灾,台风带来的充沛降雨有助于减轻南方夏季的伏旱。不同灾种之间的相互关系具有明显的地区性,构成区域灾害系统。有些灾种的相互转化有利有弊,如 2011 年 5 月下旬长江中下游的旱涝急转,既缓解了干旱缺水,又带来了新的洪涝灾害。

2. 灾害事件

一个灾害事件(disaster incident)包括五个要素:时间、地点或范围、性质、强度、灾害损失。其中灾害损失又分为直接损失与间接损失,前者指灾害发生当时能够直接计算的经济损失与人员伤亡,间接损失包括通过产业链传递对下游企业或对灾后生产造成的不利影响和生态环境破坏或恶化的后果,救灾、恢复生产及重建所付出的代价,人员伤亡对亲属及其他人员的心理伤害等,其中有些社会影响和生态后果很难用经济价值衡量。重大自然灾害的间接经济损失通常可以达到直接经济损失的 3～5 倍。

灾害损失的大小与后果的轻重不仅与致灾因子的强度、范围及持续时间有关,更与承灾体的暴露性(exposure)和脆弱性(vulnerability)有关。所谓暴露性,是指人员、财务、系统或其他事物处在危险地区,因此可能受到损害。所谓脆弱性,是指一个社区、系统的特点和处境使其易于受到某种致灾因子的损害。[4]如同样发生 7～8 级的地震,在日本、新西兰等发达国家,由于建筑设施的防震性能好和公众的科技素质高,暴露性与脆弱性都较小,人员伤亡很轻;而发生在一些发展中国家,由于简陋的房屋不具备抗震性能、公众的科技与信息素质都很差、政府的救援迟缓且不得力,往往造成巨大的伤亡。

3. 灾害的自然属性与社会属性

灾害是社会与自然综合作用的产物,具有自然属性与社会属性的双重性。

灾害的自然属性,对于自然灾害表现为灾害孕育和致灾均源于自然变异,灾害发展、扩散和衰退取决于自然物质与能量的演变。具有破坏性的自然物质与能量越大,灾害后果越严重。对于人为灾害则表现为灾害发生发展受到自然条件的影响和干扰,并受到承灾体自然属性的影响。如虽然绝大多数火灾由人为因素引起,但火灾现场的风力、湿度和温度等气象条件及地面可燃物的多少对于火势消长有着重要影响。许多交通事故的发生也与能见度或路面状况差有一定关系。当然,也有一些人为灾害的发生与自然因素关系不大甚至没有关系。

灾害的社会属性,对于自然灾害表现为人类社会对于自然灾害的响应,灾害后果不仅取决于灾害的强度和规模,而且取决于承灾体的脆弱性、暴露性与减灾能力。由于人类对自然界的长期掠夺性开发和人类活动无处不在,大多数自然灾害的发生都带有一定的人为因素,或导致生态环境的破坏,或造成承灾体的脆弱性增大。对于人为灾害,则既表现为灾害起因于各种社会矛盾或人与自然的矛盾,也表现为人类社会对于灾害的响应,包括脆弱性、暴露性和对于人为灾害的防控能力。

从灾害的发生过程或成因看,灾害的自然属性对于自然灾害起到决定性作用,而对于人为灾害只起到辅助作用。从灾害的后果看,则无论对于自然灾害还是人为灾害,都是以灾害的社会属性,即灾害与人类社会的相互关系起到主导作用。

1.1.3　安全减灾责任重于泰山

1. 政府的减灾责任

减灾是全民的事业,政府要在减灾中发挥主导作用,各级领导干部不但要把当地经济搞上去,还要保一方平安,防止灾害对人民生命财产和国家资产的破坏,责任重于泰山。[7]

我国长期以来实行的计划经济体制把产值增长速度作为几乎唯一的指标,忽视经济效益和长远利益。目前在经济体制转轨的过程中,短期行为也是一个突出的问题,许多地方对干部的考核只重视任期内的政绩,忽视经济发展后劲和生态效益,容易导致干部忽视减灾工作。因此需要对干部进行全面考核和群众监督,不要光看表面上的经济指标和繁荣景象,更要看实实在在的经济效益和民生改善程度、经济发展的长远后劲和生态环境的改善。

从减灾管理的具体职责看,减灾责任(responsibility of disaster reduction)可分解为防灾职责、抗灾职责、救灾职责和援建职责等几方面。领导干部要以科学发展观为指导,认真学习国家有关减灾法律法规、政策文件和减灾科技知识,注重调查研究,掌握本地区本单位的主要灾险和隐患、防灾抗灾救灾措施和技术力量的基本情况。无论是到灾区调查灾情,防灾减灾,还是灾后恢复重建都要走群众路线。在复杂的灾情面前,只有运用辩证唯物论和系统科学方法才能抓住主要矛盾,搞清系统与环境、系统之间、系统内部的子系统及单元间的复杂关系,正确地组织防灾减灾。要学会运用信息反馈的方法来掌握减灾的主动权。灾害过后要对减灾工作进行全面总结,进一步加强减灾能力建设。

2. 公民的减灾义务

减灾关系到全社会的共同利益,《中华人民共和国突发事件应对法》明确规定"公民、法人和其他组织有义务参与突发事件应对工作"。这对于各类灾害的防灾减灾和救援也是同样适用的。公民首先有遵守减灾相关法律法规的义务,减灾义务(duty of disaster reduction)包括协助执法部门制止违反减灾法律法规的行为,特别是保护所在地区的减灾设施不受破坏。发现灾害隐患或灾害初起时,有向减灾主管部门报告灾情的义务。灾害发生后,要服从当地政府按照预案做出的应急安排和疏散行动,在力所能及的情况下,要积极参加对本地灾民的救援行动,特别是要保护处于危险中的未成年人和弱势群体,青壮年应积极参加所在社区的救灾志愿者队伍。平时要积极参加社区有关防灾减灾的培训、演练和宣传活动,掌握必要的自救互教知识与技能。

1.2 灾害的分类

1.2.1 灾害分类的意义和原则

分类指按照事物的等级、种类和性质分别归类,是人类认识世界的重要方法。同一类的事物具有某些共同的特征,分类有助于人们对事物的正确识别和利用。

灾害分类是将具有相同特征的灾害归为一类,以便研究不同灾害的发生、演变规律和致灾过程,探索灾害预测、监测方法;针对不同灾害的危害特点,制定防灾减灾的对策。

灾害分类是正确识别与科学减灾的基础。历史上由于对灾害类型判断错误导致损失扩大或减灾资源浪费的例子很多。如近几年中国北方在发生小麦冬旱时,不少地方把干旱与冻害、气象干旱与农业干旱混淆,把局部受旱夸大为全局,一些并未受旱的农田因隆冬浇水不当而发生死苗或生长不良[8]。还有一些生产事故是技术失误甚至自然原因造成,但误判为人为破坏而造成冤假错案,在过去的历次政治运动中曾多次发生。

灾害分类应遵循以下原则[9]:

1) 科学性原则

灾害归类必须具有严密的科学基础和明确的分类标志。如有人把气象因素引发的植物病虫害称为"生物气象灾害",其实气象条件只是一种诱发因素,而植物病虫害的发生从根本上是由生物之间的相互作用所决定的,应属生物灾害。同理,虽然暴雨是滑坡、泥石流等地质灾害最常见的诱发因素,但仍应归类于地质灾害,不能称之为"地质气象灾害"。

2) 层次性与同质性原则

灾害系统具有复杂的层次性,大致可分为灾类、灾种、灾型、灾害等级等四个层次。

按照自然灾害的形成机制划分灾类,发生在大气圈并由大气运动异常所产生的自然灾害归为气象灾害,发生在岩土圈并由地质运动异常所产生的自然灾害属地质灾害,发生在海洋的自然灾害统称海洋灾害。发生在生物圈,由物种之间的相互作用产生的危害称生物灾害。

在气象灾害中,又可划分为由水分因子异常而发生的旱涝,因温度因子异常而发生的热害与低温灾害,因光照因子异常而发生的阴害与灼伤,因气流因子异常而发生的大风、雷电、冰雹等灾种。每个灾种还可按照不同发生机制进一步划分出不同的灾型,如干旱可分为大气干旱、土壤干旱等。按照灾情程度划分出轻重不同的等级。同一灾类、灾种或灾型的灾害之间必须具有相同的特性,即同质性。

3) 概括性与唯一性原则

灾害分类有许多种方法,各有其应用价值,但在每一种分类方法中,每个灾类应能概括所有可能的灾种,每个灾种应涵盖所有可能的灾型。同一个灾种只能在一个灾类中出现而不能跨其他灾类。同一个灾型也只能在一个灾种中出现。

4) 沿袭性与时效性

灾害分类方法应照顾传统的灾害分类方法以利灾害研究与减灾应用,有些已约定俗成的名称不要轻易改变。如有人提出干旱、洪涝等都是自然现象,作为灾害应分别取名为旱灾、洪灾或涝灾,虽不无道理,但目前人们已普遍接受这些灾害名称,就不必再改变了。至于该名词出现时是作为自然现象还是灾害,通过前后文比较不难鉴别。

随着人类对灾害认识的不断深化与社会经济的发展,对于灾害类型的划分也会有新的认识。因此,在确定灾害类型划分方案时,也要具有适当的前瞻性,使灾害分类能够适用较长的时期。如由于光照不足对农作物产生的损害称为阴害,尽管这种灾害名称出现的时间不长,在大田生产上阴害的危害还不很突出,但随着生产水平的不断提高,光照不足在高产条件下的影响会日益突出,在农业灾害类别中就应包括这一灾种。

5) 规范化原则

目前我国在灾害分类和识别方面还存在一些混乱,如许多人将农业生产中的冷害、寒害、冻害、霜冻等四种低温灾害混淆,将气象干旱与农业干旱混淆。为此,灾害管理部门必须制定全国统一的灾害分类体系,使灾害分类具有实用性与可操作性。

1.2.2 灾害的分类方法

灾害的分类按照成因、性质、强度、规模等可以有不同的方法,在实际工作中要根据减灾的需要选择适合的分类方法。

1. 按照灾害成因和灾害现象

按照灾害发生的原因,可将各类灾害分为自然灾害(natural disaster)、人为灾害

(man-made disaster)、自然人为灾害(natural man-made disaster)、人为自然灾害(man-made natural disaster)四大类,其中自然灾害的成因为自然因素并表现为自然现象,如地震、台风、干旱、洪涝、动物疫病等;人为灾害的成因是人为因素并表现为社会现象,如战争、恐怖袭击、交通事故等;人为自然灾害的成因是人为因素,但表现为自然现象,如因施工质量不好导致的水库垮坝、废弃矿坑的坍塌、滥伐滥垦造成的水土流失等;自然人为灾害的成因是自然因素,但表现为社会现象,如恶劣天气导致交通事故增加。还有一些灾害,既有人为因素,又有自然因素,需要根据具体情况确定其主因。如火灾的发生,有人为纵火、用火不当失控、自燃起火、雷击起火等原因,前两种属人为灾害,后两种属自然灾害。在实际生活中,由于90%以上的火灾是由人为因素引起,通常在灾害管理中总体上把火灾列为人为灾害;但其中的森林火灾或草原火灾虽然大多数也是由人为因素引起,但起火、火势发展与扑救受到自然条件的很大影响,又往往与其他自然灾害一起进行管理。

人为灾害中的环境灾害虽然主要是由人为原因引起的,但大多不属于故意破坏,其危害往往以自然现象表现出来,因此,也有人把环境灾害列为与自然灾害、人为灾害并列的一大类灾害,在本书中将单列一章叙述。

2. 按照灾害源

可将自然灾害分为地质灾害、气象水文灾害、海洋灾害、生物灾害、宇宙灾害,分别源于岩土圈、大气圈、水圈、生物圈或宇宙天体的异常运动。通常将人为灾害分为社会经济公共事件、生产安全事件、公共卫生事件等大类。

3. 按照灾害链关系

可将彼此相互关联的灾害按照其因果关系和发生先后分为原生灾害(primary disaster)、次生灾害(secondary disaster)和衍生灾害(derived disaster)。原生灾害指最初发生的主灾;次生灾害指由原生灾害直接引发的灾害;衍生灾害指在原生灾害衰退或削弱之后,由原生灾害或次生灾害所逐渐诱发的灾害。

4. 按照灾害的发生特征

可分为突发型灾害(sudden disaster)和累积型(或缓变型)灾害(accumulated disaster)。前者的破坏力在短时间内集中爆发,通常难以预测,减灾的关键在于做好预防和应急处置,如地震、冰雹、滑坡、泥石流以及蝗虫等迁飞性害虫;后者是致灾因素长期作用累积下形成的严重后果,灾害孕育、发生、演变直至衰退的时间较长,较易监测和预报,但初期的征兆不明显,容易被人忽略,减灾的关键是在初期采取防控措施,在灾害发生后采取补救措施也有较大余地,如干旱、冷害、地面下沉、水土流失和绝大多数植物病虫害。

5. 按照灾害发生的地貌

可分为平原灾害(plane disasters)、海洋灾害(marine disasters)、山地灾害(mountainous disasters)、高原灾害(plateau disasters)等。

6. 按照灾害发生地区的人类聚落

可分为城市灾害(urban disasters)和农村灾害(rural disasters)。

7. 按照灾害危害的产业或行业

可分为工业灾害(industry disasters)、矿业灾害(mine disasters)、农业灾害(agricultural disasters)、牧业灾害(animal husbandry disasters)、林业灾害(forestry disasters)、渔业灾害(fishery disasters)、商业灾害(commerce and trade disasters)、交通灾害(traffic disasters)等。

8. 按照灾害发生地理范围的大小

可分为全球性灾害(global disasters)如地震、火山、荒漠化、太阳活动异常、海平面上升等,区域性灾害(regional disasters)如水土流失、土地盐碱化、台风等,局地性灾害(local disasters)如滑坡、地面塌陷、冰雹等。所谓全球性灾害,除海平面上升和太阳活动异常外,一般也不是在全球同时发生,而是指这些灾害的发生是由地球物理因素而非区域或局地因素引起的。有些灾害有可能是区域性,也有可能是局地性,如流域性洪涝应属区域性灾害,但个别支流泛滥或小水库溃决造成的洪涝则属局地灾害。

9. 按照灾害强度或损失程度

分为巨灾(huge disaster)、大灾(big disaster)、中灾(median disaster)、小灾(small disaster)、微灾(micro disaster)等。在 20 世纪 90 年代,我国专家曾提出如下灾害等级的划分标准(表 1.1)。随着社会经济的发展,灾害分级还会不断调整。

表 1.1　灾害分级标准

级别	巨灾	大灾	中灾	小灾	微灾
死亡	≥10 000 人	1000～10 000 人	100～1000 人	10～100 人	<10 人
损失	>1 亿元	1000 万～1 亿元	100 万～1000 万元	10 万～100 万元	<10 万元

10. 其他分类方法

按照灾害发生时间分为历史灾害、现今灾害和未来灾害,但在人类社会形成之前的自然变异一般不在灾害学研究范围之内。按照是否可防分为可避免性灾害和不可避免性灾害,按照是否可预测分为可预测性灾害和不可预测性灾害。

灾害系统首先可划分为自然灾害与人为灾害两个大类,每个大类灾害源又可划分为若干亚类,如气象水文灾害、地质灾害、生物灾害、环境灾害、技术灾害、社会灾害等,每个亚类又可分为若干灾种,如气象灾害包括干旱、洪涝、低温灾害、热害、大风、冰雹等。有些灾种还可细分为若干亚种,如干旱有大气干旱、土壤干旱、生理干旱、水文干旱、农业干旱、城市干旱之分,洪涝包括山洪、洪水泛滥、融雪性洪水、凌汛、沥涝、冻涝、渍害等。

1.2.3 按照灾害成因和灾害源的分类

在减灾实践中,最常见的是按照灾害成因与灾害源的分类和按照承灾体的分类方法。

1. 自然灾害

1) 气象水文灾害

由于大气圈是地球表面各圈层中最为活跃多变的圈层,气象水文灾害(meteorological and hydrological disasters)是发生最为频繁和种类最多的一大类自然灾害,在不发生特大地震、火山喷发、海啸等巨灾的年份,通常气象水文灾害造成的经济损失要占到全部自然灾害经济损失的 70%~80%,而且大多数生物灾害和部分地质灾害往往由异常气象条件或气象灾害所诱发。由于陆地上的水文异常现象归根到底都是由于降水与蒸发的异常所造成,无法把气象灾害与水文灾害完全分离开来,因此统称气象水文灾害。其中与水分要素异常有关的灾害带有水文灾害的成分,与其他气象要素异常有关的灾害则纯属气象灾害。

气象水文灾害通常由气象要素的异常所引起,具有非线性特征,要素值过大过小都可能成灾。通常按照气象要素的异常特征分类。各类气象水文灾害的具体分类如表1.2所示。

表 1.2　气象水文灾害的分类

致灾气象要素	异常特征	灾　种
水分异常	偏少	大气干旱、土壤干旱、生理干旱、黑灾等
	偏多	洪水泛滥、山洪、涝灾、渍害、凌汛、冻涝、霉烂(空气湿害)、白灾等
	相变	冻雨、雪害、冻融、雪崩
气温异常	偏高	热浪、热害
	偏低	零上低温——冷害、寒害、冷雨受寒
		零下低温——冻害、霜冻、冻伤
光照异常	过强	日灼、日烧病、强紫外辐射
	过弱	阴害
气流异常	过强	大风、龙卷风
	过弱	静风(不利于授粉、光合作用与海上航运)
	强对流	暴雨、雷电、冰雹、旋风
空气成分	缺氧	高原病、鱼塘缺氧死鱼
复合灾害		台风、干热风、暴风雨、暴风雪、沙尘暴

2）地质灾害

地质灾害（geological disasters）是由地球岩土圈的异常变化所引起的，具体分类如表 1.3 所示。

表 1.3 地质灾害的分类

发生特征	致灾因子	灾 种
突发型	板块构造运动异常	地震、火山喷发
	山地灾害	滑坡、崩塌、泥石流、地面塌陷
缓变型	土壤侵蚀	风蚀沙漠化、水蚀沟壑化、石漠化、冻蚀、化学侵蚀
	平原地质灾害	地面下沉、地陷、地裂缝
	土壤性质恶化	土壤贫瘠化、盐碱化、潜育化
	化学元素性地方病	碘缺乏症、硒缺乏症（克山病、大骨节病等）、地方性中毒（氟中毒、砷中毒、硒中毒等）

3）海洋灾害

海洋灾害（marine disasters）是由海洋的异常运动或海水成分变化所引起的自然灾害（表 1.4）。

表 1.4 海洋灾害的分类

致灾因子	灾 种
海水运动异常	风暴潮、灾害性海浪、海啸、海岸侵蚀、咸潮
海水状态和成分异常	海冰、赤潮、绿潮、海水酸化

4）生物灾害

生物灾害（biological disasters）指有害生物对人类生命、财产造成的损害，种类极多（表 1.5），表 1.5 只列出一些常见的有害生物。少量有害生物的存在不一定成灾，如只有少量植株有棉铃虫时，棉花并不减产。但如有害生物发生的数量大，而且在关键时期，则有可能造成重大经济损失或对人体健康造成严重损害。又如个别人感冒是常有的事，不能称为灾害。但像第一次世界大战后期席卷全球的大流感导致上千万人的死亡，就不折不扣是异常大灾难。

表 1.5 生物灾害的分类

危害对象	致灾因子	灾种举例
人体健康	微生物	流感、伤寒、痢疾、肝炎、霍乱、疟疾、肺结核、登革热
	寄生虫	蛔虫、绦虫、血吸虫、臭虫、虱子等
	人兽共患病	狂犬病、疯牛病、艾滋病、禽流感、鼠疫
	危险动物毒虫	毒蛇、鲨鱼、鳄鱼、南美杀人蜂、蝎子、蜈蚣等

危害对象	致灾因子	灾种举例
农林植物	植物病害	小麦锈病、赤霉病、玉米斑病、水稻纹枯病、病毒病等
	植物虫害	蝗虫、蚜虫、黏虫、松毛虫、棉铃虫、食心虫、蜗牛等
	植物草害	田间除栽培植物以外的植物均属杂草,稻田最常见是稗草
	植物鼠害	田鼠、家鼠、仓鼠、黄鼠、沙鼠、鼢鼠等
农业动物	动物疫病	口蹄疫、猪瘟、猪蓝耳病、牛瘟、鸡新城疫、马传染性贫血症、炭疽病、鱼病等
	动物寄生虫病	蠕虫、吸虫、绦虫、蛔虫、线虫、球虫、原虫、蜱螨等
	进食毒草	醉马草、狼毒、棘豆等
建筑设施	虫害、微生物	白蚁、霉菌、蛀虫等
外来有害生物入侵	植物和害虫	美国白蛾、福寿螺、紫茎泽兰、空心莲子草、豚草、毒麦、水葫芦、假高粱、非洲大蜗牛等

5) 宇宙灾害

宇宙灾害又称天文灾害(astronomical disasters),指由天体的异常运动对地球上的人类生命、财产造成的重大危害,有些可直接对人体与财产造成伤害,如小行星或巨大陨石撞击地球,但发生的概率极低。有些可通过诱发地球上的异常自然现象或干扰人的精神状态而产生间接危害,如太阳活动引起地球磁暴,对输电系统和通信系统产生破坏与干扰,太阳风和宇宙射线对航天器的破坏与对航天员生命的威胁,太阳活动异常对地球气候的影响,日月运动引起的地球海洋上的天文大潮等。超新星爆发与黑洞等巨大宇宙灾变由于距离遥远,对地球一般没有明显的影响。总体上,一般年份宇宙灾害造成的损失在各类自然灾害中是最小的。

表 1.6 宇宙灾害的分类

灾害源	灾 种
太阳系外	宇宙射线、超新星爆发、黑洞
太阳系内	小行星或彗星撞击地球、太阳风诱发磁暴、太阳活动峰谷诱发地球异常气候
月球	天文大潮

2. 人为灾害

人为灾害可分为生产与技术事故、生态环境灾害、公共卫生事件、社会事故等几大类(表1.7)。其中生态环境灾害与公共卫生事件带有一定的自然因素,传染病虽然由有害生物引发,本质上应属生物灾害,但在现行减灾管理体制下纳入公共卫生事件管理范畴。有些人为灾害是故意的,大多数并非故意,但所有人为灾害都与人的不当行为有关。

表 1.7　人为灾害的分类

灾害源	灾类	亚类	灾种
操作技术失误设备器材隐患	生产与技术事故	生产事故	工伤、电击、火灾、爆炸、高处坠落、职业病、有毒有害物质泄漏、核放射事故、建筑物坍塌、中毒窒息、农机事故
		矿难	瓦斯突出、瓦斯与煤尘爆炸、冒顶片帮、透水、矿井火灾、塌陷地震
		交通事故	海难、空难、公路事故、铁路事故、拥堵
		基础设施	停电、停水、断气、停止供暖
		高新技术	计算机病毒、航天事故
不合理人类活动、不利自然条件和污染物质	生态环境灾害	宏观	温室效应、物种灭绝、臭氧层空洞、土地荒漠化、海平面上升、水资源紧缺
		微观	大气污染、水污染、固体废弃物污染、酸雨、农业废弃物污染、噪声、电磁污染、土壤污染、海上石油泄漏、森林草原火灾
不合理行为、有害生物	公共卫生事件	传染病	细菌类、病毒类、真菌类、线虫类
		寄生虫	血吸虫、蛔虫、绦虫
		非传染病	心脑血管病、癌症、关节炎
		社区家庭	食物中毒、居室意外伤害、燃气中毒
不当行为	社会事故	故意	战争、偷盗、抢劫、绑架、仇杀、恐怖袭击、纵火、投毒、谣言、邪教、贪污、贿赂、强奸、逃税、黑客、政治动乱
		非故意	经济危机、通货膨胀、股灾、公共场所拥挤踩踏、群体事件

　　绝大多数人为灾害具有突发性、随机性和难预测性。虽然大多数人为灾害事故造成的伤亡不及重大自然灾害，但由于发生频繁，伤亡总数远远大于自然灾害造成伤亡的多年平均值(图 1.2)，特别是交通事故。

1.2.4　按照承灾体的灾害分类

　　按照承灾体的灾害分类方法常见的有两种，一种是按照产业划分，另一种是按照地域划分。

1. 按照产业划分

　　按照产业可分为工业灾害、建筑灾害、矿山灾害、交通灾害、农业灾害、林业灾害、牧业灾害、渔业灾害等。其中每种产业又可以根据灾害起因进一步划分出具体的不同灾种。

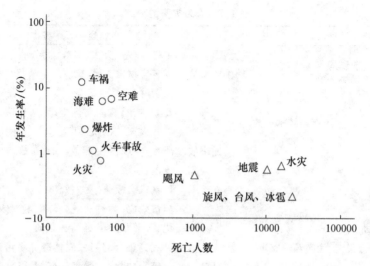

图 1.2　全球自然灾害与人为灾害发生率与死亡人数的比较(一次死亡 30 人以上)[10]

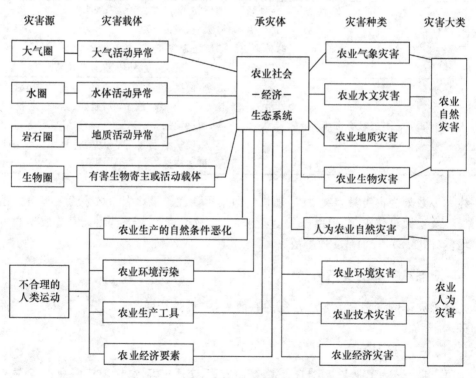

图 1.3　农业灾害系统

以农业灾害为例,农业灾害系统的结构如图1.3。每一类又包括多个灾种,如农业气象水文灾害包括旱、涝、冷害、冻害、霜冻、大风、冰雹、沙尘暴等;农业地质灾害包括土地沙漠化、水土流失、土壤盐碱化、滑坡、崩塌、泥石流等;农业生物灾害包括植物病虫害、草害、鼠害、动物疫病等,农业环境灾害包括灌溉水污染、农作物大气污染、土壤污染、畜禽粪便污染、农药化肥地膜残留污染、饲料违禁添加剂污染等;农业技术灾害包括农机事故、农产品霉烂、农电事故、农田火灾、杂交制种失败等;农业经济灾害包括农作物大面积减产或绝收、农产品过剩滞销、农场或涉农企业破产等。

工业灾害、建筑灾害、交通灾害等也可以同样划分出不同的类型(表1.8)。

表 1.8　工业灾害事故的分类

灾害源	灾害事故种类
操作失误	工伤事故——物体打击、机械伤害、起重伤害、灼烫、高处坠落等 误操作损坏机器设备——电线短路起火、断裂失效、撞车、停电
设备器材隐患	火灾、电击、爆炸、设备断裂、建筑倒塌、有毒有害物质泄漏、核泄漏、腐蚀、计算机故障
工作环境隐患	职业病、燃气中毒、粉尘、中暑、窒息、环境污染、强辐射
自然灾害破坏	地震使厂房车间倒塌、洪水冲击淹没、大风损坏、酸雨腐蚀、沙尘污染、干旱缺水、材料霉烂变质、雷电损坏设备与计算机

交通灾害事故的承灾体包括交通设施、交通工具和人员三类,交通事故还可以引发一系列次生灾害(图1.4)[11]。交通灾害的灾害源包括自然灾害对交通设施与工具的破坏,异常天气现象导致能见度或驾驶员舒适度下降,路况、海况与大气状况变差,驾驶员因体力、精神状态不好和技术水平低而发生的误操作,交通管理部门指挥失当或人群发生意外骚乱等。还有极少数是人为故意破坏引起的。

1.2.5　灾害分类中存在的问题

由于灾害现象及成因的复杂性,目前对于灾害分类还没有统一的认识,不同学者的分类方法各有一定依据,见仁见智;但在生产实际中有时也发生对于灾害种类的混淆甚至错误判断,导致或因盲目减灾而造成资源浪费,或因错失时机而加重灾害损失。如在农业领域,很多人把冷害、寒害等零上低温灾害与冻害、霜冻等零下低温灾害混为一谈,把雨后暴热枯熟与干热风两种不同性质的灾害混淆。2009年初,北方冬小麦产区一度发生比较严重的气象干旱与冻害,但由于夏秋雨水充沛、底墒充足和北方普遍浇了冻水,生产实际中大多数麦田并不缺墒,农业干旱并不严重,有些地区把小麦叶片受冻枯萎误认为是受旱,要求农民在隆冬盲目浇水,人为造成了小麦的伤害。[8]

还有一些学者把灾害的影响因素与灾害本身混淆起来,如把人口增长过快、道德败

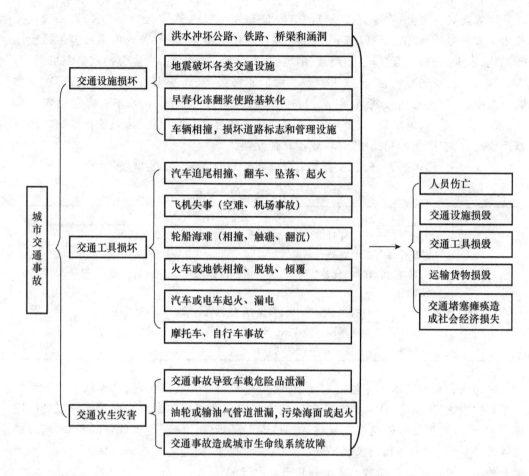

图 1.4　城市交通灾害事故的种类及其损害

坏、科技落后等都作为灾害名称。人口过多与科技落后固然是造成灾害损失加重的重要原因,但本身还不会直接造成重大的生命与财产损失。西欧不少国家与日本的人口密度很大,但高度发达的经济发展水平和人口素质使得这些国家在发生同等规模与强度灾害时的损失要远小于绝大多数发展中国家。科技落后当然会影响到减灾能力,但如位于自然环境相当有利的地区且社会矛盾比较缓和的国家,灾害也并不严重,如不丹。道德败坏固然为各种社会灾害的发生提供了土壤,但其本身还不等同于灾害的实际发生。一个道德败坏者如果处于完善的法制与纪律严密约束下,也有可能没有机会作案。

混淆承灾体与灾害源也是经常发生的,如有的学者把生物多样性锐减和物种灭绝列为生物灾害。所谓生物灾害,是指有害生物对人类生命财产与生存条件造成的损害,对于生物多样性锐减和物种灭绝,生物本身是承灾体,灾害源是环境的恶化,因此,应列入环境灾害或生态灾害的范畴。同样,把森林与草原火灾列为生物灾害也是错误的,大多数森林火灾与草原火灾是人为原因引起的,应列入人为灾害,因雷电和自燃引发的森林或草原火灾应属自然灾害,但由于并非有害生物引起,不属生物灾害。

有些灾害是由多种原因引发的,既有自然因素,又有人为因素;某些自然灾害也是由多种因素引起的,就需要看哪种因素占到主导地位来确定其灾害种类。如高温与干旱经常相伴随,灾害损失如果主要表现在大量人畜中暑和农作物空壳瘪粒,则可称为热害;如果主要表现在干旱缺水,在长江流域一般称为伏旱。如两类表现均十分突出则可称为高温伏旱,看成是一种复合灾害(compound disaster)。

目前学术界对于自然灾害的类型划分通常是根据地球表面圈层的活动,如海洋是水圈的主要组成部分,将海洋灾害单独作为一个灾害大类并无分歧。但陆地上水体的异常往往与大气圈的异常密切相关,就很难将气圈灾害与水圈灾害绝对分开。有些学者把旱涝列为水文灾害,把水分因素以外的其他气象因素异常引起的灾害列为气象灾害,这样的划分,气象工作者无法接受。因为在实际气象业务中,旱涝灾害的监测预报和预防一直是作为气象服务的中心工作开展的。为避免这一矛盾,我们主张把陆地上的水旱灾害列入气象水文灾害一大类。但也要注意到,有些水文灾害与气象关系不大或无关,如溃堤、垮坝、漫溢泛滥、工程型缺水与污染型缺水等。也就是说,在气象水文灾害这一大类灾害中,既存在单纯的气象灾害,也存在单纯的水文灾害,还存在兼有气象因素和水文因素的气象水文灾害。

有的灾害种类之间很难划分出严格的界限,如冻害是指越冬前后强烈的零下低温与变温对农作物造成的伤害,霜冻则是在作物活跃生长期间接近零度的零下低温所造成的伤害。但处于越冬休眠期向活跃生长期过渡时发生的零下低温危害,究竟称为冻害还是霜冻,两者之间并无严格的界限。

在确定灾害名称时还存在以灾害现象为主还是以灾害后果为主的问题。如干燥是一种天气现象,空气干燥不等于发生旱灾,如新疆的绿洲由于依靠灌溉,与内地相比旱灾反而很少发生。还有人提出干旱不等于旱灾,但在实际生活中,干旱已经作为一种灾害的名称普遍使用,我们就遵循约定俗成的惯例。但有的情况下对灾害现象与灾害后果就必须分清,如霜是一种天气现象,不一定成灾;能对农作物造成灾害后果的相应灾种是霜冻,即使由于空气干燥,没有出现白霜,只要作物表面最低温度降到受害阈值以下,就可确定为发生了霜冻灾害。

1.3 灾　害　学

1.3.1 灾害学概念的提出

申曙光提出,灾害学就是对灾害的性质、规律、机理、后果及防治进行专门研究的一门科学。[12] 罗祖德提出,灾害学是以灾害和灾害系统作为特定研究对象的一门科学,它研究灾害发生的原因,探求灾害形成的规律性,通过综合分析方法和预测技术来寻求灾害发生的可能机会,从而把灾害的不良影响与损失减少到最低程度。[10] 我们综合上述学者的观点,简明地给出灾害学的概念:灾害学(catastrophology)是一门以灾害为研究对象,研究灾害发生和演变规律,寻求有效防灾减灾途径的新兴学科。

与许多其他学科先有主导学科、后有分支学科的情况不同,在灾害学领域,分灾种的灾害规律和减灾对策研究首先出现在气象学、水利学、地质学、海洋学等的应用研究领域及公共安全学、社会学、经济学等学科领域,然后才逐步提炼出各类灾害与减灾的共性规律,形成灾害学的学科体系。

1.3.2 灾害学的产生与发展

1. 灾害学产生的背景

自古以来自然灾害就不断发生,对人类的生活和社会发展造成了巨大损失。在古代社会,由于生产力和科学技术水平的低下,先民把灾害看成是上天对人类的惩罚。

随着社会生产力水平的提高,特别是现代科技的迅猛发展,一方面,人类对灾害的认识和防灾减灾能力有了极大提高,因灾死亡人数大大减少。但另一方面,人口增长与资源、环境的矛盾也日益尖锐,导致全球范围自然灾害的经济损失迅速增大,与此同时,各种人为灾害也频繁发生,严重制约着社会经济的可持续发展。在这一背景下,20世纪后期世界各国的广大科技工作者从不同的专业角度,共同研究灾害的规律和如何减轻自然灾害的损失,促进了现代灾害学的创立。

灾害学是在人类抗灾救灾活动的实践中逐渐发展起来的。中国古代"女娲补天"和"大禹治水"的传说和西方基督教圣经"诺亚方舟"的故事都体现了人类与大自然搏斗的勇气。古代人类就已开始进行对自然灾害的观测、描述和哲理化思考。20世纪现代工业和科学技术的发展,为人类提供了认识灾害现象和与自然灾害斗争的强大武器,70和80年代,世界上发生了一系列重大灾害,进一步促使人们研究灾害发生规律和减灾的途径。现代灾害的特点是灾害种类越来越多,分布范围越来越广,发生频度越来越高。据美国海外灾害救援局统计,60年代到80年代全世界大的洪涝灾害由年均15.1件增至24.3

件，大的干旱事件由 5.2 件增至 6 件。灾害群发与后果日趋严重，并产生放大效应，潜在危险特别巨大[12]。促使各国科技工作者对灾害问题进行深刻反思并探求有效防灾减灾途径，这些都为灾害学的产生创造了良好的社会条件和学术气氛。

2. 灾害学的产生与发展

1976 年美国创办了《自然灾害观察者》杂志，报道地震、洪涝等自然灾害的研究计划与活动，后来又创刊了报道世界各地火山喷发、地震、野生生物变化及其他灾害的《自然灾害科学·国际海啸学会杂志》和《科学事件快报》。1977 年英国《灾害管理》和《灾害研究和实践》等杂志创刊，1980 年日本《自然灾害科学杂志》创刊。瑞典有《意外事件自然灾害研究委员会通讯》杂志。

与此同时，世界各国与国际组织成立了一批专门研究灾害规律与减灾行动的科研机构。灾害研究的国际学术会议频频召开。1980 年在美国召开了"国际灾害预防会议"。1984 年在中国台湾地区召开了"减轻自然灾害国际讨论会"；1985 年在马德拉斯召开了"印度-美国减轻风灾会议"。特别是关于灾害的国际多学科综合研讨会——"国际自然和人为灾害会议"已召开多次。第一届会议于 1982 年在美国夏威夷召开，第二届于 1986 年在加拿大里木斯基举行，第三届于 1988 年在墨西哥的因森达举行，第四届于 1991 年在意大利的培卢基举行，第五届于 1993 年在中国青岛举行。所有这些会议对于及时交流灾害研究成果，深化灾害研究都起到了积极的推动作用[12]。1986 年 1 月 27—30 日第一届自然灾害学国际会议在古巴召开，就灾害预报及其预防等方面最新科技发展进行了交流，标志着灾害学研究已在世界范围全面兴起。墨西哥《一加一》报曾报道："灾害造成的后果是严重的，因此就必须防灾和救灾，于是在世界上出现了一门新的学科，专门研究灾害的'灾害学'。"[13]

3. 灾害学在中国的产生与发展

在中国，1983 年起我国学者开始倡议建立综合研究自然灾害的学科——自然灾害学，并对其内涵作了初步分析。1984 年陈玉琼、高建国对"灾害学"一词进行了初步阐述。[14]1986 年灾害学研究形成了全面兴起态势：1986 年 1 月中国国土经济学研究会发出首届灾害经济学学术研讨会征文通知，1986 年 8 月全国第一家专门研究和报道灾害问题的学术刊物《灾害学》杂志在西安创办。1986 年 9 月 6 日在哈尔滨召开了中国灾害防御协会筹备会。1986 年 11 月 11—16 日在北京召开了第二届天地生相互关系学术讨论会，特别就灾害学综合研究进行了广泛讨论。1986 年高建国论述了灾害学的研究内容、性质、历史踪迹、分支学科及综合研究等问题，初步勾画出灾害学的学科框架。[13]

联合国国际减灾十年活动极大促进了中国的减灾工作，也推动了中国灾害学研究的深入和灾害学的学科建设。1989 年 4 月 21 日中国国际减灾十年委员会成立，由时任国务院副总理田纪云为主任。在减灾委的统一部署和协调下，在中央有关部门和地方各级政府、全国众多学术团体和业务科研机构的共同努力下,中国的减灾事业已经开创出一个新的局面,特别是在战胜 1991 年江淮洪涝,1998 年长江和松花江、嫩江的特大洪涝及其他重大自然灾害的斗争中,取得了巨大的减灾效益,为世界所瞩目。2003 年北京等地爆发 SARS 疫情,国务院在全面总结防控 SARS 疫情经验的基础上,从下半年起在全国启动了"一案三制"工作,即建立健全应对突发公共事件的体制、机制、法制和编制应急预案,国务院设立了应急管理办公室,标志着中国的减灾管理进入综合协调与风险管理的新阶段。

1990 年以来,特别是 2003 年以后,中国灾害学研究进入一个新的发展阶段,取得了巨大成绩,表现在以下五个方面。

1)减灾研究机构

根据前民政部长多吉才让在亚洲减灾大会上的讲话,到 20 世纪末中国已建有 500 多个减灾研究机构,其中比较著名的有中山大学的灾害研究所、南京大学的自然灾害研究中心、南开大学防灾救灾研究中心、北京师范大学国家教委环境演变与自然灾害开放研究实验室、中国科技大学火灾研究国家实验室、兰州大学防灾研究所、中国水利水电科学院灾害与环境研究中心等。1995 年 9 月 14 日中国科学院 40 多个长期从事减灾研究的研究所联合组成了中国科学院减灾中心,由王昂生研究员任主任,陶诗言院士任学术委员会主任。该中心拥有 8 位院士,百余位高级减灾专家和上千名科技人员。中国国家减灾中心于 2002 年成立。中国科学院将防灾减灾列为中长期优先发展的重大学科领域之一。1999 年中国国际减灾十年委员会改名为国家减灾委员会,回良玉副总理为委员会主任,专家委员会主任是秦大河院士。

2)出版灾害研究论著

仅 1990—1994 年出版的各类灾害学论著就有 106 种,近年来又出版了一些重要著作。继 1986 年《灾害学》杂志创办之后,上海减灾协会创办了《生命与灾祸》科普期刊,1991 年国家地震局创办《中国减灾报》,国家减灾委创办了《中国减灾》刊物,1992 年《火灾科学》问世,中国灾害防御协会和国家地震局工程力学研究所联合创办的一级理论学术刊物《自然灾害学报》出版发行。1988 年全国灾害学文献还只有 173 篇,到 1995 年已增加到 6000 多篇。其中,有一批著作获得国家级的优秀图书奖励。

3)减灾研究深入开展

灾害学科体系初步确立,并形成理论灾害学、部门灾害学和灾害防治学等灾害学科的三大基本领域。1990 年起国家自然科学基金委员会将"减轻自然灾害"列为项目申请指南中的专门领域,1995 年起又将"自然灾害与减灾研究"列为优先资助领域之一。国家自然科学基金资助的减灾科研项目的内容包括灾害的预测预报研究,自然灾害发生发展规律的研究,灾害成因和机理的研究,历史灾害研究,灾害的评估,灾害研究的新理论、新技术、新方法,灾害的治理与管理研究,防灾减灾的决策与对策研究等 8 个方面。1989 年

8 月国家科委邀请地震、气象、海洋、水文、地质、农业、林业等灾害管理部门的 20 多位专家组成全国重大自然灾害综合研究组,为国家减灾提出了综合性减灾策略和对策。编制了《中国重大自然灾害(年表)》,绘制了单项与综合灾害图,编写了《中国重大自然灾害与减灾对策》(总论)与(分论)。各省的区域性灾害调研与对策研究也取得了很大进展。研究组的进展表现在将自然灾害研究由单类推向综合;提出了自然灾害系统的新观念,进行了自然灾害综合预报的探索;认识了自然灾害的双重属性,加强了灾害社会属性的研究;提出了综合减灾应当建立减灾系统工程的理念;研究了人口—资源—环境—灾害互馈系统,将减灾纳入可持续发展系列;提出了灾害科学体系的新观念,完成了灾害科学丛书系列论著;根据综合减灾的需要,提出了建立减灾综合管理系统和推动减灾社会化与产业化的新观点。[15]进入 21 世纪以来,在灾害风险管理与减灾能力建设方面的研究取得了新的进展,出版了《中国自然灾害综合研究进展》。[16]

4) 学术交流活跃

1990 年以来我国减灾学术活动十分活跃,其中大型的活动有:中国科协联合十多个全国性学会分别于 1990 年 10 月在北京,1992 年 10 月在青岛,1998 年 5 月在北京先后举办了第一、二、三届全国减轻自然灾害研讨会。1990 年 3 月以“灾害与社会”为主题的第三届全国灾害学学术讨论会在京召开;1991 年 10 月国际地质灾害防治学术讨论会在北京举行;1992 年 5 月中国近期自然灾害趋势研讨会在西安举行;1993 年 5 月“气候变化,自然灾害与农业对策”国际学术讨论会在北京农业大学举行,第三届全国台风、暴雨减灾学术讨论会在北京召开;1993 年 9 月全国首届灾害科学综合理论研讨会在许昌召开;1993 年 11 月联合国教科文组织和中山大学承办的“东亚和南亚地区热带风暴和洪水国际学术讨论会”在广州举行;1994 年 4 月全国火灾预测研讨会在宝鸡召开;1996 年 10 月全国首届灾害风险评估研讨会在上海举行;1998 年 11 月全国首届安全减灾与 21 世纪可持续发展高级研讨会在广西北海召开。与此同时,各省市区纷纷成立了减灾协会或中国灾害防御协会的地方分会,也组织了大量的学术交流,并在每年 10 月的第三个星期二即国际减灾日和其他有关纪念日组织内容丰富的科普活动。从 2010 年起,每年在 5 月 12 日国家减灾日召开国家综合防灾减灾与可持续发展论坛,来自国内防灾减灾领域的诸多权威专家围绕国家防灾减灾战略、科技创新与灾害综合风险管理、综合防灾减灾能力建设等进行广泛交流和研讨。为应对自然灾害给全世界带来的影响,提高各国灾害风险综合研究的能力,国际科学理事会于 2009 年发起了为期十年的灾害风险综合研究计划(简称“IRDR”),旨在联合各国专家在全球范围内开展跨灾种、跨学科和跨地域的灾害风险综合研究,以提高人类应对各种灾害的能力,IRDR 国际项目办公室(IPO)设在中国。同时,中国科协于 2010 年成立了 IRDR 中国委员会(IRDR CHINA),以充分利用国际科技资源,并协调我国专家参与 IRDR 的研究与相关活动。

5）开展减灾教育

1996 年 1 月 13—19 日国际灾害管理培训班在云南景洪举办，对全国 30 个省、市、自治区行政部门主管救灾的官员进行了培训。宝鸡文理学院环境经济系创办了灾害管理与保险专业，于 1995 年起面向西部各省区招生，并正筹建综合减灾工程专业和中国西部综合减灾教育中心，开展专科、本科和硕士研究生三个层次的学历教育及各种类型的非学历教育。清华大学 1995 年秋季面向全校本科生开设了《灾害及其对策》的选修课，中国农业大学 1996 年起开设了面向全校的《农业灾害学》选修课，目前大多数高等院校都开设了减灾相关课程或专题讲座。1992 年国家地震局原"地震技术专科学校"更名为"防灾技术高等专科学校"，2006 年 2 月升格更名为"防灾科技学院"，2011 年经教育部批准设立了硕士点。目前全国有百余所高等院校设立了与减灾有关的硕士点和博士点，涉及应用气象学、水土保持与荒漠化防治、植物保护、动物医学、火灾勘测、消防工程、安全工程、安全防范工程、灾害防治工程、地震、气象学、气候资源与农业减灾、水灾害与水安全、人文地理学、自然地理学、地理学、地图学与地理信息系统、遥感技术与应用、防灾减灾工程及防护工程、保险等专业。培养了一大批年轻的灾害科学工作者，形成了多学科参与多层次配合的研究格局。

1.3.3　灾害学的研究内容与学科体系

灾害学主要有两个方面的研究内容。一方面是要研究各类灾害的成因和运动规律，这是灾害研究的起点和基础。任何灾害的成因和发展过程都是在某种状态下或某些因素的触发下逐渐形成、爆发并作用于人类社会的，研究灾害成因和演变过程，可以为确定灾害的防控对策和减灾措施提供理论依据。灾害后果指灾害发生和延续对人类社会的危害，灾害损失的严重程度不仅取决于灾害的规模与强度，而且取决于承灾体的暴露性与脆弱性。灾害学需要研究致灾因素与承灾体的相互作用，才能搞清楚各类灾害产生危害作用的机理和影响因素，并进行预测和评估。灾害学研究的另一个方面是灾害防控与减灾的对策与技术，构筑减灾管理的政策体系与技术体系，实现减灾经济与社会效益是灾害学研究的最终目的。

与分支灾害学不同，基础灾害学以灾害总体为研究对象，要研究的是各类灾害的共性规律、减灾的基本途径和减灾管理的基本理论。

灾害学是一大类学科的总称，目前对于灾害科学的体系尚无统一认识，申曙光提出灾害学的分支学科可以归为三大类：要素灾害学、理论灾害学、灾害防治学。[13] 参考孙枢等的意见[17]，初步归纳应包括以下层次。

1. 理论灾害学

理论灾害学研究灾害形成机理、规律、特点，包括灾害发生学、灾害历史学、灾害运动学、巨灾学等。

2. 基础灾害学

基础灾害学是根据理论灾害学的研究成果并与其他学科相结合,为研究和揭示灾害特点与规律而建立的基础性新学科,分为灾害自然科学研究和灾害社会科学研究两大类,前者包括灾害物理学、灾害化学、灾害医学、灾害地学、灾害生态学、灾害环境学、灾害天文学、灾害信息学等,后者包括灾害社会学、灾害经济学、灾害心理学、灾害管理学、灾害法学等。

3. 应用灾害学

应用灾害学是在理论灾害学和基础灾害学指导下,根据减灾需要发展起来的学科,如灾害预测学、灾害评估学、灾害区划学、减灾工程学、减灾系统工程、灾害保险学、灾害信息管理等。

4. 分类灾害学

分类灾害学指按照灾害类型划分的分灾类或分灾种的灾害学研究。

1)根据所研究的灾害类型

分为气象灾害学、海洋灾害学、水文灾害学、地质灾害学、生物灾害学、环境灾害学、天文灾害学、火灾学、职业灾害和安全学等。按照具体灾种又可进一步细分,如气象灾害学可分为洪涝学、干旱学、低温灾害学等,地质灾害学可进一步分为地震学、火山学、滑坡学、地方病学等。

2)根据灾害涉及产业部门

可分为农业灾害学、林业灾害学、畜牧灾害学、工业灾害学、建筑灾害学、交通运输灾害学、军事灾害学、商业灾害学、旅游灾害学等。

3)根据灾害区域特征

可分为城市灾害学、农村灾害学、草地灾害学、海岸灾害学、山地灾害学、森林灾害学、高原灾害学等。

上述灾害学分支学科目前已有几十种专著或教材出版,读者可参考有关书籍,但还有若干分支学科尚未形成完整的理论与技术体系,还不够成熟。

1.3.4　灾害学的特点

1. 灾害学的系统性

灾害学以灾害系统为研究对象,即便是单个的灾害,也可以看成是由孕灾环境、灾害源、灾害载体和承灾体组成的一个系统。减灾需要动员社会的各类资源,需要以政府为主导,有关部门和全社会共同参与,因而是一项复杂的系统工程。灾害学的系统性是灾害学与其基础学科、分支学科及相关学科的根本区别所在。进行灾害学研究必须以科学发展观和系统科学思想为指导。

2. 灾害学的综合性

灾害的发生具有自然生态和社会经济的双重性质,以灾害与灾害系统为研究对象的灾害学,具有自然科学与社会科学的双重特征。就自然灾害的发生规律研究而言,属于自然科学的范畴;但自然灾害对人类社会危害的经济损失与减灾行动的组织管理,以及人为灾害的成因与发生规律,更属于社会科学研究的范畴;各类自然灾害、环境灾害与技术灾害的防控与减灾,需要运用多种工程技术与生产技术,因而又带有技术科学的特征。因此,灾害学是一门综合性很强的交叉学科,进行灾害学研究需要具备宽广的知识。

3. 灾害学的应用性

灾害学是一门紧密联系经济建设和社会发展实践,应用性很强的科学。它的根本任务是通过揭示灾害发生、发展和演变的规律,有效减少灾害的发生和危害。灾害学所研究的减灾管理对策、减灾工程与技术措施、灾害风险转移对策等都能取得显著的减灾经济、社会与生态效益。灾害学是在人类与灾害长期斗争的实践中逐步形成和产生的,灾害学也只有以减少和减轻灾害给人类和人类社会带来的危害为基本目标,才能获得不断地发展(申曙光,1994)。

4. 灾害学的软科学特征

灾害学又是一门决策咨询的科学,带有软科学的特征。通过对各种灾害发生规律的研究和对灾害损失的风险评估,可以为各级领导和相关机构提供应对各类灾害的优化决策依据,以防止盲目抗灾,实现科学减灾,从而获得生态治理恢复、经济可持续发展和社会长治久安的效果。

5. 灾害学研究方法的多样性

这里,多样性表现在分类研究与系统研究相结合,定性与定量研究相结合,并充分借鉴相关学科的研究方法。灾害的发生、发展往往带有很大的不确定性,有些灾害目前还难以预测。这就使得灾害学研究不能完全依靠确定性问题的研究方法,而更多需要运用系统科学方法、随机方法、模糊方法与非线性理论等。

1.4 灾害学的研究方法

灾害学的综合性与系统性决定了其研究方法的多样性。具体表现在分类研究与系统研究相结合,定性与定量研究相结合,并充分借鉴相关学科的研究方法。灾害的发生、发展往往带有很大的不确定性,有些灾害目前还难以预测。这就使得灾害学研究不能完全依靠确定性问题的研究方法,而更多需要运用系统科学方法、随机方法、模糊方法与非线性理论等。罗祖德认为,灾害学研究的理论和方法可分为三个层次:各种特殊的科学理论和方法,适用于具体的灾种和研究领域;各种一般的科学理论和方法,适用于灾害研究的所有领域;哲学理论和方法,适用于一切科学研究领域。罗祖德(1998)归纳出以下灾害学研究理论与方法,对此我们做了一些补充阐述。

1.4.1 灾害研究的基本原理

1. 灾害不可完全避免

自然界和人类社会演化都具有不以人的意志为转移的客观规律,在发生自然异常、人与自然的矛盾或社会经济矛盾尖锐化的时候,不同类型和不同级别的灾害或事故总是会发生的。虽然人类社会应对自然灾害和人为事故的能力不断提高,但就每一个历史阶段而言,这种能力总是有限的。人们有可能避免某次或某个灾害或事故,但不可能避免所有灾害或事故,甚至不可能避免大多数重大灾害和事故的发生。人们对于灾害与事故的认识也是有限的,随着自然环境的变化和社会经济的发展,还会不断出现新问题和新的矛盾,给灾害、事故的发生带来新的特点。因此,人们只能基于现有管理能力和技术水平,尽可能地减轻灾害和事故造成的损失,而不可能完全避免灾害的发生和所造成的损害。

2. 灾害形成和发生的对立统一规律

任何灾害都是致灾因子与承灾体相互矛盾作用的结果:自然灾害、环境灾害主要是人与自然的矛盾尖锐化的反映;技术灾害是人与物,即生产对象或工具的矛盾的表现;社会矛盾则是人与人的矛盾激化的结果。灾害发生与爆发时,致灾因子通常处于主导地位,承灾体处于被动承受地位。在开展防灾减灾的过程中,承灾体中的决定性因素——人类逐渐成为矛盾的主导方面,将灾害对社会、经济与生态的破坏限制在一定范围,并逐步推进灾后的恢复与重建。但在一些社会经济发展滞后的国家,致灾因子始终处于主导地位,承灾体始终处于被动地位,直至灾害过程的结束。

灾害研究中的对立统一规律还表现在灾害利弊的相对性上。灾害无疑对人类社会造成了重大损害,但正如老子所说:"祸兮福之所倚,福兮祸之所伏。"毛泽东也说过,坏事在一定条件下能变成好事。但是,矛盾双方的转化是需要条件的,对于灾害来说,转化的条件是认真总结经验教训。温家宝总理在 2003 年总结战胜 SARS 疫情的经验时说过:"一个民族在灾难中失去的,必将在民族的进步中获得补偿。关键是要善于总结经验和教训。"无论是 1998 年的抗洪、2003 年的抗击 SARS 疫情,还是 2008 年的抗震救灾,都极大促进了中国减灾管理水平的提高与减灾科技的进步,使得发生同等规模与强度灾害时的损失比过去大大降低。但在改革开放以前,重大灾害过后往往对涌现出来的英雄人物与事迹宣传报道较多,对引发灾害和减灾过程中管理和技术层面的经验教训总结不够,有的人甚至有意掩盖失误和失职。

3. 灾害形成和发生的量变质变原理

任何灾害从酝酿到发生都有一个从量变到质变的过程。自然灾害的孕育是自然破坏力的能量逐渐积累的过程,当这种破坏力超过一定的阈值或临界点,使系统的力学平衡或结构平衡或生态平衡遭到破坏,破坏性能量得以释放,以爆发形式就形成突发性灾害,以正反馈连锁反应形式蔓延扩展则形成累积性灾害。技术灾害与环境灾害的发生则是人为因素导致的自然破坏力集中释放的过程。社会灾害的发生则是由于社会矛盾导致不稳定因素不断积累,直至爆发形成突发事件。破坏性能量陆续释放后,致灾因子的破坏力强度逐渐下降,低于某个阈值后,破坏作用停止,灾害过程基本结束,形成一个反向的由量变到质变的过程。此后,破坏性能量又重新开始积累,如此循环反复,形成灾害的周期性现象。

灾害事故对承灾体的破坏也有一个从量变到质变的过程,轻度的胁迫或应力,如果没有超出承灾体的阈值,即适应能力或弹性,是不会造成明显损害的。一旦超过承灾体的适应能力或弹性,承灾体就不可避免会受到损害,即发生部分的质变。

无论是灾害的预测和防灾减灾,都必须抓住致灾因子和承灾体二者从量变到质变的临界点或阈值,或者设法使致灾因子的强度不超过成灾阈值,或者采取保护措施提高承灾体的受害阈值,都可以取得显著的减灾效果。

4. 灾害系统的关联性原理

各种自然灾害与人为灾害都有其形成、发展和成灾的规律及时空分布特点,但又相互关联和依存。其中有些灾害之间存在因果关系,如地震作为一种原生灾害,可以引发火灾、电击、滑坡、崩塌等次生灾害和堰塞湖溃决、环境污染、疫病等衍生灾害。有些灾害之间存在相互促进的关系,如高温与干旱、大风与火灾。有些灾害之间则存在相互抑制的关系,如干旱与洪涝、高温与低温。这些关联性集中表现在灾害链现象,我们将在下一章具体阐述。各类承灾体之间也存在相互关联,如一条河流的上中下游,既有防洪抗旱的共同需求,又有泄洪与争水的矛盾。水利、地震、农业、地质、环保等减灾相关部门之间,也是既有共同的防灾减灾责任与职能,有时又存在部门之间的利益矛盾和职能交叉。研究各类灾害之间、致灾因子与承灾体之间以及各类承灾体之间的关联性,正确分析和处理各类矛盾,是把握灾害规律和做好减灾工作的关键。

5. 灾害研究的信息反馈原理

对于一个陌生的系统,我们还不了解其结构与功能,可以看成是一个还没有打开的黑箱。但通过对黑箱系统输入和输出信息的观察获取,可以逐步部分推知该系统的结构与功能,使黑箱系统变成部分打开的灰箱。随着我们对黑箱系统内部结构与功能认识的逐步深入,直至彻底摸清其发生、发展和演变规律,黑箱就变成完全打开的白箱了。反馈(feedback)是控制论中最重要的基本概念,是指系统过去的行为结果返回给系统,以控制系统未来的行为。研究和利用系统的信息反馈是认识世界,包括认识灾害系统的一种基本方法。广义的反馈泛指发出的事物返回发出的起始点并产生影响。反馈有正反馈与负反馈两种形式:正反馈(positive feedback)是指系统的输出促进系统的输入,使系统偏离强度愈来愈大,不能维持稳态的过程;负反馈(negative feedback)则是系统对付外部施加变化的响应及返回到一种稳定状态的过程。正反馈导致系统的不稳定,负反馈则有利于系统的回归和稳定。灾害事故的发生发展和蔓延扩散通常都是一种正反馈现象,承灾体的适应能力与弹性则是一种负反馈现象。科学减灾就需要寻找阻止系统正反馈演变的途径和利用系统的各种负反馈机制。

6. 减灾的治标与治本相互促进关系

标与本是相对而言的,标本关系常用来概括说明事物的现象与本质。治标针对当前亟需缓解的危机,治本则要消除发生危机的根源。在减灾工作中,治标指缓解当前的灾情,尽量减轻灾害的不利后果;治本则要整治孕灾环境,消除灾害发生的原因。治标具有投入少,见效快的优点,但效果不能持续,也不能根治。治本的投入多,见效慢,但能够减弱或消除灾害隐患,具有持续和巨大的效果。治标和治本分属减灾的短期对策和长期对策,二者相辅相成缺一不可。在减灾工作中要使两者有机结合、相互促进。通常在灾害发生时的应急处置以治标为主,兼顾力所能及和救援必需的治本工作;平时与预防灾害时以治本为主,坚持长期不懈,加强减灾的能力建设。

1.4.2　灾害的监测和预测方法

监测是获取灾害信息的基本手段,也是进行灾害预测和确定减灾对策的主要依据。

监测内容包括孕灾环境、致灾因子和影响因素、承灾体状态和灾害损失。监测的手段有直接监测与间接监测两类。直接监测指运用人的感官直接考察灾害现象,间接监测指借助仪器对灾害现象、致灾因子与影响因子的观察与测定,可以监测人的感官所不能及或不能到达时空范围内的现象,并且具有精确、定量、实时、迅速传递等优点。

大多数自然灾害具有一定的可预测性。预测依据包括自然灾害的监测信息与自然变异的发展趋势,自然灾害的时序规律,天文因素与地球各圈层异常运动的关系,致灾因子的变化与是否接近临界点,灾害链关系等。数理统计中的相关分析是最常用的预测方法,通过建立经验模式来进行预测,关键是选准影响因子与指标。少数灾害可以通过建立动力学模式进行预测,如所有可燃物都必须在温度达到燃点以上才能燃烧,滑坡体要在外界扰动使自身重力的分力与基岩的摩擦力失去平衡时才会发生。大多数人为灾害带有很强的随机性,很难实现预测。但根据对孕灾环境与承灾体脆弱性的分析,可以对人为灾害发生的风险进行预评估,从而争取减灾的主动权。

1.4.3　实验与试验方法

为研究自然灾害、技术灾害与环境灾害的发生规律和危害机理,需要开展一系列实验与试验。所谓实验,是在明确的固定条件下进行,如建筑材料的抗震性与弹性测定、人体对恶劣环境条件的适应能力、植物在低温下的致死温度阈值等,通常在实验室内进行。所谓试验,是固定某些环境影响因素,提供不同水平的某种环境因素,观察和比较该因素对受体的影响。与实验相比,作为自变量的被试验环境因素的水平不可能固定得非常精确,试验过程中的干扰因素也比较多。通常在野外进行的都称为试验而不是实验。如研究异常气象条件对农作物的影响,在田间进行的是小区对比试验,在人工气候室或箱内进行的可称为模拟实验。为减少误差,通常都要设置重复,不能仅以一次试验或单个处理的结果为准。

实验或试验,其目的大多是为确定致灾因子成灾和承灾体受损或死亡、崩溃的要素阈值指标。通常要遵循平行观测的原则,即同时观测记录致灾因子的数值变化和承灾体的状态,找出承灾体发生部分质变或完全质变的致灾因子强度的临界点。在获得两组数据后,可通过数理统计的方法,确定致灾因子强度与承灾体受损程度的数学模式,进而确定受损成灾的临界值即灾害指标,作为预测灾害和采取减灾措施的重要依据。有的试验需要研究两个以上的致灾或影响因子,就必须设置不同因子、不同水平的交叉组合处理,然后对所获得数据进行多元分析来确定指标值。

自然灾害中的巨灾大多无法采取人工控制环境的实验或试验方法进行研究,主要通过系统科学的非线性系统方法进行研究。社会灾害的影响因素非常复杂且带有很大的随机性,也很难进行不同致灾因素的试验。通常采取对相关人群问卷调查和对孕灾环境系统分析的方法来推测灾害事故发生的阈值。

1.4.4　灾情与风险分析评估方法

进入 21 世纪,国际减灾由综合减灾管理向风险管理阶段转变,目的是针对全球变化与经济全球化带来的不确定因素,努力争取减灾的主动权。

风险是对系统危险性的度量,对灾害与事故风险的研究包括风险辨识、风险分析、风险评估、风险决策等。首先要正确辨识灾害事故的风险源,避免误判。在同时存在多个风险源的时候,要善于识别主要风险源,并研究不同风险源与风险因子之间的相互作用。由于风险包括灾害事故发生可能性和受体易损性两个方面,需要同时对致灾因子的出现及其强度达到阈值的概率以及承灾体的暴露性、脆弱性及弹性进行分析和研究。目前对于自然灾害的研究中,许多误判大多是由于对承灾体的状况了解不够而引起的。如 2009 年辽宁中西部玉米因严重夏旱大面积绝收,但媒体在很长时间内毫无反应,与年初对北方冬小麦干旱的过分炒作完全相反。究其原因,是由于春季和初夏玉米前期地上部分茎叶粗壮十分繁茂,当地干部、农民和技术人员普遍认为是历史上长势最好的一年,却没有注意由于前期雨多不利于根系下扎所带来的隐患,对夏季高温伏旱下灾情发展之迅猛毫无思想准备。风险评估包括灾前的预评估、灾中的损失风险评估和灾后的跟踪评估。风险决策包括对风险因素的削减与控制,对承灾体的保护、风险转移与扩散等不同策略及其可行性与利弊要进行比较分析。

1.4.5　系统科学方法

由于灾害的系统性与复杂性,又由于减灾是一项复杂的系统工程,灾害学研究必须以科学发展观和系统科学理论为指导。系统科学是 20 世纪中期以来迅速发展起来的横断科学体系,主要包括系统论、控制论、信息论、耗散结构理论、突变论、协同论等分支学科。尤其是对于重大灾害事件,致灾因子和影响因子众多,时空变化大,灾害系统的层次多,子系统与要素多,结构十分复杂,具有多种功能,是多输入、多输出、多变量、多干扰、多目标,并且带有很大不确定性的复杂大系统,必须采用系统科学的方法,才能搞清楚其发生、发展、演变规律,危害机理和减灾途径。

张我华等指出,地球灾害系统存在多因子多系统错综复杂的相互作用,还具有共同的基本特征:本质上的开放性与相对封闭性共存;稳定和不稳定、平衡与不平衡、连续与不连续、线性与非线性、渐变与突变交替发生;具有多种时空尺度的嵌套式层次性;内因和外因交互、耦合作用及共振作用等。认为灾害研究必然涉及耗散结构理论、自组织临界理论、突变论等非线性科学研究,并提出了灾变动力学的理论框架。[18]

练习题

1. 灾害、事故、胁迫、危险、风险、危机、突发事件等概念有什么区别?
2. 分别列出灾害按照成因和按照承灾体分类的主要类别。
3. 灾害学的主要研究内容和研究方法有哪些?

思考题

1. 灾害的自然属性与社会属性之间有什么联系?
2. 怎样促进中国的灾害学研究与应用?

主要参考文献

[1] 辞海编辑委员会编. 辞海(1979 年版). 上海:上海辞书出版社,1980.
[2] 李永祥. 什么是灾害?——灾害的人类学研究核心概念辨析. 西南民族大学学报(人文社会科学

版）2011，(11)：12—20.

[3] 全国重大自然灾害调研组编著. 600? ——自然灾害与减灾. 北京：地震出版社，1990.

[4] 2009 UNISDR. Terminology on Disaster Risk Reduction. The United Nations International Strategy for Disaster Reduction(UNISDR). Geneva, Switzerland. May, 2009.

[5] 申曙光. 灾害系统论. 系统辩证学学报，1995,3(1)：102—106,10.

[6] 郑大玮，张波，等. 农业灾害学. 北京：中国农业出版社，1999.

[7] 领导科学概论编写组. 领导科学概论. 上海：上海人民出版社，1985.

[8] 郑大玮. 论科学抗旱——以 2009 年的抗旱保麦为例. 灾害学，2010,25(1)：7—12.

[9] 李树刚. 灾害学. 北京：煤炭工业出版社，2008：12—17.

[10] 罗祖德等. 灾害科学. 杭州：浙江教育出版社，1998：193.

[11] 王迎春等. 城市气象灾害. 北京：气象出版社，2010.

[12] 申曙光. 现代灾害、灾害研究与灾害学. 灾害学，1994,(3)：17—23.

[13] 高建国. 灾害学概说. 农业考古，1986,(1).

[14] 陈玉琼，高建国. 中国历史上死亡一万人以上的重大气候灾害的时间特征. 大自然探索，1984,(4).

[15] 高庆华，刘惠敏，马宗晋. 自然灾害综合研究的回顾与展望. 防灾减灾工程学报，2003,23(1)：97—101.

[16] 原国家科委国家计委国家经贸委自然灾害综合研究组. 中国自然灾害综合研究的进展. 北京：气象出版社，2009.

[17] 孙枢. 防灾减灾工作中的基础性科学研究. 中国减灾，1996,(2).

[18] 张我华，王军，孙林柱，等. 灾害系统与灾变动力学. 北京：科学出版社，2011.

第二章

灾害成因与规律

2.1　自然灾害的成因

2.1.1　地球各圈层的相互作用与灾害

1. 地球各圈层的形成

1) 地球内部圈层的形成

地球的历史有将近 46 亿年,科学界的主流认为地球是由星际物质相互吸引、聚积而形成的。地球内部的高温是由于星云物质机械碰撞以及地球内部放射性元素衰变产生的大量热能,使原始地球不断增温,在内部某个深度首先达到物质熔融的温度。比重大而熔点低的铁、镍等元素最先分离出来并向地心集中形成地核。在重力分异的过程中还伴随着物质势能向热能的转化,使地内上层的岩石也相继熔融,较轻的铁镁硅酸盐物质向上集中,导致原始地幔的形成。原始地幔的表层逐渐失热变硬,形成坚硬的外壳即原始地壳。这样,就形成了地球内部由外向内的三层:地壳、地幔和地核。科学家们根据无数次地震波在地球内部传播状态的分析,证明地球内部存在圈层结构。

地壳是地球内部结构中最外的圈层,是由岩石组成的固体外壳,厚度 5～70 km,平均厚度约 33 km,大陆地区厚于大洋。地壳的上部主要由密度小、比重较轻的花岗岩组成,下部由密度较大的玄武岩组成。地壳的最上层是厚度不大的沉积岩、沉积变质岩和风化土。地壳中蕴藏着极为丰富的矿产资源。

地幔位于地壳以下,地核以上,亦称中间层,下界深 2900 km,约占地球总体积的

83.3％和总质量的 67.77％。可分为上下两层：上地幔约到 1000 km 深处，物质处于局部熔融状态，温度约为 1200～1500℃，是岩浆的发源地；下地幔主要由金属硫化物和氧化物组成，温度为 1500～2000℃。

地核是地球内部结构的中心圈层，分为外核和内核两部分。外核自地下 2900 km 到 5100 km，占整个地球质量的 31.5％，体积占 16.2％。由于地核处于地球最深处，外核的压力已达 136×10^4 大气压，核心部分高达 360×10^4 大气压。地核内部温度高达 2000～5000℃，物质密度平均 10～16 g/cm³，主要由铁、镍组成并含少量其他元素。

此外，还有人把地幔与岩石圈之间的过渡层称为软流圈，把地核划分为外核液体圈和固体内核圈。

2）地球表面圈层的形成

随着原始地球的改组和分异活动等，一直被禁锢在地球物质中的气体通过火山喷发和强烈震动而大量泄出地表，地球引力使甲烷和氨等比较重的气体和水汽在地球外层停留并形成原始大气。

随着地表逐渐冷却和大气中尘埃微粒增多，通过水分的循环运动逐渐形成了原始水圈。以后由于水量增加，地壳形态变化，原始水圈逐渐演变成今天的海洋、河湖和沼泽。在地球的两极与高原，由于气候寒冷，水分常年冻结，以冰雪的形式存在，形成冰冻圈，也有人称为冰雪圈，实际只是水圈的固体组成部分。由于质量相当可观和对太阳辐射的强烈反射，冰冻圈对于地球生态环境的演化，特别是气候变化与许多灾害的形成有着重要的影响。

大气圈和水圈有一部分物质可能是陨石冲击地球时释放的，巨大陨石冲击能够释放大量水蒸气，其中一部分保存在大气中，大部分凝缩为水，形成小溪、河流和湖泊，并最终形成原始海洋。

由于地球存在大气圈、水圈和地表矿物，在地球大部分地区的适中温度条件下，形成了适合生物生存的自然环境。地球表面圈层中的化学元素在长期的各种物理作用下形成有机物分子，以后又进一步合成氨基酸、糖、腺苷和核苷酸等生物单体，再进一步聚合成蛋白质、多糖、核酸等生物聚合体，经过漫长的化学演化，形成了地球上最原始的生命。目前地球上的生物包括植物、动物和微生物。估计全球有（1300～1400）万个物种，但科学描述过的仅有 175 万种。[1]据估计，地质史上曾生存过约（5～10）亿个物种，但在地球的长期演化过程中，特别是在重大灾变事件中绝大部分已经灭绝。现存的生物生活在岩石圈的上层、大气圈的下层和水圈的几乎全部，构成了地球上一个独特的圈层——生物圈。生物圈是太阳系所有行星中仅在地球上存在的一个独特圈层。

生物圈的形成导致地球的表面圈层发生进一步的演化。由于原始大气没有臭氧层的保护，对生物杀伤力很强的短波紫外辐射能够到达地面，而水对紫外辐射具有极强的吸收能力，因此，原始的生物只能在海洋中生活。原始绿色植物出现后，由于光合作用的进行,使氧从二氧化碳中分离出来。游离氧对原始大气的氧化作用使一氧化碳变成二氧化碳,氨变成水汽和氮,最后形成以氮和氧为主要成分的大气层。大气中的部分氧气在紫外辐射与宇宙射线的作用下转化,在平流层上形成了一个臭氧层,有效拦截和吸收了短波紫外线。与此同时,海洋中的生物体内也逐渐产生了抗氧化酶,具备了忍耐和抵抗分子氧毒性的能力,为生物在陆地上和底层大气中的生存和繁衍创造了条件,逐步形成了生物圈。生物圈相对于整个地球是非常小而薄的,按质量计算简直微不足道。但生物圈却是地球上唯一具有生命活动的圈层。生物的出现不仅使自然界中的化学元素发生了迁移,而且改造了大气圈、水圈和岩石圈,从而使地球面貌发生了根本的变化。

现代大气圈按照高度可分为对流层、平流层、中间层、热层和散逸层(图 2.1)。对流层的厚度为 8~20 km,占据了大气质量的绝大部分,是大气运动最强烈的层次和天气现象的主要发生场所,气温随海拔高度而递减。平流层距离地面 20~50 km,空气比较稳定,而且在 30 km 以下气温几乎没有变化,为同温层。距离地面 50~85 km 处为中间层,空气十分稀薄,气温随高度迅速降低。中间层以上直到距离地面 800 km 处为热层,气温随高度增高。热层之外为散逸层,由带电粒子组成并向宇宙中散逸流失。在对流层与平流层之间的 20~30 km 高度有一个臭氧层,有效吸收和阻挡了太阳的短波紫外辐射,保护了地球上的生物。在距离地面 80 km 以上还形成了很薄的电离层,能反射无线电波和宇宙中有害的宇宙射线。

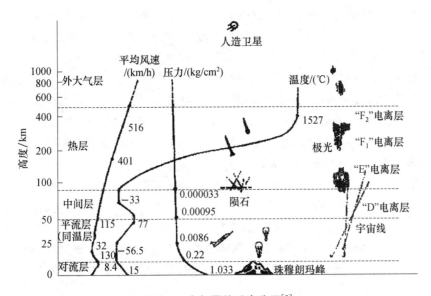

图 2.1 大气圈的垂直分层[2]

大气圈和水圈产生了对地球表面的种种物理风化与化学风化作用,生物圈形成后通过根系和残留物分解对岩石又产生了生物风化作用。经过长期的演化,地球表面不再是光秃秃的岩石,除极干旱和极寒冷的地区外,岩石表面大多被风化形成土壤,气流和水流的作用又把土壤携带到下风下水处,并引起生物分布格局的改变。估计全球土壤覆盖面积为 $1.3 \times 10^8 \ km^2$,接近全球总面积的 1/6,平均厚度为 5 m。因此,也有人认为地球表面圈层应包括大气圈、水圈、岩土圈和生物圈。

人类原来只是生物圈的一个组成部分。随着生产力的发展与科技进步,人类改造自然的能力不断增强。特别是自工业革命以来,人类活动在地球上几乎无处不在,大规模地开发自然资源和破坏原有的生态系统,使地球表面发生了根本性的变化。因此,在研究全球变化问题时,有人认为人类社会已经从生物圈中分离出来,形成地球的最新圈层——人类圈[3]。但在研究人类社会与全球生态系统的关系时,仍然把人类社会放在地球各圈层之外来考虑。

2. 地球各圈层的相互作用与灾害

综上所述,地球系统是由地核、地幔、地壳等内部圈层与大气圈、水圈、岩土圈、生物圈等外部圈层共同组成的行星系统(图 2.2),是一系列相互作用过程的耦合,包括各圈层之间的相互作用、地球表面的物理、化学和生物三大基本过程与作用、地球系统与人类系统的相互作用。这些相互作用与过程,在很大程度上决定了全球自然灾害的形成与演变。从表面上看,地区内部圈层和岩土圈的运动和变化导致了地质环境的变迁和地震及地质灾害的产生,水圈的运动和变化导致了水环境的变化和水灾害(包括海洋灾害)的发生,大气圈的运动和变化导致了气候环境的变化和气象灾害的发生,地球表层系统和生物圈的运动及变化导致了生态环境的变化和生物灾害的发生。然而,从深层次看,由于地球是一个开放的自组织系统,各个圈层自身运动变化的同时,彼此也在发生着物质和能量的交流,各个圈层的运动和变化又受控于全球运动与全球变化,并受着太阳及其他天体运动和变化的影响。因此,地球各圈层灾害的产生都不是孤立的现象[4]。

1) 地球内部圈层运动与自然灾害

关于地球内"三圈"对自然灾害的影响,现有研究文献不多,很多要素与深层过程尚处于定性与推断的阶段。研究表明来自地球深部的地幔热柱上涌抵近地表时,由于减压熔融可引发火山爆发。地幔的升降可以较好地刻画孕震介质属性与物质运动的深层过程。内核的差异旋转及地核和地幔的深层动力过程与全球变化、构造运动、地幔热柱、火山喷发、玄武岩溢流及地史上大规模生物灭绝在成因上均有着重要的联系[5]。

2) 地壳和岩土圈与自然灾害

地壳运动与岩土圈的变化是地质灾害发生的直接原因,同时也影响到大气圈、水圈、和生物圈的灾害发生。

地壳的热容量占地球总热容量的 9.9%，水圈仅约占 1%，大气与冰雪圈仅占百万分之一，生物圈比大气圈又约小两个量级。因此，在各圈层的相互作用中，地壳起着主导作用，它的微小变化都足以对其他圈层产生巨大反响，特别是地壳的热能量变化可以制约气象灾害的发生，汤懋苍通过对地热涡的确认和跟踪成功地预报了几年来的洪水灾害和干旱灾害的发生及其发生位置[6]。

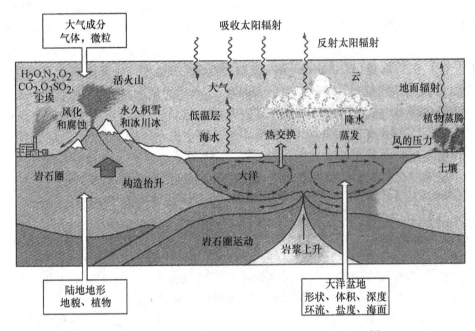

图 2.2　地球系统各圈层之间的能量循环及相互作用[7]

漂浮在软流圈至上的岩石圈不是一个刚性的整体，而是由各种断裂和构造活动带分割成的板块组成，每个板块在地球内力作用下不停地运动，或移动、或扩张、或缩退。通常板块内部比较稳定，板块边缘则很不稳定。在板块碰撞、挤压或一个板块向另一个板块以下俯冲的地方会导致地面隆起，在两个板块分离的地方形成裂谷与海沟。板块的长期作用导致地形的巨大变化，形成造山运动、造陆运动与海盆的扩张，构成地球上千姿百态的地形地貌，影响地球表面物质与能量的空间分布，从而极大影响到气象水文灾害与缓变型地质灾害的分布格局。板块的强烈运动和引起破坏性地震与火山喷发等突发性宏观地质灾害，板块的缓慢变动则可诱发地面下沉、地裂缝等灾害，山地地表物质经长期风化，在地震或暴雨等外力触发下可发生滑坡与泥石流等突发性微观地质灾害。

此外，还有人提出地球内部向地表放气和地磁异常现象与灾害性天气的对应关系，并在一些灾害个例得到验证，但对于其机理还有待深入研究。

3）大气圈运动与自然灾害

大气圈是地球表面圈层中最活跃和多变的圈层，大气运动和气象要素的异常可形成多种气象灾害，并影响和诱发其他圈层发生的各种灾害。

大气层中水汽的运动与转化是引起旱涝灾害的根本原因，冷暖空气的运动异常可引发热害与各种低温灾害，气流的强烈运动可引发大风与雷电、冰雹、暴雨等强对流天气灾害，热带风暴的移动总是被大气环流所引导，空气成分的变化是导致大气污染和城市热岛效应的根本原因。干燥高温常诱发火灾，暴雨可诱发山地的滑坡与泥石流，潮湿天气有利于真菌类和细菌类病害的发生，干燥天气有利于大多数虫害和病毒类病害的发生。

大气圈的质量虽然在整个地球系统中非常微小，但由于大气运动的剧烈和多变，有时局地大气质量或能量的较小变化就往往打破了整个区域的力学平衡或能量平衡。已有不少事实表明，在大的地震发生之前，震区附近地表温度异常升高，持续偏旱，气压偏低。

4）水圈与自然灾害

水圈除发生各种海洋灾害外，还影响到陆地上的灾害。虽然水的运动不像空气那么活跃，但水的热容量要比空气大得多。因此，靠近海洋，盛行风向由海洋吹向大陆或降水量多的地区，通常气温的波动较小，气候相对稳定；而降水量少和气候比较干燥的地区，气温波动和气候年际变化都较大。水圈的异常运动也会影响气象灾害的发生。台风的形成就是由于热带或亚热带大面积海水表面被晒热形成强大的上升气流，特别是在小岛屿较多的海面往往成为台风的生成地。海陆的热力性质差异是造成大陆东部形成季风气候的根本原因，季风气候既有雨季和旱季周期性有规律交替的优点，又有年际间季风早晚、强弱和进退不一致，波动较大，因而多旱涝、冷热灾害的缺点。

大面积海水表面温度偏低或偏高，会影响到大气环流的格局，尤其是赤道东太平洋海温已成为判断气候是否异常的重要依据。该海域如大面积海温比多年平均值偏高0.5℃以上，即构成一次厄尔尼诺现象（El Nino event），低纬度大陆东部易旱；而偏低0.5℃以上，即构成一次拉尼娜现象（La Nina event），低纬度大陆东部易涝。美国海洋学家斯蒂文·黑尔于1996年还发现了拉马德雷现象（La Madre event），在气象和海洋学上被称为"太平洋涛动"（ODP）。"拉马德雷"在西班牙语里是"母亲"的意思，即厄尔尼诺和拉尼娜现象的"母亲"。它是一种高空气压流，分别以"暖位相"和"冷位相"两种形式交替在太平洋上空出现，每种现象持续20～30年。近100多年来，"拉马德雷"已出现了两个完整的周期，进入21世纪初，又一次进入了冷位相，赤道东太平洋以拉尼娜现象占优势，全球寒冷事件比20世纪的后20多年明显增加，全球的地震也趋于活跃。有人认为，海底地震引发深层冷水上翻，是导致冷位相期间全球温度降低的重要原因[8]。

5）生物圈与自然灾害

生物圈的总质量是地球表面各圈层中最小的，在各种强大的自然力面前，生物始终是弱者，经常处于承灾体的地位。但是生物圈又是唯一具有生命活动的圈层，生物的长期作用彻底改变了地球的面貌，使地球生机盎然。正是由于绿色植物的光合作用释放大量氧气，才形成了以氮和氧为主的现代大气；植物根系对矿质养分吸收和残体长期积累、分解，这种对岩石的生物风化作用是土壤形成和也是固定、保持土壤的动力。植被一旦被破坏，水蚀、风蚀等水土流失现象就难以控制。大面积植被的存在还能使一个地区的气候变得更加稳定，减少灾害的发生。有害生物是发生各种危害人类健康或农业生产的生物灾害之源，但地球上还存在更多的对人类有益的生物，有些是人类赖以生存发展的重要资源，有些则能起到稳定生态系统和抑制有害生物的作用。

2.1.2　天文因素的作用

地球所处不同层次的天文环境，如银河系、太阳系、地月系等运动变化的特征和规律都对地球产生着不同程度的影响和制约，地球上的许多重大自然灾害或灾变，如大规模物种灭绝、地磁倒转、大的构造运动、冰期变化、气候变迁、海平面变化以及许多气象灾害、地质灾害与海洋灾害都与地球所处的的天文环境有关。韩延本等对此进行了综述[9]。

1. 太阳活动与地球上的自然灾害

太阳系在围绕银河中心旋转运动的过程中不断改变着与周围天体的相对位置并穿越不同密度的星云物质，从而影响太阳活动、太阳辐射和太阳系接收的宇宙线强度等。有人据此提出"宇宙四季"的假说，认为太阳系运行到银河系旋臂中遇到含氢丰富的尘埃云冲击，可能使日面温度升高约 1%，并导致地球表面升温。研究发现，地球近 6 亿年来的几次生物灭绝和地磁倒转事件都发生在太阳系进入银河系主旋臂的时期，而各次大冰期则发生在太阳系运行到主旋臂之外时。在穿越银河系旋臂时，地球受到彗星和流星撞击的机会也相应增多。

地球运动、变化及生态系统维持所需能量主要来自太阳，太阳活动主要表现在辐射量变化、黑子活动、耀斑、质子和电子事件、射电爆发、太阳风、日冕等，这些过程都会影响到地球。如太阳活动可能通过电磁作用影响地球自转速率的变化，到达地球太阳辐射量的波动会影响大气环流与洋流，耀斑会引起太阳辐射增强和等离子体运动。

对我国 1800 多年历史的大地震记录频谱分析表明，约 11 年周期的幅度最大，约 22 年次之，与太阳活动主要的黑子周期和磁周期相吻合。在太阳活动极小年附近，地震活动频繁；而在太阳黑子极大的后一年相对较少。在大的宇宙线地面增强事件发生后一年，地球上均出现大地震活动高潮，7 级以上大震次数明显增多[10]。拉马德雷现象的驱动力是太阳活动,冷位相对应太阳辐射的减弱期,暖位相则对应太阳辐射的增强期。

2. 太阳系中小天体的影响

太阳系中还分布着数量巨大的小行星、彗星及流星体,体积很小的天体在进入地球的大气层后会很快与空气摩擦焚烧殆尽成为流星。但其中体积与质量较大的小天体一旦与地球撞击后果非常严重。轨道与地球轨道近交的近地和掠地小行星现已发现近千颗,其中近百颗被认为对地球具有较大的潜在威胁。一个直径约 10 km 的小行星撞击地球会使大量尘埃进入大气层,严重影响地球接收的太阳辐射量并维持数月或更久,从而导致全球气温明显下降,生物受到极大威胁,严重时造成物种大量灭绝,一些学者认为约 6500 万年前的恐龙灭绝事件就是这类撞击事件的结果。1908 年 6 月 30 日发生在西伯利亚的通古斯大爆炸,其威力相当于 $(10\sim15)\times10^6$ t TNT 炸药,曾使超过 2150 km^2 内的 6000 万棵树焚毁倒下,有人认为这是一颗巨大冰陨石撞击地球的结果。

3. 日月引潮力与地球上的自然灾害

月球虽然只有地球质量的 1/49,但由于距地球最近,却是对地球引力最大的天体。太阳对地球也有相当大的引力。月球轨道参数的变化,日、月、地相对位置的改变,使得地球整体及不同部位所受到的起潮力发生极为复杂的变化,从而影响大气、海洋及地球内部的运动。现已发现某些气象灾害、海洋灾害和地质灾害与日月引潮力的变化有较密切的相关性,尤其是台风风暴潮与日月引起的天文大潮相重叠时,沿海潮位特别高,灾害更加严重。

4. 地球自转与公转运动参数变化与自然灾害

地球绕太阳的公转轨道黄赤交角的变化和近日点的进动都会导致日地距离、公转速率、季节长度、地球接收的太阳辐射量、日月在地球上产生的起潮力等呈现极其复杂的变化。对于冰岩芯及深海沉积物的研究表明,近百万年来全球气候存在约 10 万年的准周期变化,并伴有约 2.3 万年和 4.2 万年的迭加周期,可能与地球轨道偏心率约 9.6 万年、黄赤交角约 4.1 万年、岁差约 2.1 万年的准周期有关。

地球自转轴相对于本体的变化称为极移,既存在地质年代尺度的大规模极移,可能与剧烈的造山运动及气候变迁有关;还有百年尺度上的长期漂移和数年尺度的多种周期和非周期变化及摆动,与大气环流、海洋运动、厄尔尼诺、地震等的发生有关。

2.1.3 无序人类活动的苦果

人类活动在引发自然灾害中往往起到"催化剂"作用,可以导致天气变化异常,物质循环受阻,地质构造不稳定,水文状况低劣等。在现实生活与生产中,人口增长失控和无节制索取资源破坏了生态平衡,而大自然则以各种自然灾害对无序人类活动给予了报复,并进一步破坏生态环境和毁坏人类的资源和财富,危及人类的生产和生活。人类活动、生态环境和自然灾害构成了复杂的自反馈巨系统,并且与地球自身运动和天文环境密切相关。无序人类活动与自然灾害的关系表现在以下几个方面。[11]

1. 对资源无限制的索取

滥伐森林与草地超载过牧使植被遭到破坏,导致气候恶化,旱涝灾害加重。在干旱、半干旱地区可使风蚀和沙漠化加剧,在半湿润和湿润气候的山区可导致严重的水土流失,并引发滑坡、崩塌、泥石流等地质灾害。水土流失造成河湖与水库泥沙淤积,极大削弱了水体的调蓄功能,使下游的水旱灾害加重。长期以来与水争地围湖造田是长江中下游旱涝灾害加重的根本原因。以浙江省绍兴市的鉴湖为例,围垦成田后的100年比此前100年,区域水灾和旱灾分别增加4倍和11倍。历年洪涝被淹面积有相当部分是被围垦的湖泊,实际是洪水强制还原了湖泊的原貌[12]。过度开采地下水使地下水水位持续下降,并诱发一系列地质灾害。恩格斯曾这样告诫人类:"我们不要过分陶醉于我们对于自然界的胜利。对于每一次这样的胜利,自然界都对我们进行了报复。"正是几千年来对黄土高原森林植被的破坏导致黄河近千年来变成了一条地上悬河,近代每三年两决口,每年携带泥沙达 16×10^8 t,流失的养分折合化肥数千万吨,美国学者巴尔尼惊呼"这是中华民族的主动脉在流血"。

2. 对生态系统的破坏

人类活动释放到环境中化学物质的巨大数量打破了地质时期建立的元素化学平衡,改变了原有的地球化学循环,特别是 CO_2 等温室气体的大量排放导致温室效应和海平面上升,极端天气、气候事件频繁发生,对人类的生存环境造成巨大威胁。无处不在的人类活动和土地利用方式的改变,导致生物多样性锐减,包括有害生物天敌在内的大量物种灭绝,使植物病虫害、动物疫病和人畜共患病等生物灾害日益严重。城市化过程中追逐短期利益导致绿地不足,下垫面大面积硬化导致城市内涝和交通拥堵日益严重。

3. 人类无序工程活动的后果

人类对地下水、油、气的提取、注入和对地下矿产资源的采掘,导致地应力状态的变化,诱发地面形变、地震、地裂缝、崩塌、滑坡、泥石流、地面塌陷等灾害。据统计,有 $60\% \sim 70\%$ 的崩、滑、流与人为作用有关,在地质不稳定地区修建水库有可能引发地震。任意侵占河道、毁堤填河,违禁开发蓄滞洪区,导致调蓄功能降低,加剧了水旱灾害。农业、草业、林业的物种单一化使生态系统的抗干扰性变差,致使虫灾和传染病频繁发生。

2.2　人为灾害的成因

人为灾害和事故是由人为因素引发造成的人员伤亡或财产损失。人为因素包括恶意行动、有意行为但并非恶意、无意行为三类。第一类包括为达到某种政治利益而发动战争、策划政治动乱和恐怖袭击,为实现个人的私利而实施的抢劫、偷盗、强奸、凶杀、投毒等刑事犯罪行为和贪污、走私、贿赂、操纵股市等经济犯罪行为,因社会矛盾和民族、宗教纠纷、迷信活动与邪教引发的群体事件等。后两类行为包括技术失误、不慎失火、环境污染、通货膨胀、经济危机、股灾、公共场所拥挤践踏等,其中有些灾害事故与当事人的某些意图有关,如环境污染往往与追求短期经济效益有关,股灾和经济危机与部分人的盲目投机行为有关,技术失误可能与当事人为个人利益分心有关,虽然都不是恶意制造灾害事故,但其行为后果却造成了严重的生命或财产损失。

2.2.1　技术事故的起因

技术事故(technical incident)是最常见的人为灾害,主要包括交通事故、矿难、建筑事故和其他生产事故等。事故的发生既有人的因素,即不安全行为,又有物的因素,即物的不安全状态,通常是二者共同作用的结果,一般情况下人的不安全行为居主导地位。

1. 人的不安全行为

不安全行为指的是可能导致超出人们接受界限的后果或可能导致不良影响的行为。虽然不安全行为不一定都会导致事故发生,但凡是发生重大技术事故,必定与不安全行为有关。

个体的不安全行为指的是个体从事的导致事故或不良影响的行为。具体表现为违反规章制度、操作规程、劳动纪律等。个体的不安全行为不仅受人的思想、动机的支配,而且受到周围政治、经济、社会、家庭和环境的影响,同时又与行为人的工作经验、技术水平、安全素质、身体条件等有关,有一定的随机性和偶然性,有时难以预测和控制。

人的不安全行为的产生,有技术不熟练或水平低的原因,有标准、制度不健全和检查、监督不到位等管理方面的原因,还有心理因素,包括侥幸、马虎、逞能、浮躁、投机、逆反、鲁莽、懒散、盲从等心理状态以及亲友死亡伤病对心理的干扰。此外,过分疲劳与外界突发事件的干扰也是引发技术事故的重要原因。

人为失误是生产事故最常见的直接原因。据统计,不同系统人为失误占事故发生的比例如下:汽车事故90%,电子电器事故50%~70%,航空航天系统事故60%~70%,军事导弹系统事故20%~50%,石油化工企业事故12%~30%,核电站>15%。失误的原因是对客观世界的认识不足,失误的类型包括技术失误、设计失误和决策失误(表2.1)。[13]

表 2.1　人为失误的类型与原因

失误类型		失误源
个体操作失误	人为过失	健全人（随机失误或下意识过失）
		非健全人（意识低下、心理生理障碍等）
	环境条件	环境恶劣、紧急状态与灾害情况下的异常心态
	技术欠缺	误判断（教育不足、缺乏训练、指导不力与误认信息等）
		误操作（经验不足与调整失误等）
群体决策失误	决策管理失误	方针、政策、计划和规划等宏观决策失误
	设计研究失误	危险估计不足与监督检查失误等
	信息反馈失误	信息不足与信息分析能力不足等
	人际交流失误	思维习惯与惰性等

2. 物的不安全状态

生产安全事故的发生一般需要同时具备人的不安全行为与物的不安全状态两方面的因素。物包括建筑物、厂房、机器、设备、工具、材料、输电、通信与控制系统等。物的不安全状态,有的是先天的,即厂房和设备的建筑和制造过程中就埋下了隐患,如楼房与桥梁在不发生地震情况下的突然垮塌多为偷工减料的"豆腐渣工程"所致;有的是日常管理和保养维护不够,如电线老化、燃气泄漏、病毒侵入计算机等;有的是外界干扰所造成,如突然发生的停电、停水、断气等。

3. 技术事故发生的管理因素

不安全行为按行为主体可分为组织的不安全行为和个体的不安全行为。管理因素也就是组织的不安全行为,组织者在安全管理方面的不作为也是一种不安全行为。组织的不安全行为指的是在企业或机构的经营宗旨、政策、措施等没有把安全放在应有的位置,没有制订或完善安全生产规划和措施。在经营过程和业务中忽视安全管理,给安全生产带来不良影响。如过分强调经济效益,忽视安全投入,安全设施缺乏或不完善,对员工的安全教育和培训不足,劳动组织不合理,对安全生产工作缺乏检查和指导,缺乏安全生产规章制度或不完善,发现事故隐患没有及时进行整改等。物的不安全状态很大程度上与组织的不安全行为有关,如 2011 年 7 月 23 日 20 时 30 分 05 秒,甬温线浙江省温州市境内,由北京南站开往福州站的 D301 次列车与杭州站开往福州南站的 D3115 次列车发生动车组列车追尾事故,造成 40 人死亡、172 人受伤,中断行车 32 小时 35 分,直接经济损失 19 371.65 万元。经国务院事故调查组认定,通号集团及其下属单位在列控产品研发和质量管理上存在严重问题,草率研发的列控中心设备未进行全面评审和单板故障测试,具有严重设计缺陷。铁道部及相关机构在设备招投标、技术审查、上道使用上把关不严,同意未经现场测试和试用的列控中心设备上道使用。上海铁路局安全基础管理薄弱,执行应急管理规章制度、作业标准不严格,对职工履行岗位职责和遵章守规情况监督检查不到位;有关负责人在事故抢险救援中指挥不妥当、处置不周全;车务、电务、工务系统相关作业人员在故障处理中存在违规作业行为。应急预案和应急机制不完善,处置不当,信息发布不及时,对社会关切回应不准确等问题,造成了不良影响。

2.2.2　环境灾害的成因

环境灾害(environmental disasters)是指人类对大自然处理不当,在利用自然、改造自然以及开发自然资源过程中超过了大自然的承受力和环境容量,造成生存环境恶化并导致短期内生态环境中生命财产的重大损失。

环境灾害的后果大多表现为自然现象,但主要是人为因素所造成,本质上仍应属人为灾害。绝大多数环境灾害并非恶意所为,但其后果相当严重;也有极少数环境灾害具有明显的恶意,如逃避监督违法排放污染物和将污染物转移到他国他地。

狭义的环境灾害指生产经营者向周围环境排放有害物质对人体健康和生态系统造成的危害,包括废气、废水、废渣排放,食品与饲料受到有害添加剂或霉菌污染,有毒、有害物质泄漏与核放射泄漏等。在市场经济条件下的工业化初期,企业家为追求利润最大化,往往不愿在安全和环保方面增加投入,而是将环境治理成本转嫁给社会。

广义与宏观环境灾害包括气候变化与极端气象事件增加、资源枯竭、生物多样性锐减、臭氧层空洞、海平面上升、土地荒漠化等全球环境变化事件,也有人称之为生态灾害。其中有些环境变化虽然短期内对人类的危害还不很明显或只在部分地区表现突出,但其长远趋势将严重威胁人类的生存条件。形成原因主要是人类对自然资源的掠夺式无序开发利用和对环境容量的超额超前利用,包括大量排放温室气体、破坏植被与改变土地利用方式、过量开采水资源与矿产资源等。

环境灾害发生的根本原因是人与自然关系的失调。古代社会由于生产力水平低下,人类对大自然的改造能力与规模都很小,在大自然面前处于弱者和被动的地位,往往把自然灾害看成是主宰万物的神对人类的惩罚。工业革命以后,随着生产力与科技水平的迅速提高,开发利用资源与人为改变环境的人类活动规模越来越大,已经大大超出了自然生态系统的承受与恢复能力。在人与自然的关系中,人类变成了强者和主导方面。但是自然规律是不可违抗的,各种环境灾害的发生就是大自然对人类违背自然规律给予的的惩罚。

2.2.3　社会矛盾与社会安全事件

社会经济事件(social and economical incident)的发生是社会不同集团人群利益冲突的结果。20世纪在西方主要表现为经济危机及所伴随的罢工、政治危机、国际纠纷乃至战争。进入21世纪,冷战的结束加速了经济全球化进程,但国际社会经济发展不平衡与不公正的政治、经济秩序又提供了恐怖主义活动的温床。在中国,由于处在计划经济向市场经济体制转轨的过程和工业化、城市化的高潮,贫富差距和区域发展差距不断扩大,形成不同的利益集团,社会矛盾有尖锐化的趋势,不稳定因素与群体事件迅速增加(图2.3)。

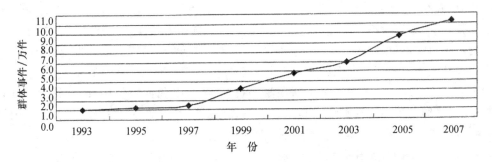

图 2.3　20 世纪 90 年代以来中国群体事件的增加趋势[14]

目前发生较多的群体事件常见的原因有农村因土地违规征用、企业对农民工务工长期欠薪、非法集资无法偿还、城管人员粗暴执法甚至违法行动、部分官员的贪污腐败及官二代或富二代的违法行为未得到应有惩治等。有些地方官员违背关于正确区分和处理两类不同性质矛盾的方针,对群体事件采取简单粗暴的压制甚至镇压措施,致使矛盾激化;有的则采取回避矛盾和封锁信息的做法,致使谣言满天飞,事态不断扩大,丧失了及时合理处置的有利时机。一些地方的司法不公酿成冤假错案也是引发群体事件的一个重要因素。

近年来有些城市还出现了非直接利益相关者卷入冲突的现象,大多是无业或低收入人群。它们与事件的发生并无直接利益诉求,而是借机发泄长期积累的不满情绪。

群体事件的增加警示我们必须加快政治体制与经济体制的改革,逐步解决大量的现存分配不公问题,缓解社会矛盾。同时要加强对各级干部执政为民、廉政爱民和依法治国的教育,加强对青少年树立正确价值观和遵纪守法的教育。

2.2.4　科技发展与灾害事故的发生

科技固然是第一生产力,但也是一把双刃剑,一方面表现在人类防灾减灾能力的提高归根到底要依靠科技创新和进步,另一方面科技发展也带来了一些新的隐患。

1. 探索的代价

富兰克林为探索大气层中雷电的奥秘曾遭到雷击。不少攀登珠峰的勇敢者死于雪崩。美国"挑战者"号航天飞机失事使 7 名宇航员殉难太空,原因之一是发射场温度过低,致使垫圈冷缩燃料泄漏起火爆炸。药物的发明、使用和卫生条件改善使人类的疾病死亡率大幅度下降,但有些药物在发明之初,人们对其副作用还不了解,如孕妇为缓解妊娠反应服用的"反应停",在投放市场6年后的1961年,医生们才发现服用过此药的孕妇生下来的婴儿都是畸形怪胎,尽管紧急停用,全世界已有上万怪婴降临人间。氟利昂等氯氟烃类物质用作冰箱和空调的制冷剂,给亿万家庭带来了舒适,使用50年之后,科学家们才发现它是破坏臭氧层的最大元凶,臭氧层空洞的出现将使到达地面的短波紫外线明显增强,使癌症发病率大幅度增加,使作物生长不良。虽然在科学研究的过程中采取防范措施可以在一定程度上减少副作用的产生,但事故的后果仍然不可能完全消除,这是因为事物本质的暴露和人们的认识都有一个过程。随着现代高新科技的迅猛发展,一方面有效促进了经济发展和人民生活质量的提高,另一方面,高新技术的副作用也往往更加隐蔽,有的发明如智能机器人和人体转基因遗传工程也许还具有极大的隐患,需要采取非常严密的防范措施和慎重的研究方案。

2. 新技术滥用和不当使用的后果

任何科技发明与创新都有其应用的局限性和利弊两个方面,在合理范围内的应用能给人类带来福音,但超范围超剂量的应用则可能带来灾难。如抗生素是治病良药,但大量反复滥用后,使有害微生物的抗药性明显增强,传染病对人类的危害加重。滥用农药同样使害虫的抗药性增强,农民被迫加大用量,使土壤和农产品受到严重污染,还威胁着自身的健康。化肥的应用大幅度提高了农业产量,但过量使用使土壤理化性质恶化,肥力递减,水体和地下水富营养化,带来严重的生态恶果。

核能的发现极大提高了人类改造自然的能力,但如用于战争,将是人类极大的灾难,甚至可以使整个地球毁灭。即使是和平利用,也存在一定的风险。1986年4月26日苏联切尔诺贝利核电站失火爆炸,机组被完全损坏,8 t多强辐射物质泄漏,尘埃随风飘散,致使俄罗斯、白俄罗斯和乌克兰许多地区遭到核辐射的污染。核泄漏事故产生的放射性污染相当于日本广岛原子弹爆炸后的100倍。事故后的前3个月内有31人死亡,之后15年内有6~8万人死亡,13.4万人遭受各种程度的辐射疾病折磨,周边大量民众被迫疏散。欧洲许多国家受到放射性尘埃的威胁,乌克兰至今仍有数百万人生活在核污染区。2011年3月11日在日本宫城县东方外海发生的9.0级地震与所引起的海啸,造成福岛第一核电厂一系列设备损毁、堆芯熔毁、辐射释放等灾害事件,虽然辐射半径20 km以内的人员被迫疏散,但已有许多员工和周边居民吸收到大量辐射剂量,估计未来患癌症死亡约在100~1000人。日本政府在离核电厂30~50 km区域内检测出过高浓度的放射性铯,下令禁止买卖在此区域出产的食物,妥善清理周边区域的辐射污染还需要几十年时间。这次事故使整个核电站报废,连同地震造成的破坏和损失,给已经衰退的日本经济雪上加霜。

3. 高度依赖新技术使承灾害体的脆弱性明显增大

新技术促进了生产发展,给人们的生活带来极大的便利和享受,但由于现代人类高度依赖最新的科技成果,一旦发生某种故障,也会造成极大的困难甚至灾难。

电能的发明使人类文明进入了一个新时代,但由于现代城市高度依赖电能,一旦发生停电事故,不但企业停产造成严重的经济损失,而且居住在城市高层住宅的人们将发生生存危机。历史上规模最大的停电事故 2003 年 8 月 14 日发生在北美东部,共损失电负荷 61.8 GW,停电范围包括美国的 8 个州和加拿大的 1 个省,涉及 5000 万人口和 2.4×10^4 km² 范围。最长停电时间达 29 小时,直接经济损失约 300 亿美元。这次停电使美国的大批企业停产,地铁停驶,航班延误,信号灯熄灭导致道路交通严重混乱和堵塞,大批人群跑到街上不知所措。手机无法充电,付费电话前排起了长龙。许多人被困在电梯内,发出求救电话 8 万个,采取救援行动 800 次,接收医疗救助电话 5000 次。许多城市宣布进入紧急状态。

2008 年 1 月中旬至 2 月初在中国南方和部分北方省区发生的低温冰雪灾害,范围之广,强度之大,持续之久,灾害之重为历史罕见。共涉及 21 个省区,截至 2 月 23 日已死亡 129 人,失踪 4 人,紧急转移安置 166 万人,倒塌房屋 48.5 万间,直接经济损失 1516.5 亿元。1954 年冬季我国南方也经历一次长时间的低温冰雪灾害,而且极端最低气温要比 2008 年更低,但所造成的经济损失和社会影响要小得多。原因就在于 1954 年当时我国的经济发展水平还很低,广大农村和小的城镇还不通电,外出打工、就学和出差办事的人很少,使用电话仅限于大城市里的富人和重要机构,农民仍然沿袭着日出而作、日落而息、自给自足的传统生活方式。现代社会供电、交通、通信三大生命线系统的普及,极大促进了生产发展和生活水平的提高,但人们对三大系统的高度依赖也使社会经济系统在灾害面前的脆弱性空前增大。冰雪阻断交通造成大量旅客滞留在公路、车站和机场,饥寒交迫。冻雨导致大量高压线塔和通信塔倒塌,供电与通信中断,并造成供暖与供水系统的中断。不但使工厂被迫停产,而且给人民的生活带来极大困难。低温冰雪使农作物受冻,交通阻断有使已收获农产品无法外运销售。贵州有的山区因停电脱谷机无法运转而导致村民断粮,只好用石头砸稻谷,自嘲"回到了石器时代"。通信的中断使外界得不到灾民的信息,也加剧了社会动荡。

2.3　灾害的时空分布

2.3.1　自然灾害的周期性

自然灾害在时间分布上具有一定的周期性(periodicity)和群发性(cluster),在有些时段内,灾害发生的频率高,种类多,危害更大,有"祸不单行"之说。

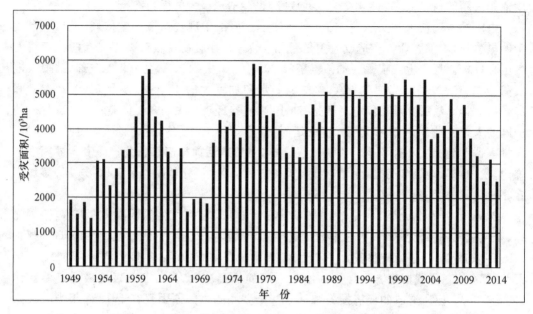

图 2.4　1949—2014 年历年农业受灾面积

（资料来源：根据历年国家统计年鉴资料.）

如我国近 500 年中的地震，第一活跃期是 1480—1720 年，平静期为 1720—1880 年；第二活跃期为 1880—今。张先恭对我国气候变化的研究结果，1479—1691 年为干旱期，1692—1890 年为湿润期，1891—今为干旱期。两类灾害发生的时段分布基本一致，表明他们之间具有某种关联[15]。在地质时期，地球就经历过多次冰期与间冰期的周期转换。在古代的历史时期，夏禹时期是洪涝灾害的群发期，三国两晋南北朝是相对低温期，明末是干旱、低温与蝗灾的群发期。前述拉马德雷现象具有约 50 多年的周期，源自太阳活动的周期变化。从我国逐年农业受灾面积看，也存在大致的周期（图 2.4），20 世纪 50 年代末到 60 年代初，70 年代后期到 80 年代初以及 90 年代后期到 21 世纪初是三个农业受灾的高峰期，期间是相对低谷期。

自然灾害的这种周期不是很严格的，应该说是准周期或类似周期性的韵律现象，其形成有多方面的原因。

1. 气候的季节变化

除赤道地区气候的季节性不明显外。地球上的绝大部分地区气候都具有明显的周期性，由此带来气象灾害与生物灾害发生的周期性。如季风气候区一年中有雨季和旱季之分，洪涝灾害通常发生在雨季，干旱则发生在旱季。北半球东亚季风区的雨季为夏季，旱季在冬半年，而地中海气候区相反，冬季为雨季，夏季干旱少雨。冬季易发生低温灾害,夏季易发生高温中暑。雷电、冰雹、暴雨等强对流灾害性天气也通常发生在雨季。

气候的季节变化也带来生物生长发育的季节变化,使得绝大多数生物灾害同样具有明显的季节变化。在高纬度地区,植物在冬季处于休眠状态,病虫害也不会发生。春季随着植物的生长发育,各种病虫害也乘虚而入。细菌类和真菌类病害一般要求潮湿条件,以雨季发生最烈,病毒类病害和大多数虫害要求干燥条件,以旱季发生更为严重。

2. 生物自身的发育周期

生物的生长发育与繁殖有着明显的周期性,如黏虫的生命周期和不同虫态的完成都需要一定的积温,以 5～6 龄幼虫为危害最大的暴食期,由此可推算出在一个地区能够发生的世代数及严重危害时期。

表 2.2 黏虫不同虫态及全生命周期所需有效积温

虫 期	卵期	幼虫	蛹期	成虫产卵期	总生活史
起点温度/℃	13.1	7.7	12.6	9.0	9.6
标准差/℃	±1.1	±1.3	±0.5	±0.8	±1.0
积温/(℃·d)	45.3	402.1	121.0	111.0	685.2

有害生物的天敌也有其生命周期,但天敌的生长发育总是滞后于有害生物,有害生物数量到达高峰时,天敌数量刚刚开始增加。天敌数量到达高峰时,有害生物的数量已经消退,因此,采用生物防治措施需要人工繁育和适时释放害虫的天敌。食物链的中断迫使天敌生物的繁殖数量随之迅速下降,从而完成一个相互作用的周期。

高等生物同样具有固定的生命周期。如竹林生长多年后会衰老,表现为开花和枯萎,大熊猫等以竹子为食物的动物就发生周期性的饥荒与死亡。

3. 其他周期性因素

孕灾环境中的致灾因素需要一定的时期积累物质或能量,达到一定阈值后,在外界触发因素作用下才能爆发,从而表现为某种周期特征。如华北北部的同一条沟,在发生一次泥石流之后,一般需要经历 10 年的风化物堆积,才能在发生暴雨时引发下一次泥石流。又如长江出三峡后流速突然变缓,因地转偏向力的作用使泥沙大部沿左岸沉淀淤积并使水流的阻力加大,河道日益弯曲。若干年后弯到一定程度会冲垮河岸直接连通,废弃河道形成弓形湖。任何建筑物或金属构件,都有其使用寿命。接近使用寿命时如不及时更换,一旦发生某种自然灾害的冲击,就有可能垮塌或解体。

2.3.2 自然灾害的空间分布

自然灾害的空间分布也是不均匀的,有些区域相对多灾,具有群发特征;有些区域则相对少灾。

1．天文因素与地球地壳板块运动决定的灾害带

世界上有两大灾害带。一个是环太平洋灾害带，集中了全球 80％以上的地震和 75％的火山，2/3 的台风以及海啸、风暴潮、海岸带灾害与大量地质灾害。另一个是北纬 20°～50°之间的地区，是一条环球自然灾害带，集中了全球绝大部分大陆地震与火山，海洋灾害也很严重。由于地势高差大和地形复杂，也是山地灾害和低温冷冻灾害最严重的地区。此外，东非大裂谷也是一个相对多灾地区。

2．生态过渡地区相对脆弱和多灾

对于一个区域生态系统，核心地区的环境条件相对稳定，边缘地区的环境条件多变且容易突破该生态系统所能承受的阈值，因而成为相对多灾地区。如海陆交接的海岸带，是受台风、风暴潮、海啸、咸潮、海岸侵蚀等海洋灾害与洪涝、地面下沉等灾害威胁最大的地带。青藏高原东缘由于地势落差大，物质迁移强烈，成为我国地质灾害最严重的地区。北方农牧交错带位于干旱、半干旱气候的牧区与半湿润气候旱作农区的过渡地带，多雨年有利于作物生长，干旱年则只能放牧，导致这一地区农牧业生产的不稳定，干旱、低温、风沙灾害都很严重。再如淮河流域是南方湿润气候水田农业区与北方半湿润气候旱作农业区的过渡带，多雨年适合稻作，但不适合旱作；少雨年适合旱作，却不适合稻作。由于气候的年际变化大，使得这一地区旱涝灾害频繁，农业生产的稳定性既不如南方的稻作区，也不如北方的旱作区。

3．气候差异决定的灾害空间分布

不同地区的气候特征在很大程度上决定了该地区的灾害特点。如海洋性气候地区气候相对稳定，但洪涝灾害相对较多。大陆性气候地区气候波动较大，旱灾频繁，洪涝灾害发生相对较少，低温、高温以及风雹等强对流天气多发。高纬度地区多低温灾害，低纬度地区多高温热浪和传染病。生物灾害的空间分布也基本上取决于气候。

4．地形决定的灾害空间分布

地形对自然界的物质运动与能量具有再分配效应，从而影响到许多灾害的分布。如山脉的迎风坡相对多雨，背风坡相对少雨，前者易发生山洪与滑坡、泥石流，后者易发生干旱与焚风。高岗处水分易流失，经常干旱，风速也更大；低洼处容易积水成涝，由于冷空气容易积聚，霜冻灾害往往更重。山脉的阳坡冷空气不易侵袭，但阳光接近直射，升温快易干旱；阴坡则寒冷潮湿。

5．自然灾害的空间迁移

自然灾害的迁移与气候、地质、生物等多种因素有关。

季风的进退是我国旱涝灾害迁移的主要动力。每年入春以后，冬季风逐渐衰退北

撤,夏季风向北推进。4月份,较强雨区在南岭一带,北方仍然干旱少雨。5—6月江南多雨,6月下旬到7月上旬是江淮一带的梅雨季节,7月中旬主要雨带移到黄河中下游,7月下旬移到华北,8月上旬移到长城以北。8月中旬回到黄河中下游,9月份主雨区在江南一带,10月份基本退出我国大陆。夏季风推进的前缘如遇冷空气就将下大雨或暴雨,易发生洪涝。盛夏南方在副热带高压控制下晴热少雨形成伏旱,但如有台风登陆东南沿海,虽然台风中心附近可能发生洪涝,但可以给受旱的江南带来大量雨水缓解伏旱。

台风的走向主要受到大气环流的引导。绝大多数西太平洋生成的台风将沿副热带高压的外围气流顺时针移动,最后转向日本以东洋面并逐渐减弱消失,但也有少数台风的路径异常。如副热带高压深入内陆,西太平洋台风可深入内陆腹地,风力虽然迅速减弱,但受地面摩擦有可能降特大暴雨,形成严重的洪涝与山地灾害。南海台风形成后一般西行或西北行,但也有受高空气流引导折向北或东北的。

冬季寒潮爆发后都会南下,但有的偏东,有的偏西,与冷高压的位置及移动方向有关。弱的寒潮到淮河一线就逐渐减弱,强寒潮可长驱直下,进入南海。大多数寒潮为偏西或西北路径,以西北风为主;越过长江后转为东北风。也有少数寒潮为偏北偏东路径,移动迅速,主要影响东北和东部沿海。

有些病虫害具有迁飞性,蝗虫、黏虫、蚜虫等在春季回暖后随暖湿气流向北迁飞,秋季又向南迁飞。一些病菌孢子也能顺风飘移。

森林火灾与草原火灾一般顺风蔓延,发生在我国东北的森林火灾与发生在内蒙古的草原火灾,有一部分就是从俄罗斯或蒙古的着火区被风刮过来的火星引发的。

水土流失也有自上游向下游逐渐迁移的现象。春秋时期黄土高原被部分开垦,植被破坏造成水土流失,于是有"泾渭分明"之说,但黄河水还是清的,那时称为"大河"。两汉时期黄土高原的水土流失日益严重,已经泾渭不分。南北朝时期由于气候变冷,游牧民族入主中原,黄土高原大部放弃农耕,黄河水一度变清。隋唐时期气候变暖,黄土高原被大规模开垦,水土流失使河水变浑,始有"黄河"之称。宋代因泥沙在河床淤积,黄河已成为悬河并多次决口。元明清三代黄河更成为中原地区的心腹之患,决口泛滥越来越频繁。黄土高原与中原地区的生态恶化导致中华文明的中心从渭河流域不断东移,从洛阳、开封的中原一带向南京、杭州的江南一带转移。

2.3.3 人为灾害的时空变化特征

人为灾害具有很大的随机性与突发性,时空变化不像自然灾害那么明显,但有些人为灾害也具有某些时空分布特征。如交通事故在雨、雾、风沙、冰雪和高温酷暑天气下多发,而这些灾害性天气的发生是具有明显的时空分布特征的。建筑工地作业在冬季寒冷天气与盛夏酷暑天气更容易发生意外事故。古代的农民起义往往在春夏之交青黄不接之际,因饥荒得不到救助而首先在受灾地区爆发。现代城市的低收入人群和进城农民工大多居住在城乡结合部的村庄与地下室,由于人员混杂和环境恶劣,是火灾、触电、传染病、环境污染与刑事犯罪的多发地。集会场所、体育场、影剧院、宗教场所和商场,在节假日如大型活动组织不当,容易发生拥挤踩踏事故。易燃物堆积场所是火灾的重点防范地。社会经济发展不平衡,贫富差距迅速增大的地区,往往社会矛盾比较尖锐,稍有处置不当就有可能引发群体事件。

2.4　全球变化与灾害

2.4.1　全球变化的内涵

1. 什么是全球变化

全球变化(global change)是指由于自然和人为的因素而造成的全球性的环境变化,包括大气成分改变,气候变化,土地生产力、海洋或其他水资源、大气化学及生态系统的变化等。

虽然地球自约 46 亿年前诞生以来一直在不断变化,但在工业革命以前地球的演化完全取决于自然的驱动力。工业革命以来,人类开发自然资源和改造环境的活动规模与强度空前增大,已经超越自然因素,成为当代全球变化的主要驱动力,并且可能威胁到人类本身,甚至整个生命系统生存和发展的基础。

地球系统(the earth system)指由岩石圈、大气圈、水圈、生物圈和人类社会组成的整体,包括自地核到地球外层空间的广阔范围,是一个复杂的巨系统。其中人类社会又称人类圈,由人类本身和各种人工建筑与设施组成。地球内部的地核、地幔和地壳构成地球的内部圈层,其运动变化是地球表面发生构造运动的根源。地球表面的岩石圈、水圈和大气圈成为外部圈层,随着生命的出现和生物的进化,又先后形成了生物圈和人类圈。狭义的地球系统指由上述 5 个外部圈层组成的地球表层系统,是生物和人类生存和繁衍的场所。

全球变化是地球表层系统各种因素相互作用的结果。地球表层系统作为一个开放系统,随时受到太阳活动、天文、地质事件和日益增大的人类活动的影响,在太阳辐射、天体运动、大气成分、大气运动、海陆关系、洋流运动、冰雪覆盖、构造运动、生物作用、人类活动等多种因素的相互作用下,地球表层系统在时间序列中表现出多层次的驱动、响应、反馈、放大等复杂关系,既表现出某种周期性变化,又具有某些突变,使全球变化在时空上构成多尺度的耦合系统(图 2.5)。

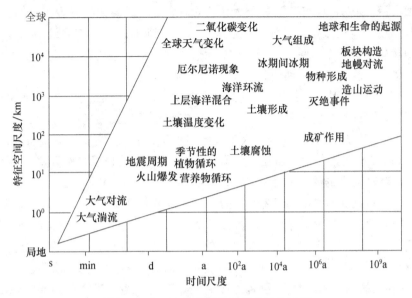

图 2.5 全球变化事件与过程的时空尺度

(根据美国国家航空和宇航管理局地球系统科学委员会,1992 重绘)[7]

2. 全球变化的时间尺度

1) 人类产生以前的地质时期

距今几百万年到几十亿年的地质时期,地球系统受行星演化规律的控制。在最初的 1 亿年内完成了固体地球的形成过程。在 24 亿年以前的太古代已形成岩石圈、水圈和大气圈,但当时的地壳很不稳定,火山活动频繁,海洋面积广大,最低等的生命在海洋形成,陆地上都是光山秃岭。距今 24 亿年到 6 亿年的元古代,地球大部分仍被海洋掩盖,晚期才出现了大片陆地。距今 6 亿年到 2.5 亿年的古生代,海洋生物空前繁盛,陆地出现大片蕨类植物,海洋脊椎动物开始登陆。距今 2.5 亿年到 0.7 亿年的中生代的气候温暖,陆地上形成土壤,植被繁茂空前,爬行动物称霸地球,出现原始哺乳动物和鸟类,蕨类植物逐步被裸子植物取代。此后的新生代被子植物大发展,各种食草、食肉的哺乳动物空前繁盛,恐龙灭绝。自然界生物的大发展,最终导致古猿在距今 260 万年以来的第四纪中逐渐演化成现代人。

在人类产生以前,地球上发生过无数次重大天文和地质事件,如小行星撞击地球,火山喷发和地震等,冰期与间冰期交替出现,生物遭受周期性的大规模物种灭绝和新物种爆发式的产生。这些都只能称为自然灾变,而不属于灾害。

2) 无文字记载的人类活动史

距今几十万年到几千年是人类的原始社会时期,经历了第四纪晚期的冰期—间冰期交替、海面升降、物种迁移与灭绝等重大事件,人类文明诞生并缓慢发展,学会了使用石器与火,具备了初步的改造自然能力。但原始人类在地球表层生态系统中仍处于被动地位,与其他生物并无二致,洪水、干旱、火灾、疫病等都是严重威胁人类生存的重大灾害。

3) 有文字记载的人类文明史

全球变化的驱动因素包括太阳活动、火山喷发、大气环流的长期变化、厄尔尼诺与拉尼娜等海面温度变化及人类活动的影响。全球气候呈现周期性的变化,越来越多的植被由于垦荒和人工建筑而转变为耕地、人工草地和建筑设施,土壤侵蚀不断加重,旱涝冷冻和疫病等自然灾害频繁发生。但在工业革命以前,全球变化仍以自然因素驱动为主。

4) 工业革命以来的约 200 年

以 1785 年蒸汽机的发明为标志开始的工业革命极大提高了人类干预和改造自然的能力,使得人类活动逐渐成为全球变化的主要驱动力。包括大量温室气体排放到大气中导致的全球变暖,大量土地利用方式的改变导致的植被减少和固碳能力下降,大量排放废弃物导致日益严重的环境污染,大规模开发自然资源导致的生物地球化学循环改变,无处不在的人类活动导致的生物多样性锐减和物种灭绝等。虽然随着生产力的高度发展,人类抗御和减轻自然灾害的能力在不断增强,但不合理的人类活动也使得某些自然灾害的发生更加频繁或使得人类社会对于某些灾害变得更加脆弱,各种人为灾害也在加重。

3. 全球变化的空间尺度

陈效逑将全球变化分为下述 4 个空间尺度。[16]

1) 全球尺度

半球到全球范围的全球变化特征事件包括太阳辐射能分布、大气环流和洋流的改变、温室效应加剧和全球气候变化、臭氧层破坏等。

2) 区域尺度

数百到上万千米以内的地域包括大陆、大洋和陆地上大的地理区域,全球变化的特征事件包括季风和台风、锋面、气旋、反气旋等大型天气系统的活动,厄尔尼诺、拉尼娜等海温异常与洋流的变化,地壳板块运动、造山运动与火山喷发,冰期—间冰期交替和气候带的形成,地带性植被与土壤的形成,珍稀物种灭绝等。

3) 地方尺度

数十千米以内范围的特征事件有地震,土壤侵蚀与水土流失,雷电、冰雹等中尺度天气系统,植物物候带形成,城市气候与大气污染、水域污染、植被退化、疫病流行、水资源或矿产资源锐减乃至枯竭等,事件的影响范围主要在当地。

4) 局地尺度

几千米范围以内的特征事件包括小流域水土流失,龙卷风、山谷风等小尺度天气系统,植物物候和小气候随地形的变化,土壤养分变化,点源污染等,影响范围更加有限。

通常空间尺度大的事件,其时间尺度也大,如当代气候变化在空间上是全球性的,时间范围在几十年到几百年;而植物冠层微气象的空间尺度只有几米,时间尺度几秒到几分钟。

4. 全球变化学

全球变化学(global change studies)是研究地球系统整体行为的一门科学,即研究地球系统过去、现在和未来的变化规律和原因以及控制这些变化的机制,从而建立全球变化预测的科学基础,并为地球系统的管理提供科学依据。

全球变化科学的产生和发展是人类为解决一系列全球性环境问题的需要,也是科学技术向深度和广度发展的必然结果。当前,全球环境问题之所以严重,在于人类本身对环境的影响已经接近或超过自然变化的强度和速率,并将继续对未来人类的生存环境产生深远的影响。这些重大全球环境问题已远远超过单一学科的研究范围,迫切要求从整体上研究地球环境和生命系统的变化。同时,观测技术,特别是卫星遥感、全球定位系统和地理信息系统等技术提供了对整个地球系统行为进行监测的能力,计算机技术的发展为处理大量的地球系统信息,建立复杂的地球系统数值模式提供了有力的工具。

全球变化学的理论基础是地球系统科学(earth system science),它是研究地球系统各组成部分之间相互作用以及发生在地球系统内的物理、化学和生物过程之间相互作用的一门新兴学科。1982 年,国际测量与地球物理协会(IUGG)主席,加拿大人 G. D. Garland 第一次提出地球系统科学的概念,1983 年美国科学院物理、数学、资源委员会主席 H. Friedman 第一次提出全球变化的概念,1984 年国际科学理事会(ISCU)副主席 T. F. Malone 第一个将全球变化研究付诸实施。1986 年 ICSU 第 21 届大会后组成了 19 人委员会,组织开展国际地圈-生物圈研究计划(IGBP)。在此前后,国际科学界还先后开展了世界气候研究计划(WCRP)、国际全球环境变化人文因素计划(IHDP)、国际生物噢多样性研究计划(DIVERSITAS)。2001 年在荷兰的阿姆斯特丹召开了由 IGBP、IHDP、WCRP 主办的全球变化开放科学会议并发表了全球变化宣言。上述事件标志着全球变化科学体系的初步形成。目前全球变化学已经成为国际科学研究的前沿和热点。

2.4.2 全球变化与自然灾害

全球变化是一个长期的渐变过程,对于人类的生存与发展有利有弊,对于不同地区、不同产业和不同领域的影响也很不相同,但总体上,全球变化给人类社会经济系统和全球生态系统带来的负面效应明显大于其正面效应,这种负面效应严重到一定程度或集中爆发时,就形成了灾害。

1. 全球变化与气象灾害

温室效应导致全球以变暖为主要特征的气候变化,并导致不同区域的降水格局发生改变,全球大部分地区的太阳辐射与风速有减弱的趋势。与此同时,气候的波动也明显加剧。

气候变暖导致全球高温热浪的危害日益严重,2003年法国夏季约2万人因热浪死亡。2012年夏季美国和西南欧热浪滚滚,森林火灾频繁发生。气候变暖使有些地区的低温灾害有所减轻,但由于气候的波动加剧和承灾体的脆弱性增大,许多地区的低温灾害并未减轻。如2008年中国南方广大地区发生了历史罕见的持续低温冰雪天气,造成1516.5亿元的直接经济损失。2010~2013年中国北方已连续4年出现冷冬,越冬作物与果树冻害较重。

由于植物物候同步改变、气候波动加剧和植物的脆弱性增大,中高纬度的霜冻灾害并未消失,甚至有所加重。

降水的波动使得许多地区的旱涝灾害明显加重。中国的华北近几十年来降水量减少了10%~20%,海河流域几乎所有支流长年干涸,西南的冬春干旱和长江中下游的伏旱加重,南方的台风洪涝与新疆的融雪性洪水也有加重的趋势。

由于冷空气活动总体减弱,全球大部分地区的大风、冰雹和沙尘暴等灾害有所减轻。

2. 全球变化与地质灾害

地震、火山喷发等宏观地质灾害受近期全球变化和人类活动的影响较小,有些局地小地震的发生还与人类活动有关,如矿井与溶洞坍塌引发的小地震。耿庆国(1985)发现大地震之前通常在震区周围持续严重干旱,对于地震预报具有重要参考价值,但其机制至今仍不清楚。[17]

气候变化加剧地质灾害突出表现为极端降水事件引发的山洪与泥石流灾害频繁发生。2010年8月7日22时许,甘南藏族自治州舟曲县突降暴雨引发特大泥石流,沿河房屋被冲毁,并阻断白龙江形成堰塞湖。截至21日统计,遇难1434人,失踪331人。2012年7月21日北京市大范围降特大暴雨,最大降水在房山区河北庄,十几个小时里下了541 mm。全市因灾死亡79人,其中过半为因山洪和泥石流而丧生。

持续干旱、掠夺性开采水资源和滥垦草原,在干旱、半干旱气候区可引发沙尘暴。植被退化或丧失在干旱地区可加剧风蚀,加速土地荒漠化进程,在半干旱和半湿润地区可加剧水蚀,引起水土流失。

在北方,久旱之后突降大雨经常引发地面塌陷,持续干旱使地下水位不断下降,可导致受旱地区的地面下沉。

3. 全球变化与生物灾害

气候变暖使得有害生物的春季发育和迁徙提前,秋季发育和迁徙后延,危害期延长,发生世代增加,危害区域向高纬度和高海拔扩展。降水增加的地区真菌类和细菌类植物病害可能加重,气候干旱化地区则大多数虫害和病毒类植物病害可能加重。

由于二氧化碳浓度升高对 C3 类植物增强光合作用比对 C4 类更为有利，未来农田的 C3 类杂草危害将更加严重。气温升高使农药易于挥发和分解，防治病虫的成本将有所提高。

气候变化使有害生物与其天敌的关系发生改变，在天敌因气候变化受到抑制的地区，病虫害将更加严重。

4. 气候变化与环境灾害

气候变暖使水中的浮游生物的生长和繁殖加快，在水体富营养化的条件下，诸如蓝藻暴发、水华、赤潮等水污染事件将更加频繁。在因气候干旱化而水资源短缺的地方，由于水体缺乏更新用水，水环境污染尤其严重。由于细菌活动和繁殖加强，被污染物质的腐烂会加快。高温还会使有毒物质的毒性增强，危害加重。冷空气活动减弱和城市气候的形成也不利于城市内部大气污染物的扩散稀释。

2.4.3　经济全球化与灾害

经济全球化（economic globalization）是指世界经济活动超越国界，通过对外贸易、资本流动、技术转移、提供服务、相互依存、相互联系而形成全球范围的有机经济整体。经济全球化是当代世界经济的重要特征之一和世界经济发展的重要趋势。

经济全球化有利于资源和生产要素在全球的合理配置，有利于资本和产品的全球性流动，有利于科技的全球性扩张，有利于促进不发达地区的经济发展，是人类社会发展进步的表现和是世界经济发展的必然结果。但经济全球化对于每个国家都是一柄双刃剑，既是机遇，也是挑战。尤其对经济实力薄弱和科学技术比较落后的发展中国家，所遇到的风险和挑战更加严峻。

经济全球化在加快社会经济发展，增强国家减灾物质基础，促进国际灾害救援和减灾合作的同时，也使本国社会经济系统的某些脆弱性增大，从而带来灾害发生的许多新特点，同时还增大了国外灾害因素向国内转移的风险。

（1）经济全球化使得一国发生重大灾害的影响能迅速波及世界各地，特别是对于经济大国。由于在经济全球化的背景下，各国之间的经济联系日益紧密，一国受灾的经济损失会通过产业链或贸易链迅速传递到国外。如美国 2012 年的持续干旱和粮食减产导致世界的玉米和大豆涨价，极大增加了从美国进口粮食的发展中国家的困难。2011 年日本发生的大地震和核泄漏事故，对日本的进出口造成重大打击并波及其主要贸易国。至于金融危机等人为灾害对世界经济的影响就更大了，如欧洲的债务危机从希腊、冰岛、爱尔兰等国迅速蔓延到其他国家，不少国家还因此陷入政治动荡。

（2）经济全球化条件下，世界各国之间的人员和物资来往空前活跃，极大增加了媒传疾病爆发和有害生物入侵的风险。如 2003 年在中国华南首先发生的 SARS 疫情，在短短几个月里迅速蔓延到中国 24 个省、市、自治区和世界十多个国家,交通、贸易和旅游等产业遭受重创。外来有害生物大多是随国际间人流、物流而实现入侵的,也有一些是通过自然的气流和水流侵入的。由于在所侵入地区没有天敌而得以迅速繁殖和蔓延,防治难度极大,成本很高。如美国白蛾 1979 年在辽宁首次发现,20 世纪 80 到 90 年代迅速蔓延到我国北方许多地区,食性很杂,常把树木叶片蚕食一光,严重影响树木生长。

(3) 经济全球化背景下的国际经济分工往往将高污染、高耗能和劳动密集型产业,甚至将洋垃圾转移到发展中国家,使得发展中国家的环境灾害变得更加突出。

(4) 由于大多数发展中国家位于气候变化负面影响为主的低纬度地区,而发达国家大多位于气候变化正面影响较多的高纬度地区,气候变化将改变全球的资源与环境分布格局,使发展中国家在国际竞争中处于更加不利的地位,对极端天气与气候事件更加敏感,尤其是小岛屿国家与受荒漠化严重威胁的国家。

(5) 遏制气候变化需要大幅度减少温室气体的排放,由于发达国家已处于后工业社会,能耗明显下降,并且掌握了一些低碳技术,但大多数发展中国家仍处于工业化和城市化发展阶段,增加能源消耗与温室气体排放不可避免,环境灾害仍呈加剧态势,国际社会的减排压力和低碳转型对发展中国家形成了极大的挑战。

2.5 灾害链理论

2.5.1 灾害链概念

1. 灾害链概念的提出

国外关于灾害链(disaster chain)的研究集中在地震—海啸与地震—火灾关系,有人进行了气象异常与地震关系的研究,但尚未用于灾害预报,也未形成系统理论。[18~22]

20 世纪 70 年代以来,我国学者在旱震关系、地温与降水关系、日地关系、日食与旱涝关系、引潮力和地气关系等研究领域取得重要进展,80 年代以来在"天地生相互关系"研究基础上逐步形成了灾害链理论,其中旱震链、震洪链和震台链等研究多次应用于巨灾预测获得成功。1987 年灾链概念由郭增建首先提出[23],指出"灾害链是研究不同灾害相互关系的学科,是由这一灾害预测另一灾害的学科"。2006 年 2 月首部灾害链专著出版[24]。2006 年 11 月在北京召开了全国首届灾害链学术研讨会并出版了文集,高建国指出灾害链"是研究自然灾害预测预报的重要生长点,也是地球科学新的重要领域。"[25]目前,灾害链已成为国内灾害学研究的一个热点,但对于灾害链概念的认识还很不一致,多数研究把灾害链局限于孕灾和诱发过程,对灾害链的延伸研究较少,不能充分满足重大灾害预测和减灾的需要。

灾害链最初只是简单地归纳为原生灾害—次生灾害—衍生灾害的序列,后来有的学者从不同角度对其内涵做了扩充。郭增建提出灾害链是"一系列灾害相继发生的现象"[23]。高建国认为是"一个重大灾害发生后激发另一个重大灾害,并呈现激式有序结构的大灾传承效应。"[25]肖盛燮定义为"将宇宙间自然或人为等因素导致的各类灾害,抽象为具有载体共性反映特性,以描绘单一或多灾种的形成、渗透、干涉、转化、分解、合成、耦合等相关的物化流信息过程,直至灾害发生给人类社会造成损失和破坏等各种链锁关系的总和。"[24]

2. 灾害链概念的扩展

以上定义多是将灾害链归纳为两种以上灾害具有某种联系,同时或相继发生的现象,可称为狭义灾害链。实际在灾害形成之前,链式效应就已经在孕灾环境中或致灾因子与承灾体之间出现。灾害过程基本结束之后,灾害所造成的各种影响仍然在很长时期链式传递,尽管有些后果已经不能再称为灾害。陈兴民提出"灾害链的类型分为灾害蕴生链、灾害发生链、灾害冲击链。"[26]

各地减灾实践中,次生灾害和衍生灾害所造成的损失往往不亚于甚至大于原生灾害。因此,笔者认为有必要将灾害链概念扩展如下:孕灾环境中致灾因子与承灾体相互作用,诱发或酿成原生灾害及其同源灾害,并相继引发一系列次生或衍生灾害以及灾害后果在时间和空间上链式传递的过程。

3. 广义灾害链的提出

灾害虽然给人类带来重大危害和损失,但任何事物无不具有两重性,灾害在孕育、发生、演变和消退的全过程中,存在与诸多致灾因子及影响因子之间的相互作用及复杂的反馈关系,特别是在灾害链的若干关键环节或支链结点上。其中有些属于正反馈,即使灾害破坏力增大或使其损失加重的效应;也有一些属于负反馈,即消减灾害破坏力或减轻其损失的效应。前者可促使灾害损失放大并引发次生灾害和衍生灾害;后者具有减灾效应,在某些特定情况下甚至有可能变害为利。

灾害演变过程中的负反馈减灾机制或效应有以下几种情况:

1)灾害破坏力的自然衰减

如随着可燃物的消耗火势逐渐减小,风化堆积物的下泄导致滑坡和泥石流逐渐停止,冷空气控制后受下垫面加热逐渐变性等。

2)生物自身的适应机制

如越冬作物在冬前的抗寒锻炼,旱生植物的耐旱机制,动物的休眠、迁徙、洄游等。

3)灾害过程中的某些有利因素在一定条件转化为主导方面

如棉铃虫造成的棉花蕾铃脱落如不超过10%,反而具有增产效应;适度的寒冷刺激可促进荔枝花芽分化,有利于当年增产;发生干旱时如能及时灌溉,由于光照充足和昼夜温差大,作物往往可获得超常的高产。

4) 同时存在的两种灾害相互抵偿使灾害减轻

如久旱之后的暴雨虽造成局部洪涝,但在大面积生产上利大于弊。在发生森林火灾时,暴雨更是求之不得。

5) 灾害刺激对某些商品的需求增长,促进相关产业的发展

如 2009～2010 年冬季华北严寒导致果树严重受冻减产,但价格的上涨使许多农民反而增收。热浪使得夏令防暑用品热销,寒潮则使冬令防寒用品热销。

6) 经验教训转化为精神财富

吃一堑长一智,总结灾害经验教训促进了人类减灾科技与管理水平的提高。2003 年的 SARS 疫情消退之后,国务院全面部署了突发事件"一案三制"工作,即编制应急预案,建立健全减灾体制、机制和法制,使中国的减灾管理水平提高到新的水平。

7) 将灾害破坏力转化为人类所需要的物质和能量

如在大风地带修建风力发电站,在沿海开发利用潮汐能,在洪涝多发区开发水力发电,以及利用有害生物的天敌防治病虫等。

充分利用灾害链中的上述各种负反馈机制,可以用较低的成本获得较大的减灾效益,有时甚至能变害为利。

同样,有利的环境条件下如人为措施不当,也有可能形成某种灾害。如气候变暖有利于减轻冷害,但如夸大了变暖的作用而使用生育期过长的品种,仍然会发生冷害。在调整种植结构时如果不考虑市场容量盲目扩大难以贮藏的蔬菜、鲜果等的种植面积,再遇有利气象条件,虽然获得丰收,农民却会因产品滞销而蒙受比歉收更大的经济损失。如 1989 年北京郊区就发生了几起菜农因丰收的大白菜销不出去,无法收回成本而倾家荡产甚至自寻短见。

由于灾害链式反应存在多种反馈机制,多条支链及其反馈形成网状,从减灾实际需要出发,笔者首先提出广义灾害链网(disaster chain and net in a broad sense)的概念:灾害系统在孕育、形成、发展、扩散和消退的全过程中与其他灾害系统之间,各致灾因子和影响因子之间以及这些因子与承灾体之间各种正反馈与负反馈链式效应的总和。[27]

2.5.2　灾害链的分类

郭增建、高建国、肖盛燮等从不同角度提出了灾害链的分类。高建国提出"灾害链是自然界各种事物相互联系的一种。一般的理解是地震后伴生的滑坡、泥石流、火灾、瘟疫等次生灾害,我们称其为第一类灾害链。另外一种是,除了科学界公认的海气相互作用外,还有地气耦合。我们称其为第二类灾害链。"[25]陈兴民将"灾害链的类型分为灾害蕴生链、灾害发生链、灾害冲击链"。[26]

考虑到灾害链内涵的扩展,可进一步从不同角度细分为如下类型:

1) 主链、支链和灾害链网

重大灾害链通常有一个主链（the main chain）和若干支链（branched chain），每个链又由若干环节（link）组成，主链与支链之间、各支链之间及各环节之间具有复杂的相互联系，研究其相互关系是做好减灾工作的前提。

同时发生的几种灾害，通常其中某种灾害处于原生或主导地位，从孕育到危害成灾形成主链，同源次要灾害或原生灾害的次生灾害及其后果则构成支链。

重大灾害链存在主链、若干支链及复杂的相互联系和反馈，实际形成了灾害链网。

2）按照灾害过程

陈兴民（1998）将灾害链分为三段，我们认为前两段可合并。灾害链的前半部分即从孕灾环境中致灾因子开始作用于承灾体到灾害高潮期为灾害发生链，此后到灾害完全消退为灾害影响链。[26]

3）按照构成灾害链的不同灾害之间的相互关系

郭增建分为因果、同源、互斥和偶排四类，我们认为还应有互促一类，如低温与冰雪，干旱、大风与森林火灾，高温与干旱等灾害之间存在互促关系。[28]

4）按照各圈层相互作用

包括地气链、气地链、海气链等，目前已取得研究进展的有旱震链、震洪链、震台链等。

5）按照地域、产业

如城市灾害链、流域灾害链、山地灾害链、矿业灾害链、交通灾害链等。

6）按照灾害成因

如地震灾害链、地质灾害链、泥沙灾害链、冰雪灾害链、台风灾害链、暴雨灾害链等。

7）按照链式效应的形态特征

肖盛燮（2007）按照链式效应的形态特征划分为崩裂滑移链、周期循环链、支干流域、树枝叶脉链、蔓延侵蚀链、冲淤沉积链、波动袭击链、放射杀伤链等8种，涵盖了地质灾害、山地灾害、生物灾害、火灾、侵蚀、洪灾、地震、海啸、有毒有害物质扩散等多种灾害类型。但上述分类有些具有普遍意义，适用于多个灾种，如周期循环链、树枝叶脉链、蔓延侵蚀链等；有些则只只适用于个别灾种，如崩裂滑移链和冲淤沉积链。随着人们对灾害本质与对灾害链特征认识的不断深入，灾害链的形态分类还需继续充实和完善。

8）按照灾害链表现形式与流的特征

灾害作用于物质实体、经济系统或社会系统，分别表现为物质能量流、经济流和社会信息流。

自然灾害和工程事故在孕育期主要关注其物质能量流，当致灾因子物质所携带能量形成的破坏力超过承灾体的抗力时将形成灾害。随着破坏力能量的衰减，灾害事故趋于消退，减灾对策主要是对抗、消减、疏导或规避灾害破坏力的能量。

经济系统受灾主要考虑如何防止和减少经济损失，需要分析承灾体的经济流，本质上是商品、货币形态的物质能量流。在灾害孕育、形成、蔓延扩散和消退过程中，经济损失不断放大,减灾救灾成本不断增加。分析灾害链经济流可以帮助我们找到以最小成本防御灾害发生的关键环节以及灾害发展过程中灾害损失的经济流最容易被放大、应重点保护的环节。

灾害作用于社会系统时,伴随着灾害链的物质能量流,同时还形成了信息流,并且主要通过信息流对社会系统产生影响。信息依托具体物质而客观存在,虽然本身并不具有能量,但却可以调动系统的物质和能量。正确的信息有助于认识和预测灾害的发生和演变,采取正确的防灾减灾决策,保持正常的社会秩序与心理健康,减轻次生和衍生灾害。扭曲的信息则可以促使人们做出错误的预测和决策,导致心理恐慌和社会秩序失控,使灾害损失放大,并产生一系列次生和衍生灾害。

2.5.3 灾害链在减灾中的应用

1. 应对灾害链的策略

应对灾害链的策略主要包括断链、削弱、转移、规避、接受等。

1)断链

断链只能是在灾害孕育期能量微小或灾害载体尚未形成,具备可断性时才能采取。能量巨大的灾种不可能采取断链策略。

2)削弱

削弱指在灾害链形成后,抓住薄弱环节消减其能量或冲击力。如利用水库削减洪峰,在起火林地外围烧出隔离带以约束火势等。

3)转移

转移指将灾害链设法转移到对人类安全威胁较轻的地域,如海河流域兴修减河直接引洪入海,设置黑光灯诱蛾,以小面积易感病虫作物或林木保护大面积作物或林木等。

4)规避

规避,在空间上指在灾害发生前将承灾体转移到安全地带使之与灾害链隔离,对于地震、滑坡、洪水、超强台风等不可抗拒的巨灾通常采取这一策略;在时间上是指使对灾害敏感的人类活动避开预测的灾害发生时段或灾害常发季节,如农作物播种和移栽,牲畜配种和产仔都应安排在适宜的季节,交通出行和旅游尽量避开恶劣天气。

5)接受

接受策略主要针对损害不太的灾害链,如采取上述策略的成本高于可能发生的灾害损失,则应采取接受策略。

2. 采取断链减灾措施的条件

对于灾害发生链,减灾关键是找到诱发灾害的关键致灾因子或触发条件,在孕灾阶段成灾物质很少或能量很小时从源头断链以阻止灾害的发生,适用于火灾和病虫害等。

对于灾害影响链,减灾的关键是要保护承灾体的关键部位或敏感期,或在灾害影响链的薄弱环节采取断链措施。如在城市灾害链中最重要的是保护好生命线系统,一旦因灾发生某种故障要在蔓延扩散之前迅速排除。

3. 提高灾害预测的准确率

灾害链在灾害预测中的应用有两种情况:

一种是发生概率较低的巨灾,用常规预报方法很难报出。但巨灾发生通常与地球各大圈层相互作用有关,能量有一个积累过程,有些征兆会提前表现出来。跨学科灾害链研究有可能发现孕灾因素间的相互关系,从而提高巨灾预测的可能率。

另一种是对次生灾害、衍生灾害及灾害后效的预测。研究灾害影响链将有助于防止灾害影响的扩大和减轻灾害损失。如对于 2008 年南方低温冰雪灾害,气象部门虽然作出了比较准确的短期预报,但由于对低温冰雪的灾害链特点估计不足,对次生灾害和衍生灾害的预测不够准确和及时,在中央采取果断决策之前一直处于被动地位。

4. 正确开展灾害评估

灾害链形成、发展、分支、蔓延和消退过程的研究,可以帮助我们正确评估灾害损失。灾前预评估有助于确定重点防范保护对象和所需减灾资源,灾中评估有助于确定重点抢险地点或救援对象,灾后评估有助于明确优先救助、恢复对象和需要动员的救灾资源。2008 年对南方低温冰雪灾害直接经济损失的估算从 1 月 26 日的 62.3 亿元急剧增加到 2 月 19 日的 1516.5 亿元。截至 2 月 25 日,仅林业直接经济损失就达 1014 亿元,比 19 日上报 573 亿元几乎翻番。前后悬殊固然与损失累积过程有关,更重要的是对灾害的链式放大估计不足。[29]

5. 灾害链理论的应用

1) 农业抗旱

干旱是对我国农业生产威胁最大的一种累积型灾害。农业干旱在发生发展过程中存在一系列的正反馈和负反馈链式效应,在农业抗旱工作中必须研究干旱链系统的结构,从灾害孕育过程就要设法控制其成灾因素,努力遏制正反馈过程,充分利用负反馈机制,同时做好灾害后果的处理工作,以实现科学高效的减灾(表 2.3~2.4)。

表 2.3　农业干旱的正反馈链与断链关键措施

农业干旱的正反馈链	断链关键措施
气候干旱—生态恶化—植被退化—气候更加干旱	农业生态工程
干旱缺水—超量提水—水源不足—更加超采—水源枯竭	农业节水
干旱缺水—减产减收—贫困—水利失修—缺水减产	水利扶贫
干旱缺水—无序争夺水资源—更加缺水	按流域统一严格管理

表 2.4 农业干旱的负反馈链与转化关键措施

农业干旱的负反馈链	转化关键措施
适度干旱—促进根系发育基部苗壮—抗旱抗倒能力强	蹲苗锻炼
克服干旱—充足光照较大温差—高产优质增收—增加抗旱投入	抗旱技术
适度干旱—耐旱作物品种生长良好—高产优质节水高效	结构调整
适度干旱—低洼地水分状况改善—高产优质—抗旱能力增强	因地制宜管理

正反馈过程促使系统走向不稳定甚至崩溃。农业干旱灾害孕育发展过程中存在一系列正反馈链,可使灾害不断扩大延伸。必须在适当环节采取断链措施以阻止正反馈过程的发展。

负反馈可促进系统的稳定。农业干旱的发展过程中还存在某些负反馈链,充分利用这些负反馈因素可减轻干旱损失甚至变害为利,关键在于创造其转化条件。2011 年北京地区先后经历了比较严重的冬旱与春旱,房山区窦店村适时适量节水喷灌克服了干旱影响,使有利的光热条件得以充分利用,创造了亩产 581 kg 的北京地区小麦单产最高纪录。但在干旱严重时,这些负反馈因素的作用十分有限且往往被掩盖,必须首先克服干旱胁迫。

严重的农业干旱可造成人畜饮水与生存困难、减产减收、返贫、农村社会经济发展滞后、生态恶化等一系列后果,需要分别采取开辟饮用水源,抓好下茬或副业生产,组织外出打工增收,加大扶贫力度,实施农业生态恢复工程等多种措施帮助灾区保民生和恢复生产。

由于干旱是一种频发灾害,商业保险一般不愿开展违背大数定律的保险业务,但干旱又是对农业生产危害最大的灾害,农业灾害保险如剔除旱灾就基本失去了的意义。为此,需要研究扶持旱灾保险的特殊政策,至少应对重大到特大旱灾开展政策性农业保险业务。

2)城市洪涝

城市建设中的短期行为和全球气候变化导致近年来我国城市暴雨内涝灾害频繁发生。[30]住房和城乡建设部 2010 年对 351 个城市排涝能力的专项调研结果显示,2008—2010年间,有 62% 的城市发生过不同程度的内涝,其中超过 3 次的有 137 个。有 57 个城市的最大积水时间超过 12 小时。城市暴雨内涝已经成为涉及全国的问题,严重影响着城市的经济社会发展和市民的日常生活。

2013 年 7 月 21 日北京市遭遇有气象记录以来最大暴雨,平均雨量 170 mm,最大点房山区河北镇 541 mm。引发城区严重内涝和房山等地山洪暴发、拒马河上游洪峰下泄。全市受灾人口 190 万人,其中房山区 80 万人。初步统计全市经济损失 116.4 亿元,79 人遇难。

这一场灾害之所以造成如此严重的后果,固然与暴雨的强度极大和范围广泛有关,同时也与承灾体的脆弱性及灾害链的复杂性有关。这次暴雨洪涝的灾害链由两部分组成,前半部分由孕灾环境中的致灾因子开始作用于承灾体到灾害高潮期,称为灾害发生链;由灾害高潮期到灾害后果完全消退的后半部分称为灾害影响链。

研究灾害链的目的在于探索在其关键环节或薄弱环节断链减灾的对策。阻断或削

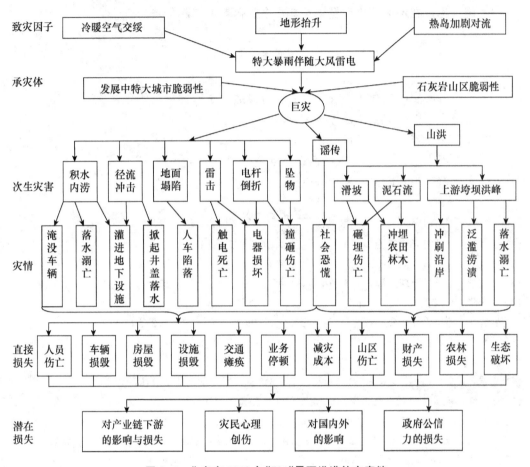

图 2.6 北京市 2013 年"721"暴雨洪涝的灾害链

弱灾害链的途径主要是:通过拦蓄工程、水土保持工程和雨洪利用工程削弱洪水;根据预警提前对承灾体采取规避措施,如尽量不要出行和停课、停业等;对承灾体的薄弱环节如低洼路段、变压器、危房等采取临时疏导、加固或保护措施;公开灾害信息,以正确信息阻断扭曲信息和谣言的传播;保险理赔虽然不能阻止灾情的发生,但可以有效阻断灾害后续影响的延伸和加速再去重建及生产恢复。

这场暴雨洪涝的灾害链可由图 2.6 表示。

练习题

1. 了解你的周围环境都存在哪些自然灾害？
2. 调查你所在地区的气候变化及其带来的自然灾害新特点。

思考题

1. 地球各圈层的相互作用及人类活动与自然灾害的发生有什么关系？
2. 自然灾害的时空分布是怎样形成的？
3. 什么是全球变化？与自然灾害的发生有什么关系？
4. 人的不安全行为、无序人类活动及社会经济发展与人为灾害的发生有什么关系？
5. 灾害链理论在减灾中有什么应用？

主要参考文献

[1] 王敬国. 资源与环境概论. 北京：中国农业大学出版社，2011.

[2] 王连喜等. 生态气象学导论. 北京：气象出版社，2010.

[3] 陈之荣. 最新的地球圈层——人类圈. 地理研究，1997,（3）：95—100.

[4] 高庆华，马宗晋，苏桂武. 环境、灾害与地学. 地学前缘，2001，8(1)：9—14.

[5] 滕吉文. 地球内部物质、能量交换与资源和灾害. 地学前缘，2001,8(3)：1—8.

[6] 聂高众，高建国，马宗晋. 谈我国重大自然灾害的中长期综合预报问题. 地学前缘，1996,3(1— 2)：203—211.

[7] 朱诚，谢志仁，申洪源，等. 全球变化科学导论. 南京：南京大学出版社，2006.

[8] 杨东红，杨学祥. "拉马德雷"冷位相时期的全球强震和灾害. 西北地震学报，28(1)：206.

[9] 韩延本，赵娟. 天文学与自然灾害研究. 地球物理学进展，1998,13(3)：111—116.

[10] 赵娟，韩延本. 天文因素与地震灾害关系研究的进展. 地球物理学进展，2007,2(4)：1386—1392.

[11] Hugh W. Stephens . The Texas City Disaster, 1947. University of Texas, 1997.

[12] 周魁一. 大规模人类活动与洪水灾害——从历史到现实. 第四纪研究，1999(5)：423—429.

[13] 张丽萍，张妙仙. 环境灾害学. 北京：科学出版社，2008.

[14] 段华明. 城市灾害社会学. 北京：人民出版社，2010.

[15] 国家科委全国重大自然灾害综合研究组. 中国重大自然灾害及减灾对策（总论）. 北京：科学出版社，1994.

[16] 陈效述. 自然地理学. 北京：北京大学出版社. 2001,160—200.

[17] 耿庆国. 中国旱震关系研究. 北京：海洋出版社，1985.

[18] 中国科协学会学术部编. 重大灾害链的演变过程、预测方法及对策. 北京：中国科学技术出版

社，2009.

[19] 张艳军，陈敏，冯江长. 论人类活动、生态环境与自然灾害的关系. 中国环境管理，2003,22(1)：30—32.

[20] MASUDA Mitsuhiro ，SHOJI Kuniaki ，MINAMI Kiyokazu ，MASUDA Koichi　Application of the 3D-MPS Method to Simulation of Behavior of Mooring Vessel in Tsunami [in Japanese]. 日本航海学会論文集（125），2011-09-25：175—182.

[21] AKAMA Kenichi. Study on the Effectiveness of Cooperation Business Continuity Plan（BCP）for the Disaster and the Challenges [in Japanese]. Japan Telework Society Conference（12），2010：67—72.

[22] 島根県土木部. Heavy rain disaster in the Oki island chain of August 2007, [in Japanese]. 2008：河川 64(2)：50—54.

[23] 郭增建，秦保燕. 灾害物理学简论. 灾害学，1987,2(2)：26—33.

[24] 肖盛燮等. 灾变链式理论及应用. 北京：科学出版社，2007.

[25] 高建国. 苏门答腊地震海啸影响中国华南天气的初步研究——中国首届灾害链学术研讨会文集. 北京：气象出版社，2007：43—56.

[26] 陈兴民. 自然灾害链式特征探论. 西南师范大学学报（人文社会科学版），1998(2)：117—120.

[27] 郑大玮. 中国农业灾害链网与风险控制的途径. 见中国科协学术部编. 重大灾害链的演变过程、预测方法及对策. 北京：中国科学技术出版社，2009：137—141.

[28] 郭增建，秦保燕，郭安宁. 灾害互斥链研究. 灾害学，2006,21(3)：25—33.

[29] 郑大玮，李茂松，霍治国. 2008 年南方低温冰雪灾害对农业的影响及对策. 防灾科技学院学报，2008,10(6)：1—4.

[30] 辛玉玲，张学强. 城市内涝的成因浅析. 城镇供水，2012(5)：91—93.

第三章

灾害各论（一）：自然灾害

> **学习目的：**了解各类灾害主要灾种的基本知识和减灾思路。
>
> **主要内容：**气象灾害、地质灾害、生物灾害和海洋灾害的主要灾种的基本概念、时空分布特征和危害，各类灾害的减灾基本对策。

3.1 气象灾害

3.1.1 气象灾害概述

气象灾害是指大气运动或组分的异常变化对人类的生命财产、社会经济和生存环境造成的直接或间接的损害。气象灾害是自然灾害中的原生灾害之一，气象灾害的灾害源来自大气圈中的异常，包括天气的异常、气候的异常和大气成分的异常。气象灾害的承灾体包括人体本身、人类的生产活动、人工建筑和固定资产、人类的生存环境等。

气象灾害的特点是：种类多、范围广、频率高、持续时间长、群发性突出、连锁反应显著，灾情重。

气象灾害包括天气灾害和气候灾害，气象灾害还往往引发一系列次生灾害和衍生灾害。

天气、气候灾害，是指因台风（热带风暴、强热带风暴）、暴雨（雪）、雷暴、冰雹、大风、沙尘、龙卷、大（浓）雾、高温、低温、连阴雨、冻雨、霜冻、结（积）冰、寒潮、干旱、干热风、热浪、洪涝、积涝等因素直接造成的灾害。其中天气灾害指短时间具有突发性的异常天气所造成的损害，气候灾害指较长时期的异常气候所造成的损害。

气象次生、衍生灾害，是指因气象因素引起的山体滑坡、泥石流等地质灾害，风暴潮等海洋灾害，森林火灾、酸雨、空气污染等环境灾害以及气象因素诱发的某些生物灾害。

气象灾害有数十种，主要包括暴雨、沥涝、干旱、干热风、高温热浪、热带气旋、冷害、冻害、冻雨、结冰、雪害、雹害、风害、龙卷风、雷电、连阴雨（淫雨）、浓雾、低空风切变、酸雨、阴害、灼伤、日烧病等。其中暴雨、雹害、干热风、雷电、龙卷风等为突发型灾害，干旱、沥涝、冷害、冻害、连阴雨等为累积型灾害。

3.1.2 水分异常引起的气象灾害

1. 干旱

1）干旱灾害

水是一切生物必需的生活因子，水分状况异常会形成各种灾害。其中干旱是我国和世界上最严重和最常见的气象灾害之一。

干旱（drought）有多种定义，《中华人民共和国抗旱条例》规定，干旱灾害是指由于降水减少、水工程供水不足引起的用水短缺，并对生活、生产和生态造成危害的事件。[1]

干旱是典型的累积性灾害，虽然洪涝之后不可能立即发生干旱，但久旱之后一场大暴雨就有可能导致旱涝急转。

我国是旱灾严重的国家，自公元前 206 年到 1949 年的 2155 年间，发生较大旱灾1056 次。1490—1990 年间，黄淮海地区大旱以上的干旱重现率很高，其中黄河流域为26.9%，淮河流域为 33.6%，海河流域为 30.3%。[2]近 50 年来，华北、东北和黄土高原地区的降水量有持续递减的趋势，气候变化加上社会经济发展对水资源的需求量增大，使得我国北方的干旱缺水形势日益严峻。

2）干旱的类型[3]

根据干旱发生的原因可分为以下几类：气象干旱、水文干旱、资源性干旱、工程性干旱等。气象干旱指某一时段由于蒸发量和降水量的收支不平衡，水分支出大于水分收入而造成的水分短缺现象，以一段时期的累计降水量与当地同期多年平均值的负距平为主要指标。水文干旱指河道径流量、水库蓄水量和地下水等可利用水资源的数量与常年相比明显短缺的现象，以一段时期江河径流量、水体蓄水量和地下水可利用量与当地同期多年平均值的差值为主要指标。资源性干旱指由于区域人均水资源短缺所导致的持续性缺水。工程性干旱指并非由于当地水资源数量不足，而是由于缺乏引水、提水设施导致可利用水量的不足。在实际生活中还存在由于水体污染导致可利用水资源量的不足，称为污染性缺水，但一般都列为环境灾害，习惯上不称为一种干旱现象。

根据干旱影响的产业或地域可分为城市干旱、农业干旱，后者又可分为土壤干旱、大气干旱、生理干旱、黑灾等。城市干旱有人又称为社会经济干旱，其实二者的内涵不完全一致，后者包括城乡和所有产业，不限于城市范围。二者都是指由于较长时期降水偏少或可利用水资源量不足对区域社会经济发展造成的损害。社会经济干旱是指区域可利用水资源数量不能满足需水总量而造成区域社会和经济重大损害的现象，其中发生在城市系统的通常称为城市干旱，发生在农村地区的可称农村干旱。农业干旱则是指由于水分补给与消耗持续失衡,因水分供应不足导致农作物、林木和牲畜生长发育不良而造成的减产和经济损失。对于植物而言,土壤干旱指土壤水分不能满足植物根系吸收和正常蒸腾所需而造成的干旱;由于空气干燥造成的生长不良为大气干旱,气流越过山脉下沉增温降温的焚风效应常形成严重的大气干旱;土壤并不缺水,但植物表现出萎蔫、枯黄等缺水受旱症状,称为生理干旱,低温、涝渍、盐碱、病害都有可能导致生理干旱现象。在草原牧区,还存在由于冬季长时期少雪甚至无雪,牲畜因干渴而掉膘、感病甚至死亡的现象,牧民称之为"黑灾"(black disaster)。

根据干旱发生时期可分为春旱、夏旱、秋旱、冬旱、连季干旱、全年大旱、连年大旱等。我国北方以春旱为主,但在生产上威胁最大的是春夏连旱。长江流域以伏秋旱为主。西南和华南以冬春旱为主。季风气候特征使得我国中东部地区都以季节性干旱为主,但北方少数年份可出现全年大旱甚至连年大旱。西北干旱区是否发生干旱与当年降水量的关系并不大,主要取决于冰雪融水的数量及配置。

根据《中华人民共和国抗旱条例》,按照受灾面积占播种面积的比例和饮水困难人口占所在地区人口比例,分为特大干旱、严重干旱、中度干旱和轻度干旱四级。

值得注意的是,上述各种干旱类型不一定同步发生。例如新疆的一些绿洲年降水量只有几十毫米甚至几毫米,始终处于严重的大气干旱状态,但因仰赖天山融雪灌溉,并无水文干旱,在实际生产和生活中很少出现干旱。有的年份虽然降水量明显偏少,出现气象干旱;但有限的降雨恰好满足作物关键期的需水,且全都渗入土壤,水分利用效率很高,农业仍获得丰收,并无农业干旱发生;但这种年份由于没有形成径流补充地表水体和地下水,导致城市供水不足,城市干旱相当严重。与此相反,有的年份由于持续少雨和高温多风蒸散量大,使作物生长不良,发生农业干旱;但由于上年雨水或上游来水充足,河湖水库蓄水与地下水均充足,并未发生城市干旱。再如2008—2009年冬北方冬小麦产区100多天无雨雪或明显偏少,无疑属严重的气象干旱。但由于冬季土壤封冻和小麦休眠,水分消耗不多,加上夏秋雨水充沛,土壤底墒充足,大多数麦田长势良好,并无农业干旱迹象,如果盲目灌溉,还会产生明显的负效应。由于干旱现象的复杂性和类型的多样性,在实际生产和生活中一定要正确区分干旱的性质与类型,准确判断承灾体的脆弱性与适应能力,实行科学抗旱。[4]

2. 洪涝和湿害

洪涝(flood)和湿害(wet damage)都是由于水分过多造成的灾害。其中洪灾是指大量降水或积雪融化导致的山洪或河流水位猛涨导致的决口和泛滥,为突发型灾害;涝害是指大雨、暴雨或持续降雨使低洼地区积水的现象,湿害是指土壤中含水量长期处于饱和状态使作物造成的损害,涝害与湿害均属累积型灾害。由于洪灾与涝害总是伴随发生,往往合称洪涝灾害。北方由南向北的河流早春常常因上游解冻流冰堆积形成冰坝而抬高水位形成的凌汛，是一种特殊的洪灾。

我国洪涝具有 2～3 年、11 年、22 年和 30～40 年及 80～90 年的准周期变化，其中大多数与太阳黑子活动密切相关。连涝的概率远比连旱要小得多。按照所发生的季节，可分为春涝、夏涝、秋涝和冬涝。洪涝的影响因素包括天气形势、地形、土壤质地和结构、技术及社会因素。发生洪涝的天气系统主要有台风、气旋、锋面、切变线等。山脉的迎风坡降水偏多，常发生暴雨；低洼地带排水不畅易形成涝害，江河沿岸易受洪峰冲击，山谷出口易受山洪袭击。黏土地由于水分难以下渗，涝害要重于沙土地。大城市由于下垫面多是不透水的沥青和水泥，雨后径流系数要比土壤增大数倍，一场暴雨过后短时间内就可形成局部地区的内涝。森林具有很强的水分拦蓄与调节功能，滥伐森林是许多地区洪涝灾害加重的主要原因。水库可以拦蓄径流，减轻洪涝。但如修建质量不高或调控不当，一旦溃决后果更加严重。

3. 冰雪灾害

1）雪灾

冬季降雪过多可形成暴风雪（snow storm）、白灾（white disaster）、雪崩（snow slide）、雪害（snow damage）等多种雪灾（snow disaster）。

暴风雪通常伴随强寒潮，可吹散畜群，阻断交通。白灾指冬季积雪过厚时间过长，使牲畜采食困难、冻饿掉膘甚至感病死亡。高山春季融雪过快时常发生雪崩，对道路交通和附近村庄威胁很大。雪害是指冬季降雪过多、积雪过厚、雪层维持时间过长，致使冬作物、家畜和林木生产以及农业设施等遭受的损害。

2）冰凌

冰凌又叫雨凇（glaze）、冻雨（ice storm）、积冰。寒冷潮湿天气下，空气中的水汽和雾滴可在近地面物体上凝结成雾凇，空中降落的过冷却雨滴称为冻雨，落到地物可立即凝结为雨凇，雾凇由于密度不大危害较轻，雨凇为透明或毛玻璃状的密实冰层，密度较大。2008 年 1 月中旬到 2 月上旬的南方低温冰雪灾害，雨凇曾造成西南数省区的大量高压线塔和通信塔倒塌和路面积冰，导致供电、通信和交通的大面积瘫痪，林木大量倒折，造成严重的经济损失。

3）冻融灾害

由于温度周期性地发生正负变化，冻土层中的地下冰和地下水不断发生相变和位移，使冻土层发生冻胀、融沉、流变等一系列应力变形，这一过程称为冻融（freezing and thawing）。

冻融是指土层由于温度降到零度以下和升至零度以上而产生冻结和融化的一种物理地质作用和现象。我国北方多属季节性冻土类型，即冬季冻结，夏季消融，多年冻土类型少，仅发生在大兴安岭北部和青藏高原。

冻融对高寒地区的建筑施工十分不利,路基浅的铁路和公路在早春常因冻土融化而不能通行,翻浆旺盛时田间机播机耕都无法进行,在西北称为"潮塌"。

3.1.3 温度异常引起的气象灾害

1. 冷害

农业生物在零度以上的相对低温下受到的伤害称为冷害(chilling damage)。

冷害分为障碍型、延迟型、混合型和病害型等。障碍型指作物生殖生长期间遇到零上的相对低温,使生理过程发生障碍造成不育而减产。延迟型指因持续低温使发育延迟,不能在霜冻发生前正常成熟而减产和降低品质。混合型指两者同时发生,危害更大。病害型指低温阴雨高湿导致发病而减产,又称间接型冷害。按照与其他气象条件的组合,还可分为低温多雨型、低温干旱型、低温早霜型等。不同季节发生的冷害不同,可以分为春季低温冷害、夏季低温冷害、秋季低温冷害和热带作物冬季寒害,对于畜牧业,还有北方牧区的冷雨和南方冬季的耕牛冷害。

我国北方以东北中北部的延迟型冷害最为频繁和严重。在南方主要是早稻的早春烂秧和晚稻孕穗到开花期间的寒露风。华南的热带、亚热带作物,在冬季较低的零上低温作用下,因饱和脂肪酸凝固而形成生理障碍甚至枯死,称为寒害,可以看成是一种特殊的冷害,也有人将寒害作为与冷害并列的另一种零上低温灾害。

北方的大白菜生长后期如气温持续偏低将因包心不实而减产。叶菜类和根菜类在早春零上相对低温的刺激下往往提前抽薹而导致减产和品质下降。

北方牧区在春末夏初突发冷雨,常造成刚剪毛的绵羊、刚抓绒的山羊和产羔母羊感病和流产。南方耕牛在冬季持续5℃以下的阴冷天气易发病和死亡。

2. 冻害

冻害(freezing damage)指植物或动物在零下的强烈低温下受到的伤害,主要发生在越冬期间,主要危害冬小麦、冬油菜和果树,在高寒地区还可造成牲畜的冻伤。

有些冻害是突发性的,与冬季寒潮活动相联系,如大白菜砍菜期的冻害。大多数冻害与长时期的不利越冬条件相联系,具有累积型灾害的特征。除冬季持续严寒发生冻害外,有的暖冬年因冬前急剧降温抗寒锻炼很差,冬季冷暖变化剧烈或旱冻交加,也有可能发生冻害。

从冻害发生的时间可以分为初冬冻害、严冬冻害和早春冻害三类,初冬冻害的特点是初冬剧烈降温提前入冬,作物缺乏抗寒锻炼,养分积累不足,即使冬季不冷,也仍然经受不住严冬的持续低温,一般以入冬降温幅度或抗寒锻炼减少天数作为冻害的参考指标。严冬冻害与严寒持续时间及程度相联系,主要以冬季负积温、有害积温和极端最低温度为冻害指标。早春冻害经常是在天气回暖后作物已部分丧失抗寒性之后发生的,常以稳定通过某一界限温度之后的极端最低温度为冻害指标。不论何种作物都可用50%植株死亡的临界致死温度作为其冻害指标，主要由其遗传特性决定，但也与抗寒锻炼程度、苗情壮弱、养分状况等有关。

3. 霜冻

霜冻(frost)是植物在零度或接近零度的零下低温时体内水分冻结而产生的伤害。与冻害不同之点是发生在作物活跃生长期间，而冻害是发生在作物越冬休眠或缓慢生长期间。我国大部地区发生在春季作物生长初期和秋季作物生长末期，分别称为春霜冻和秋霜冻。华南主要发生在冬季，青藏高原夏季也经常发生。按照霜冻形成的天气条件又可以分为平流型(风霜)、辐射型(静霜)和混合型，平流型霜冻是由强冷空气入侵剧烈降温引起的，以迎风面为最严重；辐射型是在冷高压控制之下地面和作物表面夜间强烈辐射降温形成的，通常无风或风力微弱，以低洼地为严重；生产上最常见的是混合型，即在强冷空气入侵降温过后，傍晚风停转晴，夜间强烈辐射进一步降温形成。

霜冻灾害程度与低温强度、降温和升温速率、植物的生长状况及发育阶段有关。低洼地易积聚冷空气，沙土地热容量小，霜冻要重于坡地、平地和壤土地。

4. 热害

1) 热浪

热浪(hot wave)是指大范围异常高温空气入侵或空气显著增暖的现象。中国气象部门规定最高气温达到或超过35℃为高温日。热浪形成的直接原因是受到反气旋或高压脊的控制。长江中下游盛夏季节常在西太平洋副热带高压控制下，出现伏旱高温酷热天气。华北初夏在西路变性干冷气团翻越山脉下沉增温的焚风作用下往往出现极端高温，如2014年5月29日北京、天津、石家庄等地最高气温达到41~43℃。西北干旱盆地的夏季酷热难熬，我国海拔最低的吐鲁番盆地2008年8月4日曾出现47.8℃的极端高温记录。城市由于热岛效应，出现热浪时的气温要比郊外高2~3℃。

热浪可造成人体中暑(heatstroke)并诱发多种疾病，使畜牧业的产奶量、产蛋量和饲料报酬下降，还使早稻空壳率增加或逼熟形成秕粒，造成棉花植株萎蔫和落蕾大量落铃。高温酷热还使城镇居民用水、用电量大增，交通事故增多，火灾隐患增大。

2) 干热风

干热风(dry-hot-wind)是一种复合灾害，包括高温、低湿和风三个因子，主导因子是热，其次是干，因此也可归入热害之列。在气流越过山脉下沉时绝热增温降湿形成的"焚风"(foehn)作用下形成的干热风往往更为强烈。干热风对小麦的危害是加剧蒸腾和逼熟，可造成5%~15%的减产。以太行山东麓和西北干旱区的盆地边缘发生较为频繁和严重。

干热风按其强度可分为轻、重两级，北方麦区的具体划分指标如表3.1所示：

表 3.1　我国北方麦区干热风指标[5]

区　域	时　段	天气背景	轻　度			重　度		
			Tm	R14	V14	Tm	R14	V14
黄淮海冬麦区	小麦扬花灌浆过程均可发生,一般发生在开花后20天至蜡熟期	温度突升,空气湿度骤降,并伴有较大风速	≥32	≤30	≥3	≥325	≤25	≥3
黄土高原旱塬冬麦区			≥30	≤30	≥3	≥33	≤25	≥4
河套、银川平原春麦区			≥32	≤30	≥2	≥34	≤25	≥3
河西走廊春麦区			≥32	≤30	不定	≥35	≤25	不定
新疆重干热风区			≥34	≤30	≥2	≥36	≤15	≥3
新疆次重干热风区			≥32	≤30	≥3	≥35	≤30	≥4

注:Tm 为最高气温(℃),R14 为 14 时空气相对湿度(%),V14 为 14 时风速(m/s)

3) 雨后枯熟

雨后枯熟(withered after rain)是指冬小麦在灌浆中后期发生低温连阴雨,转晴后气温突然升高,出现烂根青枯和炸芒,整个植株迅速死亡,粒重明显下降的一种灾害,在西北地区称为青干。过去曾作为干热风的一种特殊类型,由于空气并不干燥,一般也不刮风,通常达不到干热风的指标,不应称为干热风,应看做与干热风并列的一种热害。2013年 6 月中旬河北与北京小麦大面积发生雨后枯熟,千粒重下降 3～5 g。

干热风和雨后枯熟都是以晚播或早春寒返青晚,根系发育差,氮肥过多,磷肥不足的麦田危害较重。干旱缺水的麦田,干热风危害更重;发生雨后枯熟时土壤一般并不缺水,但因根系衰亡,丧失吸水功能而迅速枯死。

3.1.4　其他要素异常引起的气象灾害

1. 由光照异常引起的气象灾害

1) 日灼或日烧病

日灼(sun burning)是指夏季强烈的太阳辐射使果实或果菜表皮灼伤形成斑痕而使品质下降。果树枝条在夏季干旱时遇强烈日晒会损害皮层。隆冬或早春太阳高度角较低,边缘果树和林木主干的基部或大的枝条向阳面温度可急剧升高到 0℃以上,使休眠状态的细胞解冻。夜晚树体又急剧降温到零下,细胞重新结冰,如此反复融冻,南侧树皮因变温剧烈导致皮层细胞死亡,树皮表面产生红紫色块状或长条形灼斑。严重时可导致树皮脱落,发生病害直至树干腐烂,称为日烧病,通常伴随冻害的发生。人为覆盖遮阴、促进树冠发育自遮都可减轻夏季日灼。树干涂白反射阳光可防御冬季树木日烧病。

2) 阴害

阴害(damage due to lacking sunshine)是指持续阴天光照不足导致光合作用下降、养分积累不足、茎秆细弱易倒折、授粉不良、病害蔓延等现象。生产水平较低时尚不成为明显的灾害,生产水平较高或日照特少时可能成为突出的灾害。南方麦区小麦粒重较低与灌浆期间阴雨天多有关。

种植密度过大或间套作两茬作物间调节不当都可人为造成群体内光照不足产生阴害。

北方近年来日光温室发展很快，由于室内并不加温，完全靠塑料薄膜覆盖利用太阳辐射，只要覆盖严密，墙体保温隔热好，在来强寒潮刮大风时也能良好保温，但如出现连阴天就会导致温室内气温持续下降，使喜温蔬菜生长不良，甚至发生冷害和冻害。2014年2月中旬华北和中原连日雾霾，温室和大棚蔬菜生长不良病害严重。

3）紫外辐射增加产生的危害

工业和致冷器的氯氟烃类物质大量排放导致大气中臭氧含量下降，形成臭氧层空洞，使到达地面的紫外辐射增强，可能导致灾难性的后果：可诱发人畜皮癌增多并抑制畜禽生长，对水稻、大豆等许多作物的生长发育有明显的抑制作用，使产量降低。对于紫外辐射增强这一未来可能的农业灾害也必须有所防备，尤其是高海拔地区。

2. 由气流异常导致的气象灾害

1）大风

中央气象台规定风速大于等于 17 m/s 即 8 级以上的风称为大风。密度过大的农作物，5 级以上风速也有可能倒伏。

大风（wind damage）的危害取决风力强度和持续时间。瞬时最大风速除高山隘口和龙卷风以外，只有中蒙边境和沿海出现过 40 m/s 以上的风速。东南沿海风力大主要是受台风影响，台风中心附近的最大风速达到 12 级即 33 m/s 以上，超强台风超过 51 m/s。我国大风的成因，沿海夏秋主要是台风造成，内陆夏季以雷雨大风居多，冬春季主要是天气系统和寒潮活动所造成。

大风对农业的直接危害包括风蚀、对植物的机械损伤、落花落果、吹散吹跑畜群、对农业设施的破坏、加剧蒸腾失水、加重冻害等。大风的间接危害还包括土地沙化、伴随冰雹、沙尘暴等。大风还常常刮断电线，造成电杆和树木倒折，船只翻沉。城市经常发生吹倒大型广告牌和吹落阳台物品、瓦片使路人受伤。在新疆北部的峡谷风区甚至多次吹翻火车。

2）台风

台风（typhoon）是发生在热带或亚热带海洋上的气旋性漩涡，国外也有称飓风的。当中心附近最大风力在 6～7 级称热带低压，8～9 级称热带风暴，10～11 级称强热带风暴，12～13 级称台风，14～15 级称强台风，16 级以上称超强台风。

影响我国的是西北太平洋和南海生成的台风，全年各月都有发生，但以 7～10 月最为集中，占到总数的约 70%，冬季的台风只影响南海诸岛。登陆频次最高的是广东，依次是台湾、福建、海南和浙江。其他沿海省、市、自治区登陆次数较少。

台风是一种复合灾害，包括风害、洪涝、海浪和风暴潮。台风云团的直径可达数百千米，中心附近最大风速常在 30～50 m/s，最强达 100 m/s。对农作物、农舍和农业设施的摧残极严重;大风掀起巨浪对海上船只、设备、养殖场和渔民生命的威胁极大;台风携带的暴雨在所经地区造成严重洪涝,沿海还可形成风暴潮冲击海岸,毁坏海堤,造成海水倒灌,顶托江河洪水加重水灾,当登陆日期与天文大潮发生日期相吻合时风暴潮特别强烈。

大多数台风影响我国沿海地区后会折向东北方向,也有少数台风登陆后西行或北上,风力虽然已明显减弱,但受到地形或北方冷空气影响往往发生特大暴雨,造成严重洪涝灾害。

3）龙卷风

龙卷风(tornado)是大气中最强烈的涡旋现象,影响范围虽小但破坏力极大。其外形为漏斗状云柱,上大下小,从浓积云或积雨云中垂直伸向地面,由凝结的水滴和地面杂物及从水面卷上去的水分所组成。不及地的叫漏斗云,及陆的称陆龙卷,及海的称海龙卷。有时一块母云可产生多个龙卷风,地面直径一般只有几米到几百米,空中直径有几千米。移动距离几百米到近千米,个别的几千米,持续几到几十分钟。中心附近最大风速30～100 m/s,有时超过100 m/s,风速越大破坏力越强。美国中部是世界上龙卷风发生最频繁的地区,我国则以华东的江淮一带发生较多。1956年9月24日强龙卷风袭击上海,全市死亡和失踪69人。其中上海机器制造学校的教学楼倒塌,死亡37人,伤156人。[6]

4）冰雹

冰雹(hail)是在强对流天气下形成的一种固态降水物。系圆球型或圆锥型的冰块,由透明层和不透明层相间组成。直径一般为5～50 mm,最大的可达10 cm以上。冰雹和雨、雪均属降水,但只有发展特别旺盛的积雨云才可能降雹。强烈对流是形成冰雹云的基本条件,冷暖空气交锋或地形抬升都有利于冰雹云的形成。冰雹云边缘常发黄红色,带有推磨似的雷声,常伴随大风和暴雨天气。

冰雹通常呈带状跳跃式分布,以山前居多。北方多发生在初夏和初秋的下午到傍晚,南方则以春季的夜间居多,青藏高原多发生在夏季。

冰雹的危害程度与其密度、体积和持续时间有关。冰雹常造成农作物的严重摧残,直径较大的冰雹可致人畜死伤。1969年8月29日北京市降特大冰雹,砸毁王府井的橱窗和长安街65%的路灯,郊区的大白菜砸得稀烂。

5）风沙和沙尘暴

风沙(wind and sand damage)是大风造成的一种恶劣天气,能埋没农作物,产生机械损伤或污染农产品,风沙还侵蚀土壤,使土壤肥力下降,淤塞水库、塘、坝、水井。风沙分为扬沙和沙尘暴两种。前者是由大风将地面尘沙吹起,使空气能见度降到1～10 km以内,尘土和细沙在空中分布较为均匀。沙尘暴是强风将大量沙尘吹到空中,使水平能见度不足1 km,其范围通常要比扬沙大得多。

沙尘暴(sand and dust storm)是沙暴和尘暴两者兼有的总称,是指强风把地面大量沙尘物质吹起并卷入空中，使空气特别浑浊，水平能见度小于 1 km 的严重风沙天气现象。其中沙暴系指大风把大量沙粒吹入近地层所形成的挟沙风暴；尘暴则是大风把大量尘埃及其他细粒物质卷入高空所形成的风暴。沙尘暴也叫黑风暴，是西北地区的严重自然灾害。1993 年 5 月 5—6 日的特大沙尘暴席卷西北四省区，37×10^4 hm² 农作物和 1.6×10^4 hm² 果园受灾，死亡 85 人，失踪 31 人，牲畜死亡和失踪各 12 万头。

3.1.5 气象灾害的减灾对策

我国是世界上气象灾害最严重的国家之一，气象灾害损失占所有自然灾害总损失的 70% 以上。气象灾害种类多、分布地域广、发生频率高、造成损失重。在全球气候持续变暖的大背景下，各类极端天气气候事件更加频繁，气象灾害造成的损失和影响不断加重。防御气象灾害已经成为国家公共安全的重要组成部分，成为政府履行社会管理和公共服务职能的重要体现，是国家重要的基础性公益事业。为此，我国制定了《国家气象灾害防御规划（2009—2020 年）》，作为减轻我国气象灾害的指导方针。《规划》中提到如下保障措施：（一）加强气象灾害防御工作组织领导；（二）推进气象灾害防御法制建设；（三）健全气象灾害综合防御机制；（四）加大气象灾害防御科技创新力度；（五）强化气象灾害防御队伍建设；（六）完善气象灾害防御经费投入机制；（七）提高全社会气象灾害防御意识；（八）加强气象灾害防御国际合作。

在实际工作中，针对不同类型的气象灾害，应采取不同的应对措施：

对于干旱，应根据当地水资源条件打井、拦蓄、集雨、引水或利用有利天气实施人工增雨作业，挖掘一切可利用水源。搞好农田基本建设，提高土壤肥力，合理耕作保墒；灌区要推广节水灌溉，旱区要推广节水栽培技术，建立节水型农业生态结构。城市要调整产业结构，限制高耗水产业，推广节水工艺和器具，建立合理的梯级水价和水权制度。对于洪涝，应制定防洪规划和设防标准，健全机构加强管理和基础建设，建立洪水监测预警系统，实施防洪、拦蓄、疏浚、排涝等重大水利工程，多方集资开展洪水保险；山区植树造林保持水土改善生态环境；开展农田基本建设，改良土壤，提高排涝和耐涝能力；调整农业结构，选用耐涝和适应多雨环境的作物品种；推广抗涝栽培技术。城市要完善排水系统。

对于冰雹，应种植耐雹作物或使其敏感期避开多雹季节；开展人工消雹，通过打炮震荡冰雹云或发射火箭释放催化剂，促使冰雹云提前下雨；植树种草，改良生态环境，使低层大气结构趋于稳定；开展雹灾保险以取得补偿；作物受灾后采取适宜的补救措施，促进恢复。

为减轻低温冷害，应调整作物品种布局，掌握适宜播栽期；选择耐寒品种，促苗早发，合理施肥，促进早熟；调节田间小气候，提高局部地温。

应对热害应选用耐热作物和品种，利用附近高海拔山区建立淡季蔬菜基地；通过浇水、覆盖、遮阴等措施降低局部气温；种树造林改善生态环境，缩小温度日变幅。喷洒植物生长调节剂，提高耐热性，促进恢复生长。城市要增加绿地，增强建筑物的隔热和通风性能,发布高温热浪预警后要及时调整工作时间,加强对室外作业和敏感岗位人员的防暑降温保护。

对于大风,应营造防风林带和风障;牧区注意选择避风场所,放牧时看住头畜。沿海渔船及时回港避风;临时加固大棚等农业设施;种植抗风作物品种,苗期促进根系和茎秆发育,提高抗风能力;加强对大风的监测和预报,及早采取预防措施。对危房、大型广告牌等采取加固或防范措施。

针对台风,利用卫星遥感和雷达加强监测预报;加固海堤,疏通排水沟;台风到来前加固房屋和农业设施,渔船入港避风;营造沿海防护林,减轻海浪拍击,保护海堤安全。预报超强台风袭击时,要及时将危险区居民转移到安全地带。

龙卷风的破坏力极大,目前还没有办法人为削弱,通过植树造林和山区水土保持,可减轻地面的强烈对流,减少龙卷风的发生。运用现代卫星遥感和雷达技术监测龙卷云的发生发展,预测其发展趋势和运动方向,及早发出警报,是有可能及时躲避的。美国中部有些地区开展龙卷警报业务,用户接收到三分钟内发生龙卷风的警报之后,立即拿走本人在银行的信用卡和重要证件,开车迅速往与龙卷风运动相垂直的方向跑,一般都能确保生命安全。

对于风沙来说,最重要的是增加地面植被覆盖,北京郊区由于扩大灌溉和植树造林,风沙已明显减少。草原应防止超载过牧,农牧过渡带防止滥垦。北方干旱半干旱地区要营造林草防护带,包兰铁路穿越腾格里沙漠的宁夏沙坡头段,由于固沙工程和防护林草带发挥作用,在1993年5月的特大沙尘暴中完好无损。美国1934年黑风暴后制定了水土保持法,生态环境已有明显改善。

3.2 地质灾害

3.2.1 地质灾害概述

地质灾害是指在自然或者人为因素的作用下形成,对人类生命财产、环境造成破坏和损失的地质作用和事件。狭义的地质灾害是指"包括自然因素或者人为活动引发的危害人民生命和财产安全的山体崩塌、滑坡、泥石流、地面塌陷、地裂缝、地面沉降等与地质作用有关的灾害。"广义的地质灾害还包括土地冻融、水土流失、土地沙漠化及沼泽化、土壤盐碱化、地震、火山喷发、地热害以及由地质因素引起的地方病。[7]

地质灾害按照其发生特征可分为突发性与缓变型两大类。地震、火山喷发和山体崩塌、滑坡、泥石流等山地灾害以及绝大多数矿山灾难均属突发性地质灾害;地面塌陷、地裂缝、地面沉降、水土流失、土地荒漠化及沼泽化、土壤盐碱化、地热害以及由地质因素引起的地方病等均为缓变型地质灾害。

3.2.2 地震与火山

地震和火山喷发都是地球构造运动引起的地质巨灾,对人类生命财产的危害极大。

1. 地震

地震(earthquake)是地壳的一种运动形式,是地球内部介质局部发生急剧破裂而产生的震波,在一定范围内引起地面振动的现象。地球表面板块与板块之间相互挤压碰撞,造成板块边沿及板块内部产生错动和破裂,是引起地面震动(即地震)的主要原因。地震的空间结构包括震源、震中、震中距、地震波。根据地震的形成原因,地震可分为构造地震、火山地震、陷落地震和诱发地震等四种类型,绝大多数地震属构造地震。

我国的地震活动主要分布在五个地区的 23 条地震带(见表 3.2)。台湾地区及其附近海域地区;西南地区,主要是西藏、四川西部和云南中西部;西北地区,主要在甘肃河西走廊、青海、宁夏、天山南北麓;华北地区,主要在太行山两侧、汾渭河谷、阴山—燕山一带、山东中部和渤海湾;东南地震区,包括沿海的广东、福建等地。[8]

表 3.2　中国的地震区与地震带

地震区	地震带
华北地震区	郯城—营口地震带,华北平原地震带,汾渭地震带,银川—河套地震带
华南地震区	东南沿海外带,东南沿海内带,右江地震带,雪峰—武夷地震带
新疆地震区	阿尔泰—戈壁阿尔泰地震带,北天山地震带,南天山地震带
青藏高原地震区	喜马拉雅山地震带,那加山—阿拉干山地震带,怒江—萨尔温江地震带,冈底斯—唐古拉山地震带,可可西里—金沙江地震带,柴达木地震带,阿尔金—祁连山地震带,西昆仑地震带
台湾地震区	台东地震带,台西地震带,钓鱼岛—赤尾屿地震带

发生地震时,地球内部岩层破裂引起振动的地方称为震源,垂直向上到地表的距离为震源深度,60 km 以内的称浅源地震,60～300 km 为中源地震,300 km 以上为深源地震。震源在地表水平面上的垂直投影叫震中。地面任一点到达震中的距离为震中距,震中距越小,影响或破坏越重。

按照与震中的距离,震中距小于 100 km 的地震称地方震,100～1000 km 为近震,大于 1000 km 为远震。

地震波是一种弹性波,包括体波和面波。体波又分为纵波和横波。纵波的传播速度最快,引起地面上下颠簸;横波传播速度较慢,但影响范围更大,可使地面水平晃动。面波的传播速度更慢,但破坏力更大。纵波一般先于横波几十秒到一两分钟到达,震区居民可利用这个间隔期迅速决定应采取的避让措施。

震级是表征地震强度大小的等级,根据所释放的地震波能量大小来确定。国际通用的里氏震级共分 9 个等级,每增大一级,释放能量增大 32 倍。按震级大小分为:弱震(<3 级),有感地震(≥3 级且≤4.5 级),中强震(>4.5 级且<6 级),强震(≥6 级),大于等于 8 级的又称巨大地震。

烈度是指地震发生后对地面和建筑物的影响和破坏程度。通常震级越高,震源越浅,离震中越近,地层构造越不稳定(尤其是地质断裂带),烈度越大。

中国位于环太平洋和地中海—喜马拉雅等全球两大地震带交汇部,是世界上地震灾害十分频繁和严重的国家。1900—2011 年累计死亡 70.4 万人,占全球同期死亡总数的 28.2%。其中伤亡最为惨重的是 1920 年 12 月 16 日海原 8.5 级地震(死亡 27 万人)、1976 年 7 月 28 日唐山 7.8 级地震(死亡 24.2 万人)和 2008 年汶川 8.0 级地震(死亡和失踪 87150 人)。

2. 火山

火山(volcano)是地下深处的高温岩浆及其有关的气体、碎屑从地壳中喷出而形成的,具有特殊形态的地质结构,由火山口、岩浆通道和火山锥组成。火山的形成涉及一系列物理化学过程。火山按活动情况可分为活火山、死火山、休眠火山;按喷发类型可分为裂隙式喷发、熔透式喷发、中心式喷发。火山喷发不但对附近居民的生命财产构成极大威胁,对生态环境造成极大破坏,大量火山灰进入高空,还会造成全球气候的异常。

世界各地的火山大多分布在板块交界处,主要的火山带包括:

1) 环太平洋火山带

环太平洋火山带又称火环,从南美洲西岸安第斯山脉开始,经过中美洲、墨西哥、美国西岸、加拿大到阿拉斯加后,沿阿留申群岛及勘察加半岛向西南延续到千岛群岛、日本列岛、琉球群岛、台湾岛、菲律宾群岛及印度尼西亚群岛,全长 40 000 km 有余,呈向南开口的环形构造系。火山数约占全世界 75%,且活动相当频繁。

2) 中洋脊火山

中洋脊火山包括太平洋、大西洋及印度洋三大洋的中洋脊,约成"W"形分布,其火山相对较少。中洋脊的火山以海底火山为主,也有少部分的火山岛。

3) 东非大裂谷火山带

东非大裂谷是由非洲板块的地壳运动形成,至今地质活动依然频繁。如肯尼亚的乞力马扎罗山、刚果民主共和国的尼拉贡戈火山等。

4) 地中海—喜马拉雅火山带

西从比利牛斯山始,东至喜马拉雅山,全长约 10 000 km,但分布不均。欧洲部分多分布于意大利,例如维苏威火山、埃特纳火山等,中段几乎无火山,亚洲部分,在印澳板块及欧亚板块的交界处分布有若干火山群。

中国的新生代火山以东北和内蒙古较多,云南、海南、台湾等地也有少量分布,但现代火山活动相对较弱。

3.2.3　滑坡、崩塌、泥石流

滑坡、崩塌和泥石流为山区特有，又称山地灾害，属突发型地质灾害。

1. 滑坡

滑坡（landslide）是指斜坡上的土体或者岩体受河流冲刷、地下水活动、地震及人工切坡等因素的影响，在重力作用下，沿着一定的软弱面或软弱带，整体或分散地顺坡向下滑动的自然现象。滑坡的产生是斜坡一定岩土体的滑动力超过抗滑力的结果。滑动力一般是由滑动面以上的斜坡外形所决定，抗滑力则取决于滑动带泥土的抗剪强度。这种抗剪强度不仅受地质（岩性和构造）和地形地貌条件的影响，降雨、冲刷、振动和其他人为作用等外界因素及其变化都对滑坡的产生起着重要作用。一般说来，地质结构和地形地貌是内在条件，降雨、地震、冲刷等属于外部诱发因素。滑坡的产生也与组成斜坡的岩石和泥土的性质密切相关。

滑坡在我国每年造成数百至上千人的死亡，摧毁滑坡体下的村庄、房屋、水利和交通设施，掩埋矿区和耕地，破坏植被，并造成严重的水土流失。沿江发生的大滑坡还有可能形成堰塞湖，一旦溃决下泄的洪水还严重威胁下游人民的生命财产。

滑坡的空间分布主要与地质和气候等因素有关。通常下列地带是滑坡的易发和多发区：江、河、湖（水库）、海、沟的岸坡地带，地形高差大的峡谷地区，山区、铁路、公路、工程建筑物的边坡地段等；地质构造带中的断裂带、地震带等；易滑坡的岩、土分布区如松散覆盖层、黄土、泥岩、页岩、煤系地层、凝灰岩、片岩、板岩、千枚岩等；暴雨多发区或异常的强降雨地区。

我国滑坡的地理分布以大兴安岭—太行山—巫山—雪峰山为界，东部滑坡分布较稀，西部较密集；又以大兴安岭—张家口—榆林—兰州—昌都一线为界，其东南部滑坡密集，西北部滑坡较稀；两线间为滑坡分布密集区，尤以秦岭—川西—滇西山地为极密集区。滑坡灾害频次最高的是四川省，约占全国同类灾害的 25%，其次是陕西、云南、甘肃、青海、贵州等省，其中四川、陕西、云南三省的滑坡、崩塌灾害占全国同类灾害的 55.4%。

2. 崩塌

崩塌（又称崩落、垮塌或塌方）（collapse）是较陡斜坡上的岩土体在重力作用下突然脱离山体崩落、滚动、堆积在坡脚（或沟谷）的地质现象。崩塌的物质称为崩塌体。崩塌体为土质者称土崩；崩塌体为岩质者称岩崩；大规模的岩崩称山崩。

崩塌是山体斜坡地段的一种表生动力地质作用。崩塌的发育分布及其危害程度与地质环境背景条件、气象水文及植被条件、经济与工程活动及其强度有着极为密切的关系。其中，新构造运动是内因，不良气候条件是主要的诱发因素，不合理的人类经济或工程活动使得地质灾害的发生频率和成灾强度不断增高。它们的形成需有特定的地质条件,即一定是斜坡临空面易于滑动的岩、土体,有软弱结构面及地下水沿软弱面不断活动等基本地质条件。另外,还需要有一些常常导致崩塌发生的影响因素,如灾害性降雨、地震、人工活动等。

崩塌在我国分布非常广泛。我国的西南山区和青藏高原东南部是滑坡、崩塌发育的重灾区,其中四川是我国发生滑坡、崩塌次数最多的省,约占全国滑坡、崩塌总数的 1/4。其次是陕西、云南、甘肃、青海、贵州、湖北等省,它们是我国滑坡、崩塌的主要分布区域。如果以秦岭—淮河一线为界,南方多于北方且差异性明显;以大兴安岭—太行山—云贵高原东缘一线为界,西部多于东部,差异性也很明显。以上川、陕、滇、甘、青、黔、鄂诸省则是这两条界线共同划分的重叠区,即崩塌主要分布区。

3. 泥石流

泥石流(mud-rock flow)是山区沟谷由暴雨、冰雪融水等水源激发,含有大量泥砂、石块的特殊洪流。典型的泥石流一般由以下三部分组成:形成区、沟通区、堆积区。

泥石流的形成必须同时具备 3 个条件:便于集水集物的陡峻地形地貌;丰富的松散物质;短时间内有大量水源。丰富的松散固体物质和一定的坡度是泥石流形成的内在因素,坡度太陡,风化物难以积累;坡度太小,下泄的重力小于摩擦力,也不易发生,通常发生泥石流的沟谷坡降在 5%～40% 之间。一定强度的降雨是激发泥石流的外在动力因素。地形和降雨均属自然因素,而丰富的松散固体物质除与地质、气候等自然因素有关外,还与人类活动有密切关系。地质条件及地形条件是缓变条件,而强降水是突变条件。

中国泥石流的分布明显受地形、地质和降水条件的控制。在我国集中分布在两个带上。一是青藏高原及次一级的高原与盆地之间的接触带;另一个是上述高原、盆地与东部低山丘陵或平原的过渡带。我国发生的泥石流规模大、频率高、危害严重的地区主要有以下几个地区:滇西北、滇东北山区;川西地区;陕南秦岭—大巴山区;西藏喜玛拉雅山地;辽东南山地;甘南及白龙江流域。

泥石流的危害与滑坡相似,对山区村镇、交通设施、矿山、耕地和植被的危害极大。2010 年 8 月 8 日发生在甘肃舟曲的特大山洪和泥石流导致死亡 1467 人、失踪 298 人,是新中国成立以来损失最惨重的一次。

3.2.4　地面塌陷、沉降与地裂缝

地面沉降和地裂缝属缓变型地质灾害,主要发生在平原。地面塌陷平原和山区都有,为突发型地质灾害。

1. 地面塌陷

地面塌陷(ground collapse and subside)指地表岩石和土体在自然或人为因素作用

下向下陷落，并在地面形成塌陷坑洞的一种地质现象。大多呈圆形。直径几米到几十米，个别巨大的直径可达百米以上。深的达数十米，浅的只有几厘米到十几厘米。

地震、地下工程、晚期溶洞、采矿、人工重载、人工震动、过量抽取地下水等都有可能导致地面塌陷。持续干旱之后突然发生的强降水也往往能造成局部地面的塌陷。

地面塌陷按照成因可分为自然塌陷和人为塌陷两大类。自然塌陷是自然因素引起的地表岩石或土体向下陷落，如地震、降雨下渗、地下潜蚀空等。人为塌陷是因人为作用所引起，如地下采矿、坑道排水、施工突水、过量开采地下水、水库蓄水压力、人工爆破、地面重物压力、违规地下施工等。来自徐州的业主李宝俊在北京德胜门内大街 93 号院内，在没有规划、审批和施工手续的情况下，由没有资质的施工队违法私挖 18 m 深的 5 层地下室，2015 年 1 月 24 日凌晨院前发生地面坍塌，出现长 10 m、宽 5 m、深 15 m 的大坑，造成地下给排水管线断裂，并导致当天中午北侧 4 间居民房屋倒塌，面积达 54 m²。

以下地段容易发生塌陷，各类工程应避开这些地段：岩溶侵蚀强烈的石灰岩、白云岩等碳酸盐岩地带或与其交接地带；岩溶地区的断裂带或主要裂隙交汇破碎带、岩层剧烈转折和破碎地带；松散盖层较薄且以沙土为主，底层缺乏黏性土壤或较薄；岩溶暗河、地下径流或主要岩溶管道经过地带；具有潜水和岩溶水双层含水层的分布地带；岩溶地下水排泄区；岩溶地下水位上下频繁波动区或受排水影响强烈的降落漏斗附近；河、湖、池塘、水库等地表水体的近岸地带；岩溶地下水埋藏较浅的低洼地带。

2. 地面沉降

地面沉降（land sink）是在自然和人为因素作用下，由于地壳表层土体压缩导致的区域性地面标高降低现象。地面沉降通常发生在现代冲积平原、三角洲平原和断陷盆地，成灾面积大且难以治理。我国有近 70 个城市因不合理开采地下水诱发了地面沉降，沉降范围 6.4×10^4 km²，沉降中心最大沉降量超过 2 m 的有上海、天津、太原、西安、苏州、无锡、常州等城市，天津塘沽的沉降量达到 3.1 m。

按照发生地面沉降的地质环境可分为三种沉降地质类型：现代冲积平原型，如我国东部的几个大平原；三角洲平原型，如长江三角洲的常州、无锡、苏州、嘉兴、萧山等城市；断陷盆地型，又分为近海式和内陆式两类。近海式指滨海平原，如宁波；内陆式为湖冲积平原，如西安市和大同市。

地质条件是发生沉降的基础，但诱发沉降主要是由于人类活动，尤其大量开采地下水是地面沉降最常见的原因。我国发生地面沉降的地区，深层地下含水层主要由中砂、细砂和粉细砂组成，很少有粗砂，尤其是滨海平原含水层颗粒较细，含水性能较差。在自然条件下，含水砂层空隙充满水，与周围岩层基本处于压力平衡状态。当含水砂层中的水被部分或全部抽取后，周围岩层的压力将高于含水砂层并挤压使其体积缩小。软土层的排水固结所发生的是永久性形变，不可恢复，是造成地面沉降的主要原因。

3. 地裂缝

地裂缝(ground fissures)是由于自然或人为因素引致的地面开裂现象,具有一定的长度、宽度和深度,可造成地面工程、地下工程、房屋和农田的损坏,给人民的生命财产造成损失。地裂缝往往伴随地面沉降或塌陷而产生,具有活动性,并具有一定的位移形变性。过量开采地下水、地下采矿、地表雨水下渗对松软土层的潜蚀和冲刷、人工蓄水、排水都可能产生地裂缝。

地裂缝的成因有多种,按照地裂缝的成因常分为以下类型:地震裂缝、基底断裂活动裂缝、隐伏裂隙开启裂缝、松散土体潜蚀裂缝、黄土湿陷裂缝、胀缩裂缝、地面沉陷裂缝、滑坡裂缝。我国地裂缝分布相当广泛,但主要分布在华北,以陕西、河北、山东等地居多,广东、河南、吉林、辽宁、甘肃、宁夏、湖北、山西、云南、四川、江苏、安徽、江西、湖南、黑龙江、北京、天津等省(市、自治区)也有,但一般为零星分布。

3.2.5 水土流失与土地荒漠化

水土流失和土地荒漠化为缓变型地质灾害,二者之间有着紧密的联系,风蚀型水土流失是土地荒漠化的主要成因之一。

1. 水土流失

水土流失(water and soil runoff)又称为土壤侵蚀,属于土地荒漠化中水蚀荒漠化的一个亚类,是一种渐进地质灾害,其形成与生态环境恶化密切相关。广义的水土流失还包括风蚀。水土流失除破坏水土资源、降低土壤肥力、恶化环境外,还破坏工程设施,造成经济损失,危害非常严重。按流失的动力可将水土流失分为水力侵蚀、风力侵蚀和重力侵蚀等。

目前一般将水土流失的成因分为自然因素和人为因素两类。自然因素是水土流失的物质基础,人为因素则诱发并加剧了水土流失的过程。影响水土流失的自然因素主要是降水、地形、土壤质地和植被覆盖度等。人口增长过快导致滥垦荒地、毁林毁草以及乱砍滥伐和大量矿山工程建设等破坏生态环境活动的加剧,是水土流失日趋严重的动力源。耕地的不合理利用也加剧了人为的水土流失。

2008 年结束的调查显示,我国现有水土流失面积为 $356.92 \times 10^4 \ km^2$,其中水蚀面积 $161.22 \times 10^4 \ km^2$,风蚀面积 $195.70 \times 10^4 \ km^2$。水土流失最严重的地区是黄土高原和西南岩溶地区。黄土高原在古代曾经植被茂盛,土地平坦。由于长期的开垦,土壤失去植被的保护,水蚀日益严重,直至变成如今的千沟万壑,黄河也成为世界上含泥沙最多的河流。泥沙淤积使得河床不断抬高变成悬河,历史上黄河两千多年来决口泛滥达 1500 多次,大的改道有 26 次。长江上游的水土流失也使干流、支流河床与中游的湖泊不断淤积,调蓄能力大幅度下降,旱涝灾害日益频繁。

2．土地荒漠化

《联合国关于在发生严重干旱和（或）荒漠化的国家特别是在非洲防治荒漠化的公约》将荒漠化（land desertification）定义为："包括气候变异和人类活动在内的种种因素造成的干旱、半干旱和亚湿润干旱地区的土地退化。"土地退化的表现包括：① 风蚀和水蚀致使土壤物质流失；② 土壤的物理、化学和生物特性或经济特性退化；③ 自然植被长期丧失。

土地荒漠化的成因可以分为两大类，即自然成因和人为成因。前者是在地球演化的过程中受自然作用的影响而形成的渐变的土地荒漠化，自然因素包括气温、湿度和风力等；后者主要是在人类活动的影响下而形成的突变的土地荒漠化，主要有草原过度放牧、过度垦荒、毁林采樵以及上游水库过度截流等。荒漠化扩大主要分布在三类地区：半干旱地带的农牧交错地区、半干旱地带波状沙质草原区、干旱地带的绿洲边缘及内陆河下游地区。2011 年公布，截至 2009 年底，我国荒漠化土地面积为 262.37×10^4 km²，沙化面积 173.11×10^4 km²，近年来略有减少，但局部地区仍在扩展。

荒漠化导致的土地与植被退化严重阻碍农牧业的发展，使得干旱缺水与风沙灾害日益加重，居民生活贫困化甚至丧失生存条件。

3.2.6　地质性地方病

地方病指发生在某一特定地区，与一定的自然环境有密切关系的疾病。地方病大多发生在经济不发达，同外地物资交流少以及卫生保健条件不良的地区。在地球地质史的发展过程中逐渐形成了地壳表面元素分布的不均一性，这在一定程度上控制和影响着世界各地的人类、动物和植物的发育，使地球上某些地区自然界的水和土壤中某种化学元素过多或缺少，使当地的动物、植物以及人群中发生特有的疾病，出现一些特异性的带有地域性质的疾病，即地方病。

狭义的地方病指地质性地方病（geological endemic）或化学性地方病（chemical endemic），又称化学元素性地方病或地球化学性地方病，是由于地壳表面各种化学元素的分布不均匀，造成地球上某一地区的水和土壤中某种化学元素过多或不足或比例失常，再通过食物和饮水作用于人体而引起的疾病，属缓变型地质灾害。20 世纪 70 年代以来列为我国国家重点防治的化学性地方病有地方性甲状腺肿、地方性克汀病、地方性氟中毒、大骨节病、克山病等。

地方病的分布规律主要取决于致病环境因子的强弱和变化及其在地域上的差异，同时，社会经济因子对致病环境因子也有重要影响。它们共同作用决定着地方病分布的特点、类型和变化趋势。环境化学因子所致的地方病的分布主要取决于环境中有关化学元素含量水平、形态等的地域分异，既与地理地带性因素（水、热、土壤、生物）和非地带性因素(岩性、地貌等)有关,也受到人类活动和社会经济因素的影响。

3.2.7 地质灾害的减灾对策

鉴于地质灾害对人民生命财产的巨大威胁,2003 年 1 月 24 日国务院公布了《地质灾害防治条例》,并在 2006 年 1 月 13 日发布了《国家突发地质灾害应急预案》,各地纷纷制定了响应的地方性法规和预案,建立了地质灾害速报、预警和应急响应的一系列制度,专业性和监测预测与群测群防相结合,地质灾害的预测、避让和防治工作都取得了很大进展。

对于地震、滑坡、崩塌、泥石流、地面塌陷等破坏力巨大的突发型地质灾害,通常人力不可抗拒或工程防治成本过高,应以预防和避让对策为主。在制定发展规划时尽量使重要设施和居民点避让危险区,已位于险区的居民尽可能组织搬迁到安全地带,企业要外迁,道路要改线。暂时不能搬或迁移成本过高的,要坚持专业性监测与群测群防相结合,编制应急预案,宣传普及安全避险知识。发现隐患和危险要及时发布预警,采取临时加固或避险措施。对于土地退化和荒漠化、地面沉降和水土流失等累积或缓变型地质灾害,要实施植树造林、防沙治沙、水土保持等生态工程并控制对地下水的超采,加强对国土资源的综合治理与保护。

对于地震,虽然临震预报是一个世界难题,但地震发生前仍会有一些前兆。特别是地震的纵波与横波存在几十秒到一二分钟的间隔,灾区居民要果断决策,选择相对安全的场所应急避险。我国已建成的地震预警系统能在地震发生以后,抢在地震波传播到设防地区前,向设防地区提前几秒至数十秒发出警报。在 2014 年 5 月 30 日云南省盈江 6.1 级地震发生后,为震中附近的 12 所学校提供了 12~50 秒的预警时间,使师生得以迅速疏散转移。地震多发区的建筑选址要注意避开地质断裂带和容易发生滑坡、泥石流及山洪等次生灾害的地方,已有建筑要按照国家地震烈度区划,严格执行国家有关建筑工程抗震设防标准,杜绝豆腐渣工程。我国已建成比较完善的地震救援系统和物资储备,一旦发生破坏性地震,专业紧急救援队伍会立即奔赴现场,同时动员军队、武警和社会力量展开救援。平时要进行防震知识的宣传普及,编制应急预案并定期组织演练。震后还要做好灾民安置、灾区防疫、心理救援、恢复重建等项工作。

对于滑坡、崩塌、泥石流等山地灾害,要在全面勘察的基础上进行风险区划,隐患严重地区不得安排大型工程建设,险区居民要分批搬迁到安全地带。专业监测与群测群防相结合,及时作出预报和发出预警,按照预案迅速组织居民转移避险。对于必须通过险区的交通和电力设施,要采取工程加固措施。

防控地面沉降,最重要的是严禁超采地下水,利用雨季回灌补充地下水。

沙漠化是我国主要的荒漠化类型。沙漠化整治包括阻沙、固沙和封沙。阻沙即在绿洲、城镇和重要设施外围营造防风阻沙林带。固沙措施包括植物固沙(造林)、机械沙障固沙和化学固沙。选用沙生植物固沙是最常用的永久性措施，但见效较慢。机械沙障见效快，但效果不持久。化学固沙成本很高，很少采用。包兰铁路穿越腾格里沙漠的沙坡头段采取草方格沙障与沙生灌木植物固沙相结合的方法，确保了50多年来铁路的安全运行。封沙主要通过植被恢复来实现。沙漠化是滥垦、过牧、乱挖等不合理人类活动造成的后果，遏制土地沙漠化要通过对国土资源的合理规划和整治，对沙化、退化严重的农田退耕和草地退牧，恢复林草覆盖来实现。保留的农田要推广保护性耕作技术，放牧草地要坚持草畜平衡原则，严禁超载，实行冬春禁牧。

对于地质性地方病，对流行区要加强病情监测和健康教育，实施安全饮水工程，补充硒、碘等当地环境和机体缺乏的元素，限制环境中氟、砷、碘等元素过多摄入人体。对患者要积极治疗。

3.3　生物灾害

3.3.1　生物灾害概述

1. 生物灾害的概念与类型

1）生物灾害

在自然界中，人类与各种生物是相互依存的关系。一旦失去这种生态平衡，某些有害生物就会对人体健康、生命和财产、农林植物和动物等产生危害，造成经济或生态的损失，就构成了生物灾害。

2）生物灾害的类型

生物灾害有多种类型。其中，直接危害人体健康的生物灾害有传染病、寄生虫病、毒草、毒虫、猛兽等；危害农业和林业生产的生物灾害包括植物病害、植物虫害、草害、鼠害等；危害动物的生物灾害主要是动物疫病和寄生虫病，其中有些是人兽共患病；危害设施和财产的生物灾害有白蚁、鼠害和霉菌等。

3）全面认识生物灾害

有害生物和有益生物之间没有绝对的界限，在一定条件下可以相互转化。有益生物在生态失衡的条件下也有可能成为有害生物。如家兔被引入澳大利亚饲养后，由于没有天敌，逃逸成为野兔之后大量繁殖，严重破坏了草原植被。野猪和狼目前都已成为保护动物，但若繁殖过多，保护区内的食物不足时，就会危害农作物和人畜。同样，有害生物在一定条件下也有可能转化为一种生物资源。如苍蝇能给人畜传播多种疾病，但自身并不感病。从苍蝇体内提取的抗菌肽等物质在医药上有广泛的应用，蝇蛆作为一种优质蛋白饲料已用于畜牧业和渔业生产，可代替价格昂贵的鱼粉。

有些生物对人类既有有害的一面,也有有利的一面。如麻雀在 20 世纪 50 年代曾经作为与苍蝇、蚊子、老鼠并列的"四害"之一,当时人们只看到麻雀祸害庄稼的一面,没有注意麻雀捕食害虫的功劳。为此,1956 年 10 月,动物学家朱洗在一次学术会议上曾经讲了一个故事:1774 年,普鲁士国王下令消灭麻雀,并宣布杀死麻雀有奖赏。百姓争相捕雀。不久,麻雀被捉光了,各地果园却布满了害虫,连树叶子也没有了。国王不得不急忙收回成命,并去外地运回雀种,加以繁殖保护。但由于当时人们的认识还不统一,1958 年春季在全国范围仍然开展了捕杀麻雀的群众运动并殃及几乎所有鸟类,造成一场严重的生态灾难,导致以后数年虫害的严重发生。在这种情况下,鸟类学家郑作新和他的同事们在河北省和北京郊区农村采集了 848 只麻雀标本逐个解剖,发现冬天麻雀以草籽为食,春天养育幼雀期间大量捕食昆虫和虫卵,只在七八月间幼雀啄食庄稼,秋收以后主要吃农田剩谷和草籽。因而主张对麻雀的益害要因季节、环境区别对待,并在《人民日报》等报刊上发表了考察成果。到 1960 年春,"四害"中的麻雀才正式被臭虫所替代。[9]

4)生物灾害的危害

历史上生物灾害给人类造成巨大损失的例子不胜枚举。黑死病即鼠疫,是一种古老的烈性传染病,在全球流行近两千年,曾有三次大流行,夺走 3 亿人的生命。其中1348—1352 年在欧洲的死亡人口占到三分之一。19 世纪 40 年代爱尔兰作为主要粮食作物马铃薯的晚疫病连年大发生,大饥荒造成一百多万人死亡,两百万人逃荒海外,全国人口骤减四分之一。2003 年 SARS 病毒传播在广东、香港、北京和华北多个省市,导致数百病人死亡并一度造成巨大的社会恐慌。

2.环境条件与生物灾害

环境变化改变了各种生物的生境和食物链,从而使生物灾害的状况也发生相应的变化。

食物源的变化有可能导致某些生物灾害的消长。如白蚁在生态系统中是消化死亡植物的纤维素和木质素为主的生物类群。20 世纪的 50—60 年代,华南地区大面积开垦种植经济作物,在原来的林地修建了大量的木屋并主要使用木制家具,为白蚁提供了丰富的食物源,导致白蚁种群数量猛增,房屋和家具严重受损,甚至威胁人身安全。80 年代以后,由于当地农村普遍使用钢筋水泥和砖瓦改建、重建住宅,室内木质用具逐步被金属和塑料制品代替,林地基本固定,不再伐木开垦,白蚁种群迅速减小。

食物链中断往往成为有害生物大发生的契机。目前鼠害在农村、牧区和林区都日趋猖獗,与其天敌猫头鹰、蛇的数量减少有密切联系。盲目毁林开垦,使鸟类失去栖息觅食场所,出现食物链中断,往往引起某些害虫的累积或突然爆发。

生物多样性减少是有害生物危害加剧的根本原因。自然界的不同物种之间存在相互依存和相生相克的复杂关系。在生物多样性丰富的自然生态系统内,各种物种之间形成相互竞争又相互制约的相对平衡，使得有害生物不可能无限扩张，受害物种也能很快适应并产生一定的抵抗力。即使对人类有益的生物受到一定损害，也能很快找到具有抗性或适应性的同样用途替代物种或品种。超强度的过度开发活动和全球环境变化导致生物多样性迅速减少，特别是使有害生物的天敌数量减少甚至灭绝，食物链关系发生改变，这些都为有害生物的繁衍创造了条件。

全球气候变暖使有害生物的适生期延长，发育加快，生殖力增强，越冬基数加大，直接导致其始见期、迁飞期和种群高峰期提前，一年中的繁殖世代增加，发生程度加重，暴发周期缩短，发生区域向更高纬度与海拔蔓延。气候异常导致的生态系统健康水平和天敌数量下降，寄主物种状况改变，也会影响到有害生物生存状况。

3. 人类活动与生物灾害

不合理的人类活动加剧了生物灾害，主要表现在：

（1）人类大规模超强度的开发活动，尤其是滥垦、过牧和破坏植被，极大改变了土地覆被与土地利用格局改变，导致生物多样性的减少和生态系统的脆弱化。

（2）人类大量捕杀有害生物的天敌，或通过掠夺性的开发活动造成有益物种的生境恶化。

（3）过量使用杀虫剂、杀菌剂、除草剂和抗生素等化学药物，对天敌的杀伤往往超过对有害生物的杀伤，同时还使有害生物产生了抗药性，更加难以控制。

（4）经济全球化背景下，全球范围的人员流通和商品贸易，给外来生物入侵提供了机会。

（5）人类大量排放温室气体导致气候迅速变暖，促进了有害生物的繁衍和蔓延。

（6）现代科学技术在造福人类的同时，也加速了物种的基因变异。尤其是现代生物技术的广泛应用，稍有不慎使有害基因发生飘逸或泄漏，还有可能产生新的有害物种。

企图把某种有害生物彻底消灭是很难做到的，也是不现实的。那样做的结果是：由于食物链的中断，有害生物的天敌也就同时消灭了。由于处于食物链金字塔上层的天敌物种丰富度不如处于下层的有害生物，当出现近缘有害物种或原来的有害生物形成新的变种时，就缺乏天然的制约因素了。

要从根本上防控生物灾害，必须从生态系统的整体出发，根据有害生物与环境之间的相互联系和人类社会经济可持续发展的要求，充分发挥自然控制因素的抑害减灾作用，因地制宜综合运用生态建设、环境保护、生物防治、耕作防控、物理控制和化学防治等多种防控措施，将有害生物控制在经济受害允许水平之下，避免或减轻灾变，以获得综合的生态效益。

4. 农业生物灾害

1）农业生物灾害

农业生物灾害（agricultural biological disasters）指有害生物在一定条件下暴发或流

行,对农业造成重大危害和损失的自然变异过程。危害对象是农作物、林木、畜禽、鱼类等,有的还同时危害人体健康和农业设施。

2)农业生物灾害的危害

可造成大面积减产甚至绝收和农产品变质,有害生物的防治还增加了生产成本,污染环境,降低生物多样性。我国每年发生农业生物灾害 1700 多种,其中重大生物灾害 100 多种,年均产量损失 10%左右,约 600 亿元。

3)农业生物灾害的分类

按照农业有害生物的物种和危害对象可以把农业生物灾害分为以下类型(图 3.1):

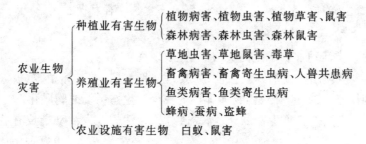

图 3.1　农业生物灾害的分类

3.3.2　植物病虫草害及防治

1. 植物病害的防控

植物病害(plant diseases)是指植物在生物或非生物因子的影响下,发生一系列形态、生理和生化上的病理变化,阻碍了正常生长、发育的进程,从而影响人类经济效益的现象。导致植物发生侵染性病害的病原物主要有细菌、真菌、病毒、线虫、类立次克氏体和类病毒等。

1)植物病害的类别

(1)细菌病害(bacteria disease)。指由细菌侵染而发生的病害,如水稻白叶枯病、小麦黑颖病等。主要症状有腐烂、坏死、肿瘤、畸形和萎缩等。侵染途径包括植物体表损伤处、根系损伤、虫咬伤口等。侵染来源包括种子或种苗、植物病残体、寄主植物、昆虫、土壤、露水和雨水等。

(2)真菌病害(fungi disease)。这是数量最大的一类植物病原物,以菌丝体为营养体,以孢子体繁殖,依靠吸收寄主植物体内养分生活。大多数真菌个体很小,属微生物,少数个体稍大,如蘑菇。多数细菌病害和真菌病害在湿润条件下容易繁衍和爆发。

(3)病毒病害(virus disease)。这是由病毒侵染而发生的病害。病毒传播途径有线虫、真菌、嫁接、摩擦等,但最大量的是昆虫传毒,一旦获毒可终生带毒。防治途径主要是治虫、除草、使用无毒种苗、培育抗病毒品种和改进耕作栽培。

（4）线虫（nematode）。线虫属原形动物，体形细长，成虫一般长 0.3～1 mm，粗 15～35 μm，个别长 4 mm，可危害多种作物。大多通过土壤传播。

（5）高等寄生植物（higher parasitic plant）。如菟丝子、列当、桑寄生等，它们不能进行光合作用，靠吸取其他作物的营养生活，可危害多种植物。

2）植物病害的发生发展和侵染

植物病害的病程分为侵入期、潜育期和发病期三个阶段（图 3.2）。侵染循环（图3.3）包括三个环节：① 初侵染和再侵染；② 病菌越冬或在两季间存活；③ 病菌传播。

病菌为适应环境和生存，产生的孢子数量巨大。孢子细小，可随风飘散，有些孢子还具有弹射能力，干燥低温环境病原体存活时间较长。

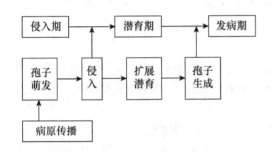

图 3.2　植物侵染性病害的病程

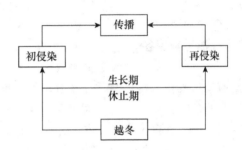

图 3.3　植物病害的侵染循环

3）植物病害的防治原理

植物病害防治的基本途径主要有三条：消灭或抑制病原；提高寄主抗病性；控制环境条件，使之不利于病原而有利于寄主。

在实施中要建立四道防线：

（1）检疫。防止将新病原引入无病区，一旦引入立即就地封锁和消灭。

（2）免疫。选育推广抗病品种或利用无毒无菌株繁殖，改进栽培管理提高寄主抗病性。

（3）保护。用农药和其他方法保护感病寄主免受危害。

（4）治疗。对已感病株用内吸剂或理疗法治疗。

绝大多数作物病害一旦爆发，往往缺乏有效治疗手段或治疗成本较高。生产上应以预防为主。病害防治必须服从整个农业系统高产、优质、高效、低耗的要求。追求将病原赶尽杀绝未必最有利，还可能造成新的生态失衡，如高成本、药害、杀死天敌、促进新的生理小种形成等。田间防治病害不一定要做到完全无病，只要控制在允许范围和程度以内就可以了。

4）植物病害主要防治途径

（1）抗病育种。是最有效、最经济和易于推广的方法。植物品种的抗病性是植物与病原物长期斗争,经过自然选择和人工选择的结果。选育抗病品种的方式有引种、选种、杂交育种等。鉴定品种抗病性的方法有人工接种鉴定、田间鉴定和异地鉴定。

病毒大多以昆虫为媒介,在害虫蛀食或吸食植物时将病毒传入植株体内。但植物生长点一般不含病毒。削取植株茎尖进行组织培养可获得脱毒株,再在防虫网内栽培繁殖。用脱毒种薯和种苗栽种要比感毒植株显著增产,目前已在马铃薯、蔬菜和果树生产上普遍推广。

(2)栽培防治。其主要原理为:一是切断侵染途径,防止病菌与植物接触,抑制其繁殖或创造不利于病菌活动的环境;二改善植物生长环境,提高植株的生活力和抗病性。具体措施:

① 合理轮作。利用病菌为害植物的选择性,轮作后因作物种类改变,有些病原物因食物不足而自然抑制。设计轮作制度要考虑病菌在土壤中存活年限和寄生范围。

② 正确的播种技术。如较高地温下播种,出苗期缩短可减轻黑穗病对种子的侵染,适当浅播可减少谷子在土壤中白发病菌的侵染。

③ 合理施肥。过量氮肥导致徒长的水稻易发生稻瘟病,钾肥可促进茎秆木质素增加,有助提高抗病性。微量元素合理使用也能减轻许多病害。使用未充分腐熟的肥料易引起病害。

④ 及时清除病株和残体,深埋、耕翻或烧毁。消灭田间杂草。

⑤ 农产品收获时避免形成伤口,储藏时注意通气和保持较低温,及时清除病株或已变质部分。

(3)化学防治。防治细菌类和真菌类的化学药剂统称杀菌剂。提高农药使用效率的主要措施包括:

① 对症下药,根据病害类型采用不同种类的杀菌剂及剂型。以种苗传播的多用种苗处理、拌种或浸种,空气传播的多用喷雾,土传病害采取土壤消毒。

② 掌握时机,力争控制在初发阶段。

③ 根据作物对药剂的敏感程度掌握合理剂量,做到安全用药。

④ 看天用药,防止因高温、下雨等原因使药剂失效或流失。

(4)物理及机械防治。其中包括:

① 利用植株外观形状的不同剔除或筛选。

② 利用比重不同选种浸种,筛除感病种子。

③ 热力杀菌,如温汤浸种、蒸汽消毒等。

④ 晒种,利用阳光杀菌。

⑤ 单分子薄膜,即在植物表面喷洒高分子有机物形成单分子薄膜,将植物与病原隔离开。

(5)生物防治。利用对病原具有抵抗力的微生物抗生菌及其制剂所产生的抗生素,其中许多还具有内吸作用，要比化学农药安全可靠，没有污染，又称无公害农药，如春雷霉素、5406 等。

2. 植物虫害的防控

1）虫害对农业的危害

植物虫害（plant pests）的种类很多，我国主要农作物害虫约 2000 种，其中水稻和棉花各 300 多种，玉米 200 多种，小麦和大豆各 100 多种，草原上仅蝗虫就有 100 多种。有害虫不一定成害，如田间有少量的棉铃虫不仅无害，而且起到了自然控制无效棉铃生长的增产作用。但如虫害爆发数量极大就形成了灾害。我国每年农作物害虫发生面积超过 2×10^8 hm^2，损失粮食$(1000 \sim 1500) \times 10^4$ t，大量使用杀虫剂还造成了严重的环境污染，并威胁生态安全。

害虫的为害方式主要有两种：一是直接取食植物，二是传播病害，有些昆虫传播病毒造成的危害远大于取食的直接危害。

2）虫害的发生规律

任何一种害虫都要求一定的环境条件，至少应具有寄主植物，并具有害虫能适应的气候条件，害虫的分布及发生程度具有明显的地域性。

害虫的发生与寄主植物、越冬场所、发生时代、发生时期和生活史等有关。

影响虫害发生时期和程度的环境因素主要是气象条件、食物和天敌。

气象因素中以温度和湿度的影响最大。昆虫是变温动物，发育速度取决于环境温度。温带地区昆虫要求温度范围在 8～40℃，最适温度为 22～30℃。开始生长发育的温度称发育起点。昆虫对温度的反应和适应因种类、变温速度及持续时间、季节、发育阶段、雌雄性别和个体生理状况而变化。温度还影响昆虫的生长发育速度、生殖力、死亡率、取食、迁移等。

作物品种、布局、播种期和栽培管理都影响害虫的发生，摸清害虫与作物的关系可用以培育抗虫品种，运用栽培技术消灭害虫或创造不利于害虫有利于天敌的条件。

昆虫主要靠从食物中取得水分，有的喜干、有的喜湿。湿度影响昆虫的迁飞和繁殖，还影响到天敌的生长和繁殖。

昆虫有日出型和夜出型之分，光周期对昆虫的滞育有影响，有些是短光照滞育型的。有些昆虫要在光照强度达到一定水平才开始起飞，光照过强和过弱时都会抑制起飞。

掌握害虫发生发展与气象条件的关系，就可以根据气象动态预测虫害，作好防治准备；创造不利于害虫而有利于天敌的小气候条件来控制虫害。

害虫的天敌包括使致病微生物、捕食性昆虫、寄生性昆虫、鸟类、蛙类等。捕食性昆虫一般比害虫个体大，寄生性昆虫则比害虫个体小。

突发性害虫一般分布广泛，具有远距离迁飞习性，繁殖力强且迅速，常为暴食性。我国主要的突发性害虫有东亚飞蝗、黏虫、小麦吸浆虫、斜纹夜蛾、褐飞虱、稻纵卷叶螟等。突发性害虫与常发性害虫并无严格界限,由于种植制度及其他环境条件的改变可相互转变。

3) 虫害的控制

(1) 害虫防治的基本原则。以预防为主,综合防治,力求经济简便安全高效。综合防治要以农业防治为基础,尽可能利用生物防治,因地因时制宜。化学防治应及时合理,慎选药剂,根据虫情指标、天气和作物状况确定施用最佳时间、方法、次数和剂量,尽量使用高效低毒农药,必须使用剧毒农药时必须严格遵循操作规程和控制用量。

(2) 控制害虫种群数量的途径。包括:

① 严格检疫,阻止害虫侵入,压低原有害虫的发生基数;

② 造成不利于害虫生长发育和繁殖的环境条件;

③ 通过农业防治、生物防治、化学防治和物理机械防治等直接消灭害虫。

(3) 农业防治。农业措施不但影响作物生长发育和抗虫能力,而且影响土壤、小气候、害虫天敌消长等环境因素,间接影响害虫发生和消长。农业防治通过调节害虫、作物与环境三者相互关系,造成有利于作物和天敌,不利于害虫的环境条件,或直接消灭害虫,保护作物。

① 选择合理的耕作制度和种植计划,如北京市推广小麦、玉米两茬平作以替代三种三收间作套种后,黏虫危害显著减轻。

② 整地施肥。耕翻可将表土害虫埋入土中或将深层土壤害虫翻上来晒死。合理耕作与施肥能促进植株健壮,提高抗虫能力,恶化害虫生态条件,有的化肥还能直接杀伤害虫。

③ 播种。选种晒种可减轻虫害,调节播期可使危险期与害虫发生盛期错开。

④ 抗虫品种选育。有的品种表面坚实不利于害虫吸食或侵入,有的玉米品种苞叶紧密可保护果穗,抗虫棉含有对害虫专一的生物毒素,可抑制虫害而对人畜无害。

⑤ 田间管理。及时清除植物残体和杂草可消灭害虫,破坏越冬栖息场所。适当灌排可迅速改变土壤干湿环境,杀死或降低害虫数量。

⑥ 收获。及时收割大豆可防止害虫脱荚入土越冬,收获后及时拔除棉秆可减少越冬虫源。

农业防治也有局限性,首先要考虑丰产和经济效益,对暴发性害虫的防治效果有限,应与其他防治措施相结合。

(4) 生物防治。狭义的生物防治指利用天敌控制虫害,通过人工引进天敌或饲养、移植、释放,或创造有利于天敌的环境条件。自然生态系统中害虫与天敌处于相对平衡,试图把害虫完全杀死灭绝,最终也会使天敌灭绝,其结果往往使害虫更加猖獗。近年国内外提出害虫综合管理的治理目标是使各种害虫的种群数量下降,与天敌数量保持一定的平衡状态，使危害不显著。

生物防治途径包括保护、增殖和利用天敌，或引进当地没有或缺乏的有益生物。根据利用对象可分以虫治虫、以菌治虫和以其他有益生物治虫三类。利用天敌的最大优点是没有污染，但许多天敌的捕食和寄生有专一性，数量增长又落后于害虫，需人工繁殖和适时释放。

广义的生物防治还包括利用生物有机体及其天然产物来控制害虫，如利用射线或化学处理或遗传法使昆虫产生不育性，或利用昆虫性外激素、昆虫内激素和植物抗虫性等。

（5）化学防治。化学防治仍是目前广泛使用的主要防治方法，优点是迅速高效，可工业生产，受地域和季节影响较小，可利用现代高效植保机械。主要问题是环境污染，易杀死天敌，对人畜具有残毒，单纯使用单一农药还可使害虫产生抗药性。轮换使用或混用多种农药可克服害虫的抗药性。今后农药的发展方向将代之以低毒高效低残留农药及特异性农药和微生物农药。

（6）物理和机械防治。物理和机械防治包括捕杀、诱杀，利用趋化性和栖息场所诱集、隔离，利用人工或自然高温低温、湿度控制、紫外照射、高频电流处理等，经济、简便、有效，但有些办法需较多人工。

3. 植物草害的防控

草害（weeds）包括农田草害和牧场草害，危害农作物，或使牲畜中毒伤亡，或影响优良牧草生长。

1）害草的特性及危害

害草的繁殖和再生能力极强，大多具有早熟性，在土壤中的寿命比近缘作物种子长得多，传播方式多样且能力强，有些毒草牲畜能辨认不食被保留而滋生繁殖。

杂草的危害表现在争夺水分、养分、光照和空间的能力强，严重抑制作物生长，降低产量和品质；许多杂草是多年生病虫害的中间寄主；除草增加了农田管理用工和成本；有毒杂草常造成人畜中毒；带刺种子混入羊毛降低毛质，刺伤牲畜，使畜产品变质。

2）杂草的防治

防重于治，针对不同地区的具体作物和草情实行综合防治。包括：① 健全种子清选和检疫制度；② 减少杂草种子侵入田间；③ 选用适宜耕作栽培技术；④ 推广生物防治；⑤ 化学除草。

3.3.3　动物疾病及防治

1. 动物疾病发生的原因与类型

1）动物疾病发生的原因

动物疾病的发生是由于饲养管理不当和自然条件改变以及病原微生物的侵入，引起动物机体代谢活动失调,呈现不正常的病理反应。如损伤超过机体防御能力将导致死亡,否则疾病将减轻,机体恢复健康。对畜禽有致病力的微生物称病原微生物,包括细菌、病毒、支原体、螺旋体、真菌、寄生虫等。

动物发病是内因与外因相结合作用于机体的结果。

(1) 外因。包括:

① 生物因素。即病原微生物和寄生虫。

② 物理因素。如高温、低温、电击、放射线等。

③ 化学因素。如酸、碱、农药、毒草等。

④ 营养因素。即饲养管理不当,营养供给不平衡等。

(2) 内因。包括:

① 机体特征。包括畜禽种属和品种特性、个体差异、年龄、性别,动物营养状况不同,对致病因素的反应也不同。

② 机体防御结构。其中皮肤、黏膜和淋巴结为浅部屏障,吞噬细胞和肝脏为深部屏障。

③ 机体免疫。遗传形成的为先天性免疫,病愈或接种疫苗的主动免疫、从母乳或注射抗毒素的获得性免疫以及抗疫血清获得的为被动免疫。

2) 动物疾病的类型

按照畜禽疾病按发生原因可将动物疾病分为以下几类:

(1) 传染病。病原微生物侵入机体并在体内生长繁殖而引起具有传染性的疾病。

(2) 非传染性疾病。由一般致病因素,如饲养管理引起的内、外、产科疾病。

(3) 寄生虫病。由寄生虫侵入机体引起的疾病,如蛔虫、血液原虫病等。

按照疾病过程的缓急,可分为急性病、慢性病和亚急性病三类。

按照患病部位,分为消化系统疾病、呼吸系统疾病、营养代谢疾病、泌尿生殖系统疾病等。

2. 动物传染病及防治

1) 动物疫病的分类

动物疫病(animal epidemic diseases)是指动物传染病和寄生虫病。根据动物疫病对养殖业生产和人体健康的危害程度,《中华人民共和国动物防疫法》规定管理的动物疫病分为三类:

(1) 一类疫病。是指对人与动物危害严重,需要采取紧急、严厉的强制预防、控制、扑灭等措施的。

(2) 二类疫病。是指可能造成重大经济损失,需要采取严格控制、扑灭等措施,防止扩散的。

（3）三类疫病。是指常见多发、可能造成重大经济损失，需要控制和净化的。

上述一、二、三类动物疫病具体病种名录由国务院兽医主管部门制定并公布。

农业部 2008 年公布的动物疫病名录，上述三类分别有 17 种、77 种和 73 种。

2）动物传染病的特征

病原微生物侵入动物机体并在一定部位定居、生长和繁殖，引起机体一系列病理反应的过程称为传染。如病原微生物与机体斗争处于相对平衡状态呈无害寄生，称带毒（菌）现象；如机体防御能力强于病原微生物的毒力，病原微生物虽能在体内繁殖但不显临床症状，称为隐性传染；如机体抵抗力弱于病原微生物的毒力，动物呈现临床症状，称为显性传染或传染病。因此，没有表现出临床症状的畜禽也有可能传染病原微生物。

动物传染病的特征：

① 具有一定数量和足够毒力的病原微生物存在，每种传染病都有其独特的病原。

② 具有传染性和流行性，病原能以各种方式传染给其他畜禽。外界条件适宜时可在一定时间内引起地区性易感动物群发病，致使传染病流行蔓延。

③ 病愈动物具有特异性免疫能力，在一定时间甚至终身不患此病，如猪瘟、天花等。

④ 大多数传染病都具有该种病的综合症状和一定的潜伏期及病程经过。

3）畜禽传染病的危害

近年来对我国畜牧业发生范围广和危害较大的动物传染病有口蹄疫、高致病性禽流感、布鲁氏菌病、狂犬病、高致病性猪蓝耳病和猪瘟，其中狂犬病、高致病性禽流感和布鲁氏菌病还是人兽共患病，对人体健康的危害极大。2004—2008 年我国共报告高致病性禽流感疫情 101 起，发病 42.61 万头，死亡 36.14 万头，扑杀 3540.44 万头，人感染高致病性禽流感死亡病例也已发生多起。

4）动物传染病的发病与流行过程

动物传染病的发病是病原微生物与动物机体相互作用的过程，一般要经历潜伏期、前驱期、明显期、转归期等四个阶段，并呈现不同的演化结果（图 3.4）。

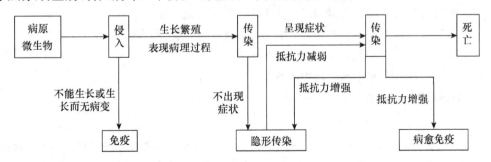

图 3.4　病原微生物和畜动物体的相互作用

动物传染病的流行过程指病原体从传染源排出,经过一定的传染途径侵入另一易感动物,形成新的传染并不断传播扩散的过程。畜禽传染病的流行必须具备三个必要环节:

(1) 传染源。主要是受感染的动物,病原体在其中寄居、繁殖并不断向外界排出。

(2) 传播途径。有直接接触传播和间接接触传播两种方式。

(3) 易感动物。动物对病原体的感受性由机体特异免疫状态与非特异性抵抗力所决定。

三个环节缺一不可,三者俱备传染病才能流行。按照动物传染病的流行程度可分为散发性、地方流行性、流行性和大流行性四种。

5) 畜禽传染病的防治

"预防为主"的方针要贯彻到畜牧业的饲养、流通、加工各个环节。一旦发病要尽快诊断,严格处理,封锁疫点,检疫并隔离有病畜禽群,消毒场地,对病死畜禽进行无害化处理。分别从查明和消灭传染源,切断传播途径,提高畜禽抗病能力等三个方面入手综合防控。

(1) 预防措施。包括:

① 加强畜禽群饲养管理,提高机体抵抗能力;尽量自繁自养,防治病原侵入。

② 加强兽医监督,做好检疫和市场管理,防止外地病原侵入本地。

③ 定期杀虫灭鼠,对畜禽场粪便和残体进行无害化处理,消灭传播媒介,杀灭病原体。

④ 做好定期预防接种和驱虫工作。

(2) 扑灭措施。包括:

① 及时将疫情报告防疫部门和通知邻近地区。

② 通过现场调查和临床诊断、病理剖检做出早期诊断,提出有效应急措施。

③ 隔离病畜禽以中断流行过程,防止疫情扩大。

④ 在疫病尚未扩散前封锁疫区,一旦确诊立即行动。

⑤ 对疫区内易感动物紧急接种预防注射,及时合理治疗病畜禽,尽量减少损失。

⑥ 及时正确处理动物尸体,防止病原蔓延。

⑦ 严格消毒,消灭外界环境中的病原体,防止扩散。

鱼类、养蜂业和养蚕业传染病的防控措施与畜禽类似。

3. 动物寄生虫病的防控

寄生虫病(parasitic disease)是一些寄生虫寄生在人和动物体内所引起的疾病,是世界上分布广、种类多、危害严重的一类疾病,常见的有蛔虫、蛲虫、绦虫、虱子、跳蚤等。

寄生虫对寄主动物的致病作用和危害包括机械损伤、吸取寄主营养和血液、分泌毒素和引入其他病原体。对畜牧业可造成重大危害，严重发生时可造成畜禽的死亡，轻者导致畜禽发育迟缓，体重下降，繁殖性能下降；同时还引发其他传染病，降低饲料报酬，降低畜产品的产量和质量，使役畜的使役能力下降。

动物寄生虫传播途径包括经口腔从饲料带入，皮肤接触侵入，呼吸道或胎盘传染等。

动物寄生虫病的诊断可通过粪便、尿液、血液、体内各种分泌物、组织病变、尸体解剖和免疫法检查等确诊。

预防动物寄生虫病，首先要搞好畜舍卫生，创造不利于寄生虫及其中间寄主生存的环境，提供清洁饮水和饲料，消灭钉螺等寄生虫中间宿主，断绝寄生虫的传播渠道。大多数寄生虫卵、幼虫、滋养体及卵囊都由粪便排出，在外界发育到感染期时污染环境、饲料和饮水而感染动物。寄生虫的幼虫或虫卵对高温敏感，可用堆积粪便发酵产热进行无害化处理，杀死虫卵和幼虫。在寄生虫发病高峰到来前可有计划进行预防性药物驱虫，在寄生虫发病季节要定期给饲养动物服用抗寄生虫药物，使动物体内已感染的寄生虫不能发育或被杀死。对患有动物寄生虫病动物的器官或肉尸要按规定销毁或无害化处理，防止病原散布。对于体表寄生的虱子、跳蚤、螨虫等可定期对动物进行药浴。

3.3.4　人居生物灾害及防治

1. 人居环境中的生物灾害

人居环境中的生物灾害有以下几种类型：

（1）直接危害人体健康的生物灾害。包括病毒、细菌、真菌等传染病的病原体，老鼠、苍蝇、蚊子、狂犬等传播疾病的媒介生物，蛔虫、绦虫、跳蚤、虱子、臭虫等人体寄生虫，能够对身体造成直接伤害的毒虫、毒蜂、毒草等。上述有害生物的防治通常纳入医疗卫生领域，不在灾害学中讨论。

（2）危害园林植物的病害、虫害和草害（已在植物生物灾害一节中介绍）。

（3）对建筑、设施、家具和日用品造成危害的有害生物。包括鼠害、白蚁、蠹虫、霉菌等，将在本节中简要说明。

2. 鼠害的防治

1）鼠类的危害

鼠害（rat damage）指以鼠类为主的啮齿类动物对建筑、设施、财产、农林牧渔业生产和生态环境造成的破坏。由于鼠类的繁殖力极强，一对大鼠在一般环境下，一年就可繁殖上千只后代。

据估计全球每年因鼠害减产的粮食达 5000×10^4 t。我国农田鼠害发生面积 $(0.2 \sim 0.3) \times 10^8$ hm^2，减产粮食 100×10^5 t，农户贮粮损失 40×10^5 t。鼠类经常咬伤畜禽，盗食蛋类。鼠类盗食树种，啃咬成树，伤害树根，环切幼苗树皮，降低造林成活率。我国平均每年草原鼠害发生面积$(0.3\sim0.4)\times10^8$ hm²,其中严重发生$(0.2\sim0.27)\times10^8$ hm²,每年损失牧草200×10^5 t。鼠害还是加剧草地沙化和荒漠化的重要成因。在渔业生产上,老鼠除捕食潜水鱼类外,打洞常造成漏水和逃鱼,还经常咬坏网箱、木船、船闸等设施。在工业生产上,许多停电事故与火灾与老鼠咬断电线有关。在南方,老鼠在堤坝掘洞的水灾隐患比比皆是。老鼠啃食木质梁柱可导致房屋倒塌,咬食家具、食品、书籍、衣服、文物、档案等的经济损失更难以统计。鼠类还是许多烈性传染病的传播者,根据世界卫生组织的资料,鼠类传播人类的疾病有 30 多种,其中以鼠疫、流行性出血热、布氏杆菌病对人畜的威胁最大。仅 14 世纪的鼠疫大流行,造成欧洲和亚洲分别死亡 2500 万人和 4000 万人。

鼠害的猖獗与不合理的人类活动破坏生态平衡。森林和草原等植被的破坏导致生物多样性锐减,蛇、鹰、黄鼬、狐狸等老鼠的天敌数量剧减,尤其在气候暖干化地区有利于鼠类的迅速繁殖。

2) 鼠害的综合防治

单纯依赖化学防治,虽然短期灭鼠效果较好,但同时也杀死了许多天敌,还经常造成人畜中毒和环境污染。害鼠对药剂产生了抗药性,使防治效果下降,形成恶性循环。因此,防治鼠害应坚持综合防治,主要措施如下:[10]

(1) 化学防治。严禁使用剧毒鼠药,推广抗凝血灭鼠剂等慢性毒杀剂,由于作用缓慢,症状轻,不会引起鼠类拒食,灭鼠效果要优于急性灭鼠剂,对畜禽也比较安全。要根据鼠类的活动规律选择适宜的投放时间、地点和数量。

(2) 生物防治。即利用生物之间的捕食、寄生、不孕、毒杀等相互制约关系,控制害鼠种群数量。包括保护和招引鼠类的天敌动物,在森林、果园和农田适量种植紫苏、接骨木对鼠类具有驱避作用的植物,利用白头翁、曼陀罗、苦参、狼毒、草乌、黄花蒿、接骨木等植物的次生代谢物研制植物杀鼠剂,推广 C 型肉毒素等生物毒素灭鼠剂,利用不育剂控制害鼠种群。

(3) 物理机械灭鼠。由于需要大量人力、物力,进度较慢,一般用于小范围或特殊环境,通常作为大面积化学防治鼠害之后的补救措施,优点是不污染环境。灭鼠器具有鼠铗、鼠笼、电猫等,近年来中国兵工学会开发出"窒息性灭鼠弹"和"触发式灭鼠雷",效率高,操作简便,无污染。

(4) 环境治理。清除鼠类隐蔽和栖息场所,堵塞墙基和门窗缝隙,疏通下水道,清理杂草和垃圾,发现鼠洞及时封堵。尽量减少鼠类的食物来源,粮食和食品贮藏要严密包装或放到鼠类难以到达的位置或难以进入的容器。

3. 白蚁的防治

1) 白蚁分布及其生态位

白蚁（termites）是一种多形态、群居性而又有严格分工的等翅目昆虫，其社会阶级为蚁后、蚁王、兵蚁、工蚁，每个巢内白蚁个体可达百万只以上。白蚁主要分布在以赤道为中心，南北纬 45°之间，在我国主要分布在淮河以南的广大地区。世界已知白蚁种类有3000 余种，90％以上的白蚁种类大多分布于热带和亚热带的山林、草地，对人类不构成危害，对加速地表有机物质分解，促进物质循环、净化地表、增加土壤肥力起着重要作用。但在接近人类活动场所时，常常能造成巨大的损害。[11]

2）白蚁的危害

（1）对甘蔗等经济作物、香樟、白杨、杨梅等林木以及果树危害较重的蚁类。主要有台湾地区的家白蚁、黄翅大白蚁、黑翅土白蚁以及海南白蚁等。

（2）对建筑物的危害。白蚁隐蔽在木结构内部蛀食和分泌蚁酸腐蚀，建筑物内部承重部位受到破坏可导致房屋突然倒塌，造成财产损失和人员伤亡。我国危害建筑物的白蚁主要有家白蚁、散白蚁以及堆砂白蚁等，其中，以家白蚁对建筑物的破坏最为严重。

（3）对家庭财产的危害。在我国南方，白蚁对木制家具、室内装饰和装潢所用木构件危害的例子随处都是。白蚁分泌的蚁酸甚至能与白银产生化学反应，形成蚁酸银黑色粉末，被白蚁吃下去。

（4）对水利工程的危害。白蚁在堤坝内密集营巢，迅速繁殖，蚁道四通八达，有些甚至能穿通堤坝的内外坡，在汛期水位升高时经常发生管漏，甚至酿成塌堤垮坝。

（5）对铁路交通的危害。南方有大量木制铁路枕木受到白蚁危害，尤其是黑翅土白蚁。

3）白蚁的防治

（1）生态防治法。即创造不利于白蚁生长的环境以免受其危害。

（2）生物防治法。利用蟾蜍、青蛙、鸟类、穿山甲、食蚁兽等白蚁的天敌，通过真菌指示物找蚁巢，提取和研制具有毒杀作用或驱避效果的植物性药剂。

（3）物理机械防治法。利用人工、机械、光、热、电、声、波等方法，具体有挖巢法、诱杀法、热杀法、建砂粒屏障阻止白蚁穿越法以及生物物理学方法等。

（4）化学防治法。利用各种有毒药剂，通过与白蚁直接接触或撒布在其栖息处、滋生场所及危害对象处使白蚁中毒而死亡。一时找不到蚁巢时刻采取土坑诱杀法。选择有白蚁出没场所或有白蚁的大树边掘一土坑，放置家白蚁喜食的松木或甘蔗渣，加入小量松花粉更好，用松树枝或麻袋及塑料薄膜覆盖。室内多用木制或纸制诱箱，放在白蚁活动的地方，少则 3～4 天，多则 20 天，可诱集白蚁数以万计甚至变诱集箱为蚁巢，分层喷灭蚁药粉可全部杀灭。

4. 霉菌的防治

1）霉菌的危害

空气中的水汽无处不在，温度适宜时，空气相对湿度超过 60％霉菌就能生长；相对湿度大于85％是霉菌(mould)的高发环境,可造成许多物品霉变和损坏。除食物和谷物、木材、皮革、水果、蔬菜、茶叶、肉、蛋、奶等农林牧产品外,工业产品中的光学镜头、磁记录材料(包括光盘)、影像胶片、电子信息媒体、电子原器件、仪器、仪表、粉末材料、纸张、纺织品、药品、家具等都需要控制湿度,甚至室内墙壁和地面在潮湿天气也有可能长出霉斑。

如不慎吃了发霉的食品会发生食物中毒,轻则上吐下泻,重则有生命危险,有些霉菌还具有强烈的致癌作用。潮湿天气下有些霉菌会在人体生长和繁殖,形成皮肤癣病,甚至引发霉菌性肺炎。

2)防霉技术[12]

霉菌是一种真菌,具有怕光、怕氧、怕冷和怕燥的特点。

霉菌怕光,特别是阳光中的紫外线能杀灭或抑制真菌生长。正午前后是空气中细菌和真菌孢子数量的一个低谷,说明太阳辐射对空气中微生物有明显的杀灭作用。把易发生霉变的物品放在阳光下暴晒,霉菌就无法生存。

霉菌喜欢温暖、湿润、阴暗的环境,怕氧气。气温25℃左右,空气相对湿度在70％时,霉菌最容易生长繁殖。经常开窗,保持室内空气流通,可以使室内霉菌数量明显减少。对仓库和贮藏室可以开动风扇强制通风。通风还可以促进水分蒸发,保持物品干燥,使霉菌不易生长繁殖。需要保持足够水分的食物和制剂可以放进冰箱,在低温下储存,通常霉菌在5℃以下就不能繁殖。

农产品在田间生长时就带有各种病菌,贮存中易引发霉变而造成大量损失。目前贮藏防霉方法有气调、化学制剂消毒、低温、干燥等多种。

3.3.5 有害生物入侵及防治

1. 有害生物入侵概述

生物入侵(biological invasion)是指某种生物从原来的分布区域扩展到一个新的区域,其后代能够繁殖、扩散和维持。外来物种传入新的环境,经潜伏定殖的生态适应后,由于缺乏天敌和其他物种的制约,一旦条件适宜便可能爆发成灾。由于彻底改变了原有的生物地理分布,打乱了生态系统的结构与功能,干扰已建立的生态平衡,可以造成农林牧渔业的严重损失,严重威胁当地的生物多样性,并影响人类的生存环境、健康与文化。

经济全球化背景下,国际贸易、交流活动日益频繁,随着全球气候变化,生物入侵已成为各国生物安全、生态安全和国家防卫重要内容。由于已成为世界第一贸易大国,加之气候与地型多样,我国是外来物种入侵最严重的国家之一。据不完全统计,近代侵入我国的外来物种有500多种,产生危害的有100多种。仅烟粉虱、紫茎泽兰、空心莲子草等13种外来入侵物种每年给农林牧渔业造成的经济损失就达570多亿元,生态损失更是难以计量。

2. 入侵生物灾害的特点

1）外来生物入侵的多源性和不确定性

由于外来生物入侵与人类活动有着密切的关系，使得外来生物灾害的发生具有多源性与不确定性，主要入侵途径有三条：

（1）凭借生物的自然扩散能力传播。如紫茎泽兰具有极强的繁殖能力，瘦果千粒重仅 0.04 g，顶端具冠毛，于 20 世纪 40 年代从缅甸随风飘散进入我国，现已在西南广泛发生。

（2）有意引进。出于农林牧渔业生产、生态环境改造与恢复、景观美化、观赏等目的引进的物种，已成为外来有害生物入侵的重要途径，约占全部入侵物种的 50％以上。如从英国引进的大米草和从巴西引进的福寿螺。

（3）随贸易、运输、旅游等活动无意识引进。如意大利苍耳随进口货物的包装传入我国，长芒苋随进口大豆传入国内。

2）外来生物灾害爆发的不可预知性

外来物种入侵通常要经过传入期、定殖期、停滞期、扩散期等阶段，但由于缺乏天敌的制约，在适宜的生态气候条件下，可呈指数曲线爆发性增长，极大增加了预测和防控的难度。

3）外来生物入侵灾害具有持久性和不可修复性

入侵物种繁殖力强，一旦爆发难以根除。迄今为止，世界上还没有根除任何一种外来物种入侵的成功案例。外来入侵物种的繁殖体极易随人类活动扩散传播，极大增加了防控难度。现代交通工具使得远距离传播的事件极大缩短，地理屏障的作用大大削弱。

3. 外来有害生物的防控

1）构建早期预警体系

根据国家规定的检疫对象和贸易伙伴国有害生物发生情况确定潜在入侵物种名单，构建外来物种数据库，进行传入、适生性和扩散的风险分析和评估，确定监测对象和禁止对象。

2）构建可持续的减灾体系

对于尚未侵入的危险物种主要是预防，加强监测、检疫和预警。已经侵入并广泛分布的有害物种要采取缓解对策；包括在分布的边缘地区采取根除策略，在已分布的邻近区域和潜在适生分布区采取控制策略，加强监测，一旦发现就设法根除；对于已经广泛分布的外来物种，采取抑制对策，通过生物防治或生物替代，将其种群数量降低到可以接受的水平。[13]

3.4 海洋灾害

3.4.1 海洋灾害概述

海洋灾害(marine disasters)是由于海洋自然环境发生异常或激烈变化,导致在海洋上或海岸带发生的严重危害社会、经济和生命财产的事件。包括风暴潮、灾害性海浪、海冰、赤潮、海啸、海岸侵蚀、咸潮等。

全球变暖导致的海水热膨胀和冰雪加快消融使得海平面不断上升,加上极端天气/气候事件频发,导致海洋灾害的威胁日益增大。经济全球化与对外开放使得我国沿海经济迅速发展,海洋经济在国民经济中的比重增大,近30多年来,海洋灾害造成的损失要比其他灾害类型增加得更快。

3.4.2 风暴潮

风暴潮(storm surge)是由于剧烈的大气扰动,如强风和气压骤变(通常指台风和温带气旋等灾害性天气系统)导致海水异常升降,使受其影响的海区的潮位大大超过平常潮位的现象。又可称"风暴增水""风暴海啸""气象海啸"或"风潮"。

按照诱发风暴潮的天气系统可分为台风风暴潮和温带气旋风暴潮两类。温带气旋风暴潮多发生于春秋季节,夏季也时有发生,其特点是增水过程比较平缓,增水高度低于台风风暴潮,主要发生在中纬度沿海地区,以欧洲北海沿岸、美国东海岸以及我国北方海区沿岸为多;台风风暴潮多见于夏秋季节,其特点是来势猛、速度快、强度大、破坏力强,凡是有台风影响的海洋国家、沿海地区均有台风风暴潮发生。

有人称风暴潮为"风暴海啸"或"气象海啸",在我国历史文献中又多称为"海溢""海侵""海啸"及"大海潮"等,把风暴潮灾害称为"潮灾"。风暴潮的空间范围一般由几十千米至上千千米,时间尺度或周期约为1～100小时,介于地震海啸和低频天文潮波之间。但有时风暴潮影响区域随大气扰动因子的移动而移动,因而有时一次风暴潮过程可影响一两千千米的海岸区域,影响时间多达数天之久。

风暴潮能否成灾,在很大程度上取决于其最大风暴潮位是否与天文潮的高潮相叠,同时也决定于受灾地区的地理位置、海岸形状、岸上及海底地形,尤其是滨海地区的社会及经济(承灾体)情况。如果最大风暴潮位恰与天文大潮的高潮相叠,则会导致发生特大潮灾。依国内外风暴潮专家的意见,一般把风暴潮灾害划分为四个等级,即特大潮灾、严重潮灾、较大潮灾和轻度潮灾。

我国是世界上两类风暴潮灾害都非常严重的少数国家之一,风暴潮灾害一年四季均可发生,从南到北所有沿岸均无幸免。新中国成立以来,死亡人数在千人以上的风暴潮灾害就发生过3次。国内外通常以引起风暴潮的天气系统来命名风暴潮。风暴潮所造成的损失居各类海洋灾害之首。随着气象卫星、天气雷达与计算机技术的广泛应用，我国对于风暴潮的预报能力有很大提高。特大风暴潮发生前都会组织受影响沿海地区的居民及时转移躲避，死亡人口已大大减少，但所造成的经济损失仍有增长趋势。随着全球气候变暖造成的海平面上升，风暴潮的危害还会加大，必须提高海岸防护的设防标准，并在风暴潮到来前采取必要的加固措施。

海啸的形成机制与风暴潮不同，一般是由强烈地震或海底火山喷发引起，破坏力要比风暴潮更大。由于我国大陆以东有一系列的岛链阻隔，海啸从岛屿之间的海峡穿越时能量已大大衰减，成为少数几种我国比国外发生程度轻的自然灾害之一。

3.4.3 海浪

能在海上引起灾害的海浪（sea wave）叫灾害性海浪。灾害性海浪是由台风、温带气旋、寒潮等天气系统引起并在强风作用下形成的。按照所形成的天气系统类型可分为：冷高压型（也称寒潮型）、台风型、气旋型、冷高压与气旋配合型。灾害性海浪的周期为 $0.5 \sim 25$ s，波长为几十厘米至几百米，一般波高为几厘米至 20 m，巨浪的波高可达 30 m。

灾害性海浪主要给航海、海上施工、渔业捕捞和海上军事活动等带来灾害。例如引起船舶横摇、纵摇和垂直运动。横摇的最大危险在于船舶自由摇摆周期与波浪周期相近时会发生共振，使船舶倾覆。剧烈的纵摇使螺旋桨露出水面，机器不能正常工作而使船舶失控。当海浪波长与船长相近时，由于船舶的自重会导致万吨巨轮拦腰折断。船舶在波浪中的垂直运动还会造成在浅水中航行的船舶触底碰礁。

不同尺度的船舶对于海浪的承受能力有很大差别。对于抗风抗浪能力极差的小型渔船、小型游艇等，波高 $2 \sim 3$ m 的海浪就构成威胁。而这样的海浪对于千吨以上的海轮则不会有危险。结合我国的实际情况，在近岸海域活动的多数船舶对于波高 3 m 以上的海浪已有相当危险。对于适合近、中海活动的船舶，波高大于 6 m 甚至波高 $4 \sim 5$ m 的巨浪也已构成威胁。而对于在大洋航行的巨轮，则只有波高 $7 \sim 8$ m 的狂浪和波高超过 9 m 的狂涛才是危险的。灾害性海浪通常是指海上波高 6 m 以上的海浪，即国际波级表中"狂浪"（high-sea-wave）以上的海浪。对其造成的灾害称为海浪灾害或巨浪灾害。

灾害性海浪在近海常能掀翻船舶，摧毁海上工程，给海上航行、海上施工、海上军事活动、渔业捕捞等带来危害。在岸边不仅冲击摧毁沿海的堤岸、海塘、码头和各类构筑物，还伴随风暴潮，沉损船只、席卷人畜，并致使大片农作物受淹和各种水产养殖珍品受损。海浪所导致的泥沙运动使海港和航道淤塞。灾害性海浪到了近海和岸边，对海岸的压力可达到 $30 \sim 50$ t/m²。据记载，在一次大风暴中，巨浪曾把 1370 t 重的混凝土块移动了 10 m，20 t 的重物也被它从 4 m 深的海底抛到了岸上。巨浪冲击海岸能激起 $60 \sim 70$ m 高的水柱。

预报有灾害性海浪时,中小船舶应回港避风。在海上突遇风浪时要保持冷静,将船体与海浪保持垂直,小心驾驶,争取尽快脱离巨浪区,同时向临近港口发出求救信号。

3.4.4 海冰

海冰(sea ice)是海水冻结而成的咸水冰,也包括大陆冰川断裂分离进入海洋的冰山和冰岛及流入海洋的河冰和湖冰。咸水冰是固体冰和卤水(包括一些盐类结晶体)等组成的混合物,其盐度比海水低 2‰～10‰,物理性质(如密度、比热、溶解热,蒸发潜热、热传导性及膨胀性)不同于淡水冰。海冰是淡水冰晶、"卤水"和含有盐分的气泡混合体。按发展阶段,可分为初生冰、尼罗冰、饼冰、初期冰、一年冰和老年冰 6 大类;按运动状态可分为固定冰和流冰两大类。固定冰与海岸、海底或岛屿冻结在一起,能随海面升降,从海面向外可延伸数米或数百千米。流冰漂浮在海面,随着海面风向和海流向各处移动。

海冰对海洋水文要素的垂直分布、海水运动、海洋热状况及大洋底层水的形成有重要影响。由于结冰过程中存在的海水铅直对流混合能把表层高溶解氧的海水向下输送,同时把底层富含浮游植物所需要的营养盐类的肥沃海水输送到表层,有利于生物的大量繁殖。因此,有结冰的海域,特别是极地海区往往具有丰富的渔业资源。海冰的存在对潮汐、潮流的影响极大,它将阻尼潮位的降落和潮流的运动,减小潮差和流速;同样,海冰也将使波高减小,阻碍海浪的传播等。当海面有海冰存在时,海水通过蒸发和湍流等途径与大气所进行的热交换大为减少,同时由于海冰的热传导性极差,对海洋起着"皮袄"的作用。在极地海区形成大洋底层水,特别是南极大陆架上海水的大量冻结,使冰下海水具有增盐、低温从而高密的特性,可沿陆架向下滑沉至底层,形成所谓南极底层水并向三大洋散布,从而对海洋水文状况具有十分重要的影响。

海冰是极地和高纬度海域所特有的海洋灾害。在北半球,海冰所在范围具有显著的季节变化,以 3—4 月最大,此后开始缩小,到 8—9 月最小。在海上,海冰在海区波浪、海流、潮汐等的影响下可以发展成各种形状和大小的浮冰、流冰以及各种形式的压力冰,对舰船航行和海上建筑物造成危害。海冰在冻结和融化过程中还会引起海况的变化。海冰形成后能封锁港口和航道,阻断海上运输,毁坏海洋工程设施和船只。因此,掌握和运用海冰发生、发展的规律,开展冰情预报工作,是海洋科学为国民经济和国防建设服务的一个重要方面。

我国的渤海和黄海北部是世界上冬季海冰发生纬度最低的海域,以海水盐度较低的黄河、海河、辽河及鸭绿江等河流的入海口附近冰情较重,冬季特别寒冷的 1969 年几乎整个渤海都被海冰覆盖,钻井平台被海冰推倒,支座钢筋被割断,58 艘轮船损害。2010年初的渤海海冰灾害期间,数十个石油平台停止作业,近 30 个港口码头冰封,7000 艘船只损毁,直接经济损失近 64 亿元。

3.4.5 赤潮

赤潮(red tide)指海洋中的一些浮游生物暴发性繁殖引起水色异常并对其他海洋生物产生危害的现象。赤潮是一个历史沿用名，并不一定都是红色，因引发赤潮的生物种类和数量的不同，海水有时也呈现黄、绿、褐色等不同颜色。赤潮对海洋生物的危害表现在：大量赤潮生物集聚于鳃部，使鱼类缺氧窒息或因大量吞食有毒藻类而死亡；赤潮生物死亡后，藻体分解过程大量消耗溶解氧，导致鱼类及其他海洋生物缺氧死亡，同时释放出大量有害气体和毒素，使海洋生态系统严重破坏；赤潮发生后，海水 pH 升高，黏稠度增大，导致浮游生物大量死亡或衰减。

赤潮产生的原因是含氮有机物废污水大量排入海中使海水富营养化，使得赤潮藻类大量繁殖。世界 4000 多种海洋浮游藻中有 260 多种能形成赤潮，其中 70 多种能产生毒素，有些可直接导致海洋生物大量死亡，有些甚至可通过食物链传递，造成人类食物中毒。赤潮的发生与海水温度、盐度等自然因素也密切相关。海洋学家发现 20～30℃是赤潮发生的适宜海温，一周内水温突升 2℃以上是赤潮发生的先兆。盐度在 26‰～37‰范围内均有发生赤潮可能，以 15‰～21.6‰最容易形成温跃层和盐跃层，使海底层营养盐上升到水上层，而诱发赤潮。赤潮发生时，相关海域通常少雨闷热，水温偏高，风力较弱或潮流缓慢。

随着现代化工、农业生产的迅猛发展，沿海地区人口的增多，大量工农业废水和生活污水排入海洋，其中相当一部分未经处理就直接排入海洋，导致近海、港湾富营养化程度日趋严重。同时，由于沿海开发程度的增高和海水养殖业的扩大，也带来了海洋生态环境和养殖业自身污染问题；海运业的发展导致外来有害赤潮种类的引入；全球气候的变化也导致了赤潮的频繁发生。目前，赤潮已成为一种世界性的公害，30 多个国家和地区赤潮发生都很频繁，其中日本是受害最严重的国家之一。近十几年来，由于海洋污染日益加剧，我国赤潮灾害也有加重的趋势，由分散的少数海域，发展到成片海域，一些重要的养殖基地受害尤重。

从现有条件看，一旦赤潮大面积出现后，还没有特别有效的方法加以制止。主要是利用化学药物(硫酸铜)杀灭赤潮生物，但效果欠佳，费用昂贵，经济效益和环境效益均不太好；有的采用网具捕捞赤潮生物，或采用隔离手段把养殖区保护起来；有的正在试验以虫治虫的办法，繁殖桡足类及二枚贝来捕食赤潮生物等。这些方法均在试验中，还未取得较大的突破。从发展趋势看，生物控制法，即分离出对赤潮藻类合适的控制生物，以调节海水中的富营养化环境将是较好的选择。此外，利用动力或机械方法搅动底质，促进海底有机污染物分解，恢复底栖生物生存环境，提高海区的自净能力，也是一种比较好又实用的方法。利用黏土矿物对赤潮生物的絮凝作用，和黏土矿物中铝离子对赤潮生物细胞的破坏作用来消除赤潮，也取得了好进展，并有可能成为一项较实用的防治赤潮的途径。目前,赤潮对生物资源的影响已成为联合国有关组织所关注的全球性问题之一,已召开多次国际性赤潮问题研讨会,讨论重点是赤潮发生机制、赤潮的监测和预报以及治理方法等。

目前,在防范赤潮工作方面,有些国家正在建立赤潮防治和监测监视系统,对有迹象出现赤潮的海区,进行连续的跟踪监测,及时掌握引发赤潮环境因素的消长动向,为预报赤潮的发生提供信息;对已发生赤潮的海区则采取必要的防范措施。加强海洋环境保护,切实控制沿海废水、废物的入海量,特别要控制氮、磷和其他有机物的排放量,避免海区的富营养化,是防范赤潮发生的一项根本措施,已引起各有关方面的重视。此外,随着沿海养殖业的兴起,避免养殖废水污染海区,很多养殖场已建立小型蓄水站,以淡化水体的营养,在赤潮发生时可以调剂用水,与此同时,改进养殖饵料种类,用半生态系养殖方法逐步替代投饵喂养方式,以期自然增殖有益藻类和浮游生物,改善自然生态环境。

3.4.6 海洋灾害的减灾对策

沿海地区是我国人口最密集和经济最发达的地区,海洋经济所占比例也在迅速增大。随着全球气候变暖,海平面不断上升,海洋灾害损失的增长速度明显快于其他各类自然灾害。

减轻海洋灾害,首先要加强风险评价与区划并纳入各级政府的社会经济发展规划。第二,要建设高标准的海堤及其防护设施。第三,要加强海洋灾害监测、预报和预警体系的建设。第四,要组织编制各类突发性海洋灾害的应急预案,加快海洋灾害应急指挥体制建设。在发生重大海洋灾害时,能够迅速有效组织险区居民转移避险和进行海上抢险救援。第五,要合理规划沿海地区的经济开发活动,保护滨海湿地和红树林等生态系统。第六,要开展海洋灾害防御知识的普及和宣传教育。[14]

练习题

1. 气象灾害有哪些主要类型?哪些气象灾害对农业生产的影响更大?
2. 突发型地质灾害与缓变型地质灾害在减灾对策上有什么区别?
3. 生物灾害与海洋灾害主要有哪些类型?

思考题

1. 结合你所在地区的情况谈谈主要气象灾害的减灾对策。
2. 为什么说把某种有害生物完全杀绝并非最佳决策?

主要参考文献

［1］国务院. 中华人民共和国抗旱条例. 中央政府门户网站 www.gov.cn，2009-02-26.

［2］水利部水利水电规划设计总院. 中国抗旱战略研究. 北京：中国水利水电出版社. 2008.

［3］张强，潘学标. 干旱. 北京：气象出版社，2007.

［4］郑大玮. 论科学抗旱——以 2009 年的抗旱保麦为例. 灾害学，2010，25(1)：7—12.

［5］霍治国，王石立等. 农业和生物气象灾害. 北京：气象出版社，2009：115—118.

［6］郑大玮，郑大琼，刘虎城. 农业减灾实用技术手册. 杭州：浙江科学技术出版社，2005：350.

［7］潘学标，郑大玮. 地质灾害及其减灾技术. 北京：化学工业出版社，2010.

［8］丁一汇，朱定真. 中国自然灾害要览. 北京：北京大学出版社，2013.

［9］薛攀皋. 关于消灭麻雀以及为麻雀平反的历史回顾. 自然辩证法通讯，1994(3)：39—41.

［10］张宏利，韩崇选，杨学军，等. 鼠害防治方法研究进展. 陕西林业科技，2004,(1)：41—46.

［11］彭建明. 白蚁的危害及其综合防治研究. 北京农业，2011,(5)：71.

［12］郑大玮. 农村生活安全及减灾技术. 北京：化学工业出版社. 2010：65—75.

［13］顾忠盈，吴新华，杨光，等. 我国外来生物入侵现状与防范对策. 江苏农业科学，2006(6)：428—431.

［14］许富祥，邢闯. 中国近海海洋灾害现状与对策. 中国人口·资源与环境，2011,21(专刊)：294—298.

第四章

灾害各论（二）：环境灾害　❯

> **学习目的：** 了解各类环境灾害的发生特点及减灾对策。
>
> **主要内容：** 环境灾害的类型、大气污染、水污染、固体废弃物污染、农业污染和物理性污染的特点和防治对策。

4.1　环境灾害概述

4.1.1　环境灾害的概念与属性

环境是指以人类为主体的外部世界的总体，是影响人类生存和发展的各种自然因素和社会因素的总和。

环境恶化是指由于人为或自然的原因，造成人类生存环境质量的变坏或退化。当环境恶化由量变发展到质变，造成人类的生命和财产损失时，就形成了环境灾害。

环境灾害（environmental disasters）是由于人类活动影响，并通过自然环境作为媒体，反作用于人类的灾害事件。

环境灾害的发生与自然条件有关，但主要是由人为因素造成的。由于环境灾害往往以自然现象的形式出现，有的学者把环境灾害列为与自然灾害、人为灾害并列的一大类灾害群[1]。考虑到联合国国际减灾战略活动的范畴已从自然灾害扩展到环境灾害与技术灾害，本书将环境灾害列为单独的一章讨论。

广义的环境灾害除人类无序排放废弃物引起的环境污染外，还包括不合理人类活动引起或加重的干旱缺水、洪涝灾害等气象灾害，滑坡、泥石流、地面沉降、土地退化、水土流失等地质灾害以及生物多样性减少、生物入侵、森林、草原火灾等生态灾害，狭义的环境灾害特指各类环境污染事件。

环境灾害具有自然和社会双重属性。除环境灾害的发生既与人为因素、也与自然因素有关外，环境灾害的后果也具有两重性：其自然属性是指环境灾害对自然环境的影响，进而反馈作用于人类；环境灾害后果的社会属性是指环境灾害对人类社会的影响，主要表现为造成人类生命财产的损失。同等规模的环境灾害发生在不同地区，所造成的损失不同。发生在经济发达、人口密集的地区，后果就非常严重；发生在人口稀少的地区，损失就很小，体现出环境灾害的社会属性。同等强度的人类活动，发生在生态脆弱地区造成的生态破坏要比发生在生态环境良好地区更加严重，体现出环境灾害的自然属性。

4.1.2　环境灾害的分类

按照灾害发生特征，可分为突发型环境灾害和累积型环境灾害。前者大多是污染物突然大量排放引起的大气污染、水污染和有毒有害物质泄漏事件，后者则是污染物不断累积到一定程度才显示出严重的后果。

按照灾害发生或影响的范围，可分为全球性、区域性和局部性三类。全球性环境灾害包括温室效应、臭氧层破坏、资源枯竭、水土流失、土地沙漠化、生物多样性锐减、海洋酸化等，区域性环境灾害如酸雨、赤潮、水体富营养化、光化学烟雾、城市固体废弃物积累等，个别企业超标排放造成的水污染、空气污染、有毒气体泄漏、核泄漏等通常属于局部性环境灾害，但特大型企业的排放或泄露也有可能造成严重的区域性环境灾害，如切尔诺贝利和福岛核电站的泄漏事故。

按照污染物形态，可分为气态、液态和固态三大类：气态污染环境灾害包括大气污染、酸雨、温室效应、臭氧层破坏等，液态污染环境事件包括饮用水污染、水体富营养化、赤潮等，固态污染环境事件包括垃圾污染、重金属污染、农药污染、化肥污染、废弃地膜污染、核泄漏等。有毒有害物质泄漏三种形态都有可能发生。

按照污染物的来源，主要有工业污染源、农业污染源和生活污染源。

4.1.3　环境污染物的聚散机制与毒害

污染物进入环境以后，由于自身理化性质和各种环境因素的影响，通过各种迁移和转化过程，在空间位置、浓度、毒性和形态特征方面发生一系列的复杂变化。在此过程中，污染物直接或间接作用于人体或其他生物体。污染物在环境中发生的各种变化过程称为污染物的聚散和转化。[2]

1. 污染物的生物聚散机制

生物体从环境蓄积某种污染物而在体内浓缩的现象称为生物富集或生物浓缩。

$$\text{生物浓缩系数 BCF} = \frac{\text{生物体内污染物浓度}}{\text{环境中该污染物浓度}}$$

生物积累指生物个体随着生长发育的不同阶段从环境中蓄积某种污染物，使生物浓缩系数不断增大的现象。当生物体摄取污染物的速率大于消除速率时就会产生生物积累。

$$\text{生物积累系数 BAF} = \frac{\text{某生物个体生长发育较后阶段体内蓄积污染物浓度}}{\text{同一生物个体生长发育较前阶段体内蓄积污染物浓度}}$$

生物放大是指在生态系统的同一食物链上,某种污染物在生物体内的浓度随着营养级的提高而逐步增大的现象。如在水体中,从水样到浮游生物、小虾、鱼类、水鸟,污染物的浓度通常成指数曲线增长,每升高一级,污染物浓度要成 10 倍地增加。

$$\text{生物放大系数 BMF} = \frac{\text{较高营养级生物体内污染物浓度}}{\text{较低营养级生物体内污染物浓度}}$$

上述公式中污染物浓度的单位均为"mg/kg"。

2. 污染物的物理聚散机制

污染物的物理性聚散是指污染物通过蒸发、渗透、凝聚、吸附以及放射性物质的衰变等过程实现的物质转化。某些污染物由固态转化为液态或气态后,更加容易随着水力或风力而发生迁移。固态的污染物通常是在重力的作用下在大气中沉降或在水体中淤积。土壤吸附污染物后既使污染物的位置发生改变,也使其形态发生改变。

3. 污染物的化学性聚散机制

污染物的化学性聚散是指污染物通过各种化学反应而发生的转化,如水体中发生的氧化-还原反应、水解反应和配(络)合反应,大气中发生的光化学反应等。

4. 污染物对生物的毒害

土壤环境中的污染物,有些是通过代谢作用被植物主动吸收的,有些则是由于根外浓度大于根细胞浓度而被动渗入的,并通过植物的输导系统流向茎、叶、花、果等其他器官。大气中的污染物则直接降落在叶片上并进入植物体,少量降落在土壤表面,然后再通过根系进入。对于动物,污染物可通过饮水和饲料进入消化道,大气污染物则通过呼吸系统进入动物体。有些污染物在植物或动物体内可发生降解,动物还可以通过排泄器官排出体外。但有些污染物难以降解或排泄,会在动植物体内不断积累,并通过食物链富集到很高的浓度。

大多数污染物在浓度较低时对植物没有明显危害,有些元素如铜还是植物生长发育必需的微量元素。但如浓度过高时会影响根系发育,使植物黄化。酚和氰类化合物在浓度较低时可被植物转化为糖苷,但在高浓度下可导致植物死亡。有些污染物可直接伤害植物的器官,如酸雨对树木的腐蚀作用和二氧化硫对叶片漂白造成失绿。污染物对动物的毒害作用更加复杂,重金属和有机氯农药能在动物体内不断蓄积,一氧化碳等气体与血红蛋白结合使之丧失输氧能力而发生窒息。有机磷农药中毒对胆碱酯酶产生不可逆的抑制。

4.1.4 环境容量与环境承载力

1. 环境质量标准

环境质量标准是为了保护人群健康、社会财富和保持生态平衡，对一定时空范围内环境中的有害物质或因素的允许量做出的规定。我国已对大气环境、地表水环境、地下水环境、室内空气质量、农田灌溉水质、土壤环境质量、城市环境噪声等制定和颁布了一系列环境质量标准。违禁超标排放是造成环境灾害的主要人为原因。

2. 环境容量

环境容量(environmental capacity)是指在人类和自然环境不至受害，保证不超过环境目标值的前提下，区域环境所能容纳的污染物最大允许排放量，是环境质量控制的主要指标。

环境容量与该环境的社会功能、环境背景、污染源、污染物性质、环境的自净能力等有关。污染物的危害性和降解难度越大，环境自净能力越差，该区域的环境容量就越小。当污染物排放量或排放速率超过环境容量或自净速率时，就有可能形成环境灾害。

环境容量也可以看成是一种可再生资源，对环境容量必须实行有偿使用的原则，目的是为确保"谁污染，谁赔偿"得以实现。

3. 环境承载力

环境承载力(environmental bearing capacity)是指在一定时期和一定范围内，在最不利的自然环境条件下，维持环境系统结构部发生质变，环境功能不遭受破坏的前提下，环境系统所能承受的人类社会经济活动量的最大阈值。

超出环境承载力的人类活动是酿成环境灾害的重要原因。例如华北地区严重的雾霾污染就与该地区的城市人口增长过快与重化工业比重过大有关。

4. 环境变迁的阶段性

从人类历史发展看，环境变迁过程可划分为四个阶段[3]。

(1) 无工业污染，环境质量良好。传统农业社会没有工业污染，污染排放量仅与人口及牲畜数量成正比。由于高出生率、高死亡率和低人口增长率，污染物排放量增长很慢，一般都能自然降解。

(2) 工业污染迅速增加，环境质量急剧恶化。工业化初、中期由于高出生率和低死亡率，人口增长快，新建许多大规模污染型企业，对环境和资源的压力越来越大，污染日益严重。

(3) 工业污染缓慢增加，环境质量继续恶化。工业化中后期人口出生率和自然增长率下降，人均产值增长率开始下降，第三产业占 GDP 比重上升，污染型产业比重下降，广泛采用污染减少型技术和工艺，公众对环境质量要求提高，污染物增长率开始低于产值增长率。

（4）工业污染不断减少，环境质量不断改善。工业化后期或后工业化社会人口低出生率、低死亡率、低增长率，经济增长进入成熟型，居民消费饱和，工业占 GDP 比例下降，高新技术产业和少污染工业成为主导，第三产业占 GDP 上升到 2/3，污染排放出现负增长。

目前大多数发展中国家处于第二阶段，少数最不发达国家仍处于第一阶段，少数新兴工业国家开始向第三阶段过渡。发达国家大多处于第三阶段和第四阶段。但由于全球环境问题日益突出，大多数发展中国家已经不再拥有发达国家在工业化和城市化过程中曾经拥有的环境容量，一方面要维护自身的发展权，同时也必须加快技术进步，尽量减缓污染物排放量的增长，力争提前到达污染物排放总量增速减缓的拐点和绝对量开始下降的峰值。

4.1.5 突发环境灾害的应急处置

突发环境灾害是指由于违反环境保护及相关法律、法规的社会经济活动或重大自然灾害及人为事故引发，使得环境受到严重污染或破坏的事件。主要包括突发环境污染事件、有毒有害物质泄漏事件和核辐射事件。近年来的重大突发环境灾害如 2005 年 11 月 13 日吉林化工厂爆炸，上百吨硝基苯污染松花江事件；2007 年 5 月因太湖富营养化，蓝藻水华引起的无锡自来水危机事件；2011 年 3 月 11 日日本地震引发福岛核电站爆炸，造成核燃料严重泄漏事件；2011 年 6 月 9 日，四川成都市外一辆运送 23 t 危化品三氯氢硅的货车发生侧翻，具有强腐蚀性的三氯氢硅泄漏并燃烧。2015 年 8 月 12 日晚，天津市滨海新区瑞海国际物流公司危险品仓库集装箱堆场起火爆炸，造成百余人死亡和数百人受伤。危险化学品的泄漏和燃爆对周围居民和环境造成了严重威胁，是新中国成立以来最严重的一起特大危险化学品燃爆与泄漏事故。

突发环境灾害的应急处置包括灾害发生前经常性的和灾害发生后对现场环境的监测和预警，应急信息报告与灾情发布、应急决策和协调、分级负责与相应、公众沟通和应急疏散转移、应急资源配置和征用、现场清理和消毒、灾后总结和奖惩等。为此，必须针对不同类型的突发环境灾害分别编制预案，并通过一定的行政程序确定并公布。

4.2 大气污染及治理

4.2.1 大气的组成与结构

大气是由多种气体组成的混合物，有时还存在水滴、冰晶、尘埃和花粉等杂质。除去水汽和杂质的空气称为干洁空气，其中最主要的成分是氮和氧，分别占到整个干洁大气的 78.09% 和 20.95%；其次是氩，占到 0.93%；二氧化碳占 0.03% 到 0.04%；其他气体，如氖、氦、氪、氙、氢、臭氧等次要成分合计只占 0.004%。

大气层的厚度为 2000～3000 km,总质量约 5.2×10^{15} t,主要集中在地面以上 1000 km 高度以内,自下而上分为对流层、平流层、中间层、暖层和散逸层。其中以对流层对人类生产、生活的影响最大,也是大气污染现象的主要发生场所,特别是在近地气层。对流层的上界随纬度和季节变化,低纬度为 17～18 km,中纬度为 10～12 km,高纬度地区只有 8～9 km;夏季较高,冬季较低。对流层中存在大规模的垂直对流和水平流动,湍流混合强烈,大气中的水汽和杂质也主要存在于对流层,经常发生云、雾、雨、风、雹等天气现象。气温在对流层中随高度增加而降低,平均每升高 100 m 下降 0.65℃,当气温的垂直递减率减小,尤其是出现逆温现象,即气温随高度反而升高时,底层大气结构十分稳定,近地面的污染空气不易扩散,容易发生严重的环境灾害。

4.2.2 大气污染源

大气污染(air pollution)是指由于人类活动或自然过程引起某些物质进入大气中,呈现足够的浓度,达到足够的时间,并因此危害人体健康、福利和环境的现象。大气污染源(sources of air pollution)指能够释放污染物到大气中的物体或设施,其中自然污染源由自然原因形成,如火山爆发、森林和草原火灾、扬尘、水体散发等,人为污染源由人类的生产与生活废弃物排放而形成。自工业革命以来,人为污染源已成为大气污染物的主要来源。

1. 工业污染源

工业企业是大气污染的主要来源,污染物种类和数量与工业企业的性质、规模、工艺过程、原料和产品种类等有关,主要污染物有 SO_2、烟尘、CO_2、氮氧化物、CO、粉尘、H_2S、氟化氢、烃类、氨、苯并[a]芘等。以电力、冶金、化工、建材等产业的排放量较大。

2. 生活污染源

生活污染源主要来自炉灶和采暖锅炉排放的烟尘和 SO_2、垃圾焚烧废气和堆放过程中厌氧分解排出的氮氧化物等二次污染物。

3. 交通运输污染源

指汽车、火车、轮船、飞机等交通工具在燃料燃烧时排放的 CO、氮氧化物、SO_2、烟尘、烃类、铅、苯并[a]芘等,与工业企业相比,具有小型、流动和分散的特点,但由于数量庞大,在一些大城市中往往成为主要的污染源。

4. 农业污染源

随着现代农业农药、化肥等化学品应用数量的急剧增加,农业已成为大气污染的重要原因。农业污染源具有面广、数量大,分布广泛的特点。过量使用氮素化肥后,由于挥发、硝化和反硝化作用,使大气中含氮污染物增加。田间施用农药时,部分农药会以粉尘颗粒形式散逸,残留在作物和土壤表面的农药也可挥发到大气中,并随气流向各地输送。

4.2.3　大气污染物

大气中的污染物按照在环境中物理、化学性质变化分为一次污染物和二次污染物，前者是指直接从污染源排放的污染物质，后者是由前者在大气中经化学反应或光化学反应形成与一次污染物的物理、化学性质完全不同的新污染物，毒性往往比一次污染物更强，如硫酸及硫酸盐气溶胶、硝酸及硝酸盐气溶胶、臭氧、光化学氧化剂等，遇冷后仍逐渐恢复固体或液体状态。

按照污染物的物理状态分为气态污染物和颗粒态污染物。

1. 气态污染物

以分子状态存在，常见的有以 SO_2 为主的含硫化合物，以 NO 和 NO_2 为主的含氮化合物，CO_x、碳氢化合物和卤素化合物等。

气态污染物包括气体和蒸气。常温下的气体污染物有 CO、SO_2、NO_2、NH_3、H_2S 等。蒸气是某些固态或液态物质受热后升华或挥发形成的气态物质，如汞蒸气、苯蒸气、硫酸蒸气等。

气态污染物中重要的一次污染物有硫氧化物、氮氧化物、碳氧化物以及有机化合物等，二次污染物有硫酸烟雾和光化学烟雾。

2. 颗粒态污染物

颗粒态污染物是分散在大气中的微小液体和固体颗粒，粒径多在 $0.01\sim100$ μm，总悬浮颗粒物以 TSP(total suspending particulate matter)表示，指环境空气中空气动力学当量直径小于等于 100 μm 的颗粒物。大于 100 μm 的颗粒物能较快沉降到地面，称为降尘；小于 10 μm 的可长期飘浮在大气中，称为飘尘。后者具有胶体性质，又称气溶胶或可吸入颗粒物(PM 10)，易随呼吸进入肺脏并在肺泡内积累，通过血液输往全身，对人体健康危害更大(图 4.1)。

在可吸入颗粒(PM 10)中，空气动力学当量直径直径小于或等于 2.5 μm 的又称可入肺颗粒物或细颗粒物(PM 2.5)(fine particulate matter)，约占 PM 10 的一半以上。由于粒径小，富含大量有毒有害物质且在大气中停留时间长，输送距离远，对人体健康和大气环境质量的影响更大，也是造成雾霾污染天气、降低能见度，影响交通安全的主要因素。发达国家早已把 PM 2.5 列为国家标准污染物。2012 年我国政府颁布 PM 2.5 国家标准，将于 2016 年开始在全国范围内进行常规监测，并向公众报告监测数据。[4]由于广大发展中国家处于工业化和城市化阶段，PM 2.5 污染物浓度普遍高于发达国家(图4.2)。

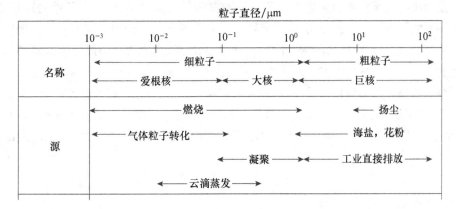

图 4.1 颗粒物粒径分布及其来源[5]

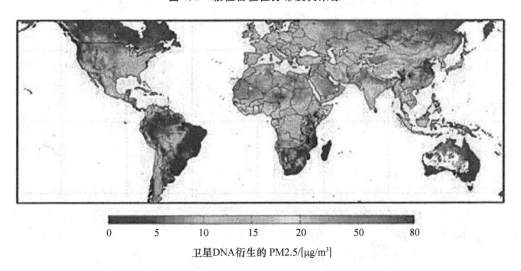

卫星DNA衍生的 PM2.5/[μg/m³]

图 4.2 美国国家航空航天局(NASA)全球空气质量地图(2010 年 9 月)

（资料来源：http://www.sina.com.cn,2010 年 9 月 27 日 14:03,新浪环保）

在 PM 2.5 中,绝大部分又是空气动力学当量致敬直径小于或等于 1.0 μm 的微小颗粒物,甚至可以进入血液,且更容易携带大气中的致癌物质,对人体健康的威胁更大。由于粒径更小,在空气中悬浮和影响的事件也更长。PM 1 可长达一个月,而 PM 2.5 为一周,PM 10 只有几小时到一天。

3. 大气污染物的迁移和转化

大气污染物进入大气后,通过气流、沉降等物理因素在大气圈及水圈、生物圈和土壤圈发生扩散和沉降,在迁移的同时还存在化学转化。

气态污染物在大气中的扩散有分子扩散和气团扩散两种形式,分子扩散的速度很慢,借助于气流的气团扩散的速度较快,规模较大。通过稀释可降低浓度,减轻危害,但同时也会扩大污染区域,如畜禽养殖场散发的 SO_2、H_2S、NH_3 等恶臭气体通过扩散迁移可影响到更大范围。气态污染物在大气中的转化机制有光解、酸碱中和、氧化还原和聚合反应等。

颗粒态污染物以气溶胶形式存在,主要以沉降方式迁移,也有部分通过扩散方式迁移。

大气污染物通过扩散和沉降等物理过程迁移并可进入其他圈层,通过光解、酸碱中和、氧化还原以及聚合反应等,有时可去除污染,但有时会产生毒性更大的二次污染。

4.2.4　大气污染的危害

1. 大气环境灾害

1) 大气环境灾害按照影响范围分类

① 局域性环境灾害,大气污染事故,如污染物过度排放型和毒气泄漏型;

② 区域性环境灾害,如酸雨、区域性雾霾污染;

③ 全球性环境灾害,如温室效应、臭氧层破坏等。

大气污染事故常常发生在化工企业较为集中的城区或近郊,交通事故有时也引发运输危险化学品泄漏或爆炸,造成局地的大气污染,严重威胁人体和畜禽健康,并危害农作物。

2) 历史上最严重的大气污染事故

① 1952 年 12 月 5—9 日英国伦敦毒雾事件。仅 4 天时间,死亡人数就达 4000 多人。主要污染物是二氧化碳、一氧化碳、二氧化硫、粉尘等。

② 1984 年 12 月 3 日印度博帕尔农药厂毒气泄漏事件。美国联合碳化物属下的联合碳化物有限公司设于贫民区附近的农药厂发生氰化物泄漏,造成 2.5 万人直接致死,55 万人间接致死,另有 20 多万人永久残废。

③ 1986 年 4 月 26 日苏联切尔诺贝利核电站爆炸与核泄漏事故。产生的放射污染相当于日本广岛原子弹爆炸的 100 倍,俄罗斯、白俄罗斯和乌克兰的许多地区受到核辐射污染,3 个月内 31 人死亡,之后 15 年内有 6~8 万人陆续死亡,13.4 万人遭受各种程度辐射病折磨,方圆 30 km 地区的 11.5 万多民众被迫疏散,为消除事故后果耗费了大量人力物力资源。

3) 酸雨(acid rain)

酸雨是指酸碱度(pH)低于 5.6 的雨、雪或其他形式的降水。目前,世界上已形成北欧、北美和东亚三大酸雨区。我国的酸雨区主要在南方,但发展扩大之快,降水酸化速率之高为世界罕见,每年所造成经济损失约 1100 亿元。酸雨、酸雾能刺激人的咽喉和眼睛,诱发气管炎和老年痴呆症,侵入肺部,诱发肺水肿或导致死亡。酸雨对金属和建筑材料有很强的腐蚀作用,对畜禽健康和农作物的危害也很大。

4）温室效应

温室效应导致全球气温升高，极端天气、气候事件的危害增大。臭氧层空洞的形成使到达地面的短波紫外辐射增加，可诱发皮肤癌，并抑制植物的生长。

2. 细颗粒物的危害

随着我国经济的高速发展，城市化进程加快和工业规模的扩大，区域性大气污染日益严重。近年来我国多个地区接连出现以细颗粒物为特征污染物的灰霾天气，对能见度、公众健康和城市景观构成巨大威胁。如 2013 年一季度，京津冀乃至整个华北地区出现严重的大范围大气污染，最大范围超过 100×10^4 km²。[6] 2014 年 2 月下旬，我国中东部发生持续近一周的严重雾霾污染天气，环境保护部通报 2 月 24 日空气污染面积约 108×10^4 km²，其中污染较重面积 90×10^4 km²，主要集中在北京、河北、山东、辽宁、吉林等地。161 个城市中有 58 个 PM 2.5 小时平均浓度大于 150 $\mu g/m^3$，为重度及以上污染。其中 23 个大于 250150 $\mu g/m^3$，为严重污染。北京南部地区个别站点甚至接近500 $\mu g/m^3$。

灰霾污染以华东、华北和珠江三角洲较严重，西部地区较轻，冬季供暖期间则以华北为最严重。不同季节的污染依次是冬季＞春季＞秋季＞夏季。主要污染源为燃煤、工业和汽车尾气排放。

不同粒径颗粒物对人体健康的危害是不一样的（表 4.1）。

表 4.1　颗粒物粒径大小对人体健康的影响[7]

颗粒物名称	颗粒物粒径/μm	对人体健康的影响
PM 100	100	较长期滞留空气中，不利于健康
PM 10	10	可进入呼吸系统，在呼吸道内沉积，引发气管炎
PM 2.5	2.5	通过呼吸道，进入肺泡，引发肺气肿
PM 1	1	可被吸入肺泡，进入血液系统，引发各种疾病

世界卫生组织（WHO）认为 PM 2.5 年平均浓度要小于 10 $\mu g/m^3$ 才是安全值，但是目前连发达国家也达不到。为此，WHO 制定了不同过渡期的 PM 2.5 标准值。主要发达国家也先后将 PM 2.5 纳入国家标准污染物并进行强制性限制（表 4.2）。

表 4.2　世界卫生组织（WHO）及几个主要国家和欧盟的 PM 2.5 标准（$\mu g/m^3$）

国家/组织	年平均	24 小时平均	备　注
WHO 准则值	10	25	2005 年发布
WHO 过渡期目标-1	35	75	
WHO 过渡期目标-2	25	50	

国家/组织	年平均	24 小时平均	备 注
WHO 过渡期目标-3	15	37.5	
澳大利亚	8	25	2003 年发布,非强制性标准
美国	15	35	2006 年 12 月 17 日生效,比 1997 年标准更严格
日本	15	35	2009 年 9 月 9 日发布
欧盟	25	无	2010 年 1 月 1 日发布,2015 年 1 月 1 日强制生效

资料来源:http://wwww.lowca.com./article/3822.html.

4.2.5 环境空气质量标准

环境空气质量标准(environmental air quality standard)规范了大气环境中各种污染物在一定时间和空间内的容许含量,反映了人群和生态系统对环境空气质量的综合要求和社会为控制污染在技术上实现的可能性和经济上的承担能力,是制定大气污染物排放标准的依据。

中国在 2012 年 2 月 29 日公布了修订后的《环境空气质量标准》,将从 2016 年 1 月 1 日起在全国实施。该标准对环境空气污染物基本项目的浓度限制列于表 4.3。

表 4.3 环境空气污染物基本项目限值

污染物项目	平均时间	浓度限值 一级	浓度限值 二级	单 位
二氧化硫	年平均	20	60	$\mu g/m^3$
二氧化硫	24 小时平均	50	150	$\mu g/m^3$
二氧化硫	1 小时平均	150	500	$\mu g/m^3$
二氧化氮	年平均	40	40	$\mu g/m^3$
二氧化氮	24 小时平均	80	80	$\mu g/m^3$
二氧化氮	1 小时平均	200	200	$\mu g/m^3$
一氧化碳	24 小时平均	4	4	mg/m^3
一氧化碳	1 小时平均	10	10	mg/m^3
臭氧	日最大 8 小时平均	100	160	
臭氧	1 小时平均	160	200	
颗粒物(粒径≤10μm)	年平均	40	70	$\mu g/m^3$
颗粒物(粒径≤10μm)	24 小时平均	50	150	$\mu g/m^3$
颗粒物(粒径≤2.5μm)	年平均	15	35	
颗粒物(粒径≤2.5μm)	24 小时平均	35	70	

资料来源:环境保护部、国家质量监督检验检疫总局. 中华人民共和国国家标准《环境空气质量标准》GB3095-2012,2012-02-29.

　　为贯彻《中华人民共和国环境保护法》和《中华人民共和国大气污染防治法》，环境保护部于 2012 年 2 月 29 日公布了《环境空气质量指数（AQI）技术规定（试行）》（HJ611-2012），从 2016 年 1 月 1 日起生效。

　　空气质量指数（air quality index，AQI）是定量描述空气质量状况的指数（量纲为 1）。同时定义单项污染物的空气质量指数为空气质量分指数（individual air quality index，IAQI）；定义 AQI 大于 50 时，IAQI 最大的空气污染物为首要污染物；浓度超过国家环境空气质量二级标准，即 IAQI 大于 100 的污染物为超标污染物（non-attainment pollutant）。

　　当存在多种空气污染物时，取空气质量分指数最大者来确定空气质量指数。

$$AQI = \max\{IAQI_1, IAQI_2, IAQI_3, \cdots\cdots IAQI_n\} \tag{4.1}$$

该规定给出了主要污染物的空气质量分指数及对应污染物浓度限值（表 4.4）。

表 4.4　空气质量分指数及对应污染物项目浓度限值

IAQI	污染物项目浓度限值/(mg/m³)									
	SO₂ 24 小时 平均	SO₂ 1 小时 平均	NO₂ 24 小时 平均	NO₂ 1 小时 平均	PM10 24 小时 平均	CO 24 小时 平均	CO 1 小时 平均	O₃ 1 小时 平均	O₃ 8 小时 平均	PM2.5 24 小时 平均
0	0	0	0	0	0	0	0	0	0	0
50	50	150	40	100	50	2	5	160	100	35
100	150	500	80	200	150	4	10	200	160	75
150	475	650	180	700	250	14	35	300	215	115
200	800	800	280	1200	350	24	60	400	265	150
300	1600		565	2340	420	36	90	800	800	250
400	2100		750	3090	500	48	120	1000		350
500	2620		940	3840	600	60	150	1200		500

　　表中空格表示超过限额后不再进行空气质量分指数计算（资料来源：环境保护部、国家质量监督检验检疫总局. 中华人民共和国国家标准《环境空气质量标准》GB3095-2012,2012-02-29.）

　　《规定》在表 4.1 的基础上提出了空气质量指数级别的判别标准（表 4.5）。

表 4.5　空气质量指数（AQI）及相关信息[7]

AQI	AQI 级别	AQI 类别及 表示颜色		对健康的影响	建议采取措施
0～50	一级	优	绿色	空气质量令人满意,基本无空气污染	各类人群可正常活动
51～100	二级	良	黄色	空气质量可接受,但某些污染物可能对极少数异常敏感人群有较弱影响	极少数异常敏感人群应减少户外活动

续表

AQI	AQI 级别	AQI 类别及表示颜色		对健康的影响	建议采取措施
101～150	三级	轻度污染	橙色	易感人群症状有轻度加重，健康人群出现刺激症状	儿童、老年人及心脏病、呼吸系统疾病患者应减少长时间、高强度的户外锻炼
151～200	四级	中度污染	红色	进一步加剧易感人群症状，可能对健康人群心脏、呼吸系统有影响	儿童、老年人及心脏病、呼吸系统疾病患者应减少长时间、高强度的户外锻炼，一般人群适量减少户外运动
201～300	五级	重度污染	紫色	心脏病肺病患者症状显著加剧，运动耐受力降低，健康人群普遍出现症状	儿童、老年人、心脏病和肺病患者应停留在室内，停止户外运动，一般人群减少户外运动
＞300	六级	严重污染	褐红色	健康人群运动耐受力降低，有明显强烈症状，提前出现某些疾病	儿童、老年人和病人应留在室内，避免体力消耗，一般人群应避免户外活动

根据 2013 年中国环境状况公报，全国 74 个新标准第一阶段监测实施城市中仅海口、舟山和拉萨 3 个城市空气质量达标，占 4.1%；超标城市比例为 95.9%。从各项污染物指标看，达标率较高的是 SO_2，96.5%；CO，85.1%；O_3，77.0%；NO_2 为 39.2%。达标率最低的是 PM 2.5，仅 4.1%；其次是 PM 10，为 14.9%。

4.2.6 大气污染的防治

1. 健全相关法律、法规和标准

为保护大气环境，我国先后签署了保护臭氧层的《蒙特利尔议定书》和《联合国气候变化框架公约》。2000 年 4 月 29 日全国人大常委会通过了再次修订的《中华人民共和国大气污染防治法》，2014 年还进行了新一轮的修订。

为有效实施大气污染防治法，国家还颁布了环境空气质量标准、大气污染物排放标准和大气污染物监测规范与方法标准。

2. 控制污染源

合理布局工业企业，避免在盆地和山谷等不利于污染物扩散的地形选址建厂，工业企业的生产区与生活区应保持一定距离，城市的工业区应避免设置在上风向。

努力增加可再生能源和清洁能源的供应，替代和减少燃煤。改革工艺，减少能源消耗和废气排放。推广消烟除尘技术。改分散供热为集中供热，工业企业普遍推行煤改电。

提高燃油品质，降低尾气有害物质含量；改进发动机，提高催化转化效率，减少交通运输工具对大气的污染。

适量合理使用化肥和农药，避免超量和在大风、烈日暴晒及高温等不利天气下施用。

3. 绿化增汇

植树造林，增加城市绿地面积，建筑物尽可能进行立体绿化。选用吸附和降解大气污染物能力强的树种。

4.3　水污染及治理

4.3.1　水环境的污染源

水污染（water pollution）指进入水体各种污染物的数量超过水体自净能力的现象。水环境污染源包括天然污染源和人为污染源。前者包括暴雨和洪水、滑坡与泥石流、海潮上溯、沙尘沉降和地震等自然灾害造成的局地水污染。后者来自各种人类活动，包括工业废水、生活污水、农业废水、矿山废水及垃圾渗出水等。

1. 工业废水

指工业生产过程中排出的废水、污水和废液，成分复杂，水质特征随产业类型而异，大致可分为三类：

（1）含无机物的废水。主要来自冶金、建材、无机化工等产业。

（2）含有机物的废水。主要来自食品、塑料、炼油、石油化工以及制革等产业。

（3）兼含无机物和有机物的废水。来自炼焦、化肥、合成橡胶、制药、人造纤维等产业。

改革开放以来，一些高污染企业从境外向国内，从东部向中西部，从城市向农村转移。有些地区片面追求短期经济利益，不惜以牺牲环境与健康为代价，导致水环境的严重恶化。

2. 生活污水

生活废水包括厨房、洗涤、洗浴用水及粪尿，主要污染物为有机物、细菌、寄生虫卵及各种生活用洗涤剂等。随着人口城市化水平的提高，生活污水排放量迅速增长。中西部农村大多尚无污水处理设施，大量生活污水直接排入地表水体或渗漏至地下水造成污染。含磷洗衣粉还是造成水体富营养化的重要成因。

3. 农业污染源

农业排放已成为我国水体污染的主要面源。目前我国化肥利用率仅为30%～40%，大量养分通过淋溶和径流进入水体，导致富营养化。部分氮素还可能转化为具有致癌作用的亚硝酸盐，严重危害人体健康。过量施用的农药进入水体后，其中的毒素和重金属对人体健康的危害更大。大多数规模养殖场缺乏粪便处理设施,如不能适时适量地作为有机肥回归农田,畜禽粪便和养殖场废水将严重污染周边水体和地下水。

4. 矿山废水

选矿冲洗用水含大量泥沙,有色金属矿山的洗矿废水含有大量镉、铁、铅、铬等重金属,金矿废水含剧毒的氢氰酸。如未经处理任意排放,对下游的污染和对人体健康的威胁极大。由于矿山废水和农药残留的污染,目前我国土壤重金属污染耕地已接近20%。

水体中常见的污染物见表4.6。

表 4.6 水体常见污染物类型[8]

类 型	主要污染物
重金属	汞(Hg)、镉(Cd)、铬(Cr)、锌(Zn)、铅(Pb)、镍(Ni)、钴(Co)、锑(Sb)、锡(Sn)、钨(W)、钒(V)、铜(Cu)、钡(Ba)、铍(Be)、铝(Al)等
非金属	砷(As)、氟(F)、氮(N)、磷(P)、硒(Se)、硫(S)、硼(B)、氰和氢化物等
放射性	铀(^{238}U)、钍(^{232}Th)、镭(^{226}Ra)、锶(^{90}Sr)、铯(^{137}Cs)、碘(^{131}I)、铜(^{64}Cu)、磷(^{32}P)、钴(^{60}Co)、氡(^{223}Rn)等
有机物	酚、好氧有机物、多氯联苯、多环芳烃、取代苯类化合物、石油、洗涤剂等
农药	DDT、六六六、2,4-D、2,4,5-T、敌百虫、马拉硫磷、呋喃丹、甲胺磷、除草醚等

4.3.2 我国水污染现状

我国水污染形势仍较严峻,部分城市河段污染较重。2013年全国废水化学需氧量排放总量2352.7×10^4 t,比上年下降2.9%;氨氮排放总量245.7×10^4 t,比上年下降3.1%(表4.7)。

表 4.7 2013年全国废水中主要污染物排放量

化学需氧量/($\times 10^4$ t)					氨氮/($\times 10^4$ t)				
排放总量	工业源	生活源	农业源	集中式	排放总量	工业源	生活源	农业源	集中式
2352.7	319.5	889.8	1125.7	17.7	245.7	24.6	141.4	77.9	1.8

资料来源:环境保护部.2013年中国环境状况公报,2014-05-25.

长江、黄河、珠江、松花江、淮河、海河、辽河、浙闽片河流、西北诸河和西南诸河等十大流域的国控断面中,Ⅰ~Ⅲ类、Ⅳ~Ⅴ类和劣Ⅴ类水质断面比例分别为71.7%、19.3%和9.0%。主要污染指标为化学需氧量、高锰酸盐指数和五日生化需氧量。其中以海河污染最为严重,其次是黄河与淮河。西北、西南的河流水质较好(图4.3)。

国控重点湖泊(水库)中,水质为优良、轻度污染、中度污染和重度污染的比例分别为60.7%、26.2%、1.6%和11.5%,富营养、中营养和贫营养的比例分别为27.8%、57.4%

和 14.8%，其中滇池为重度污染。

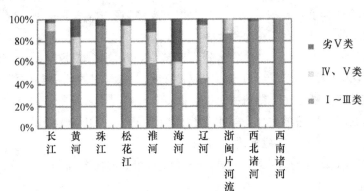

图 4.3 2013 年全国十大流域水质对比[9]

地下水环境质量监测点中，水质优良的仅占 10.4%，良好的占 26.9%，较好的为 3.1%，较差的占 43.9%，极差的占 15.7%。主要超标指标为总硬度、铁、锰、溶解性总固体、亚硝酸盐、硝酸盐和氨氮、硫酸盐、氟化物、氯化物等。

4.3.3 突发性水环境污染事件及应急处置

突发性水环境灾害分为污染累积型和偶然排放型，但都具有短时间内爆发的特征，一旦发生，都会对当地生产、生活、人体健康和水生态环境构成严重威胁。

世界历史上有名的重大水环境污染事件有：

1）孟加拉国砷中毒事件

由于恒河三角洲地表水和地下水中的砷含量大大超标，1996 年 12 月到 1997 年 1 月，达卡社区医院调查发现有 1/6 的被检查者有砷中毒现象，估计在 1.3 亿农村居民中，约有 3000 万人患有不同程度的砷中毒，至少有 8000 万人居住在砷污染区。目前主要表现为皮肤病，未来有可能引发癌症、神经系统、心血管疾病和遗传疾病。

2）日本水俣病事件

20 世纪 50 年代九州水俣湾附近渔村陆续出现神经系统疾病患者，经调查证实，原因是氮肥公司和电气公司排放含汞废水，已有数十万人食用甲基汞污染的鱼虾和贝类。除导致大量水生动物和鸟类死亡外，到 70 年代，日本确认水俣病人有 784 名，已经死亡 103 人，另有 3000 可疑病人。仅氮肥公司就因此赔偿 0.8 亿美元。水俣市政府耗资 2 亿多美元来处理含汞污泥。

3）近年来我国水污染事件频繁发生，并由此引发了一些群体事件

仅 2001—2006 年，全国就发生水污染突发性事故 5523 起，平均每年近千起。大多

数水污染事件都是由化工企业废水超标排放或生产事故引起的。据财新网的不完全统计,2005 年到 2011 年我国已发生 15 起重大化工水污染事故,其中有 4 起造成人员中毒,有 9 起水污染事故造成上万人用水受影响。[10]

2005 年 11 月 13 日下午,吉林石化公司双苯厂新苯胺装置爆炸引起化工原料火灾,造成 8 人死亡,60 人受伤,直接经济损失 6908 万元。100 t 苯类污染物倾泻入松花江中,巨大的"水污染团"向松花江下游流去,污染带长 135 km,导致哈尔滨停水 4 天。污染水团最终汇入黑龙江。硝基苯在鱼类等水生物体内积聚,并通过食物链威胁沿江动物及人类的健康,居民至少半年内不能食用江鱼。

2007 年 3 月 4 日,山东烟台市芝罘区海域因船舶溢油污染面积 3000 hm²,渔业经济损失 3500 万元。

2007 年 5 月 29 日,太湖无锡水域由于富营养化、低水位和持续高温少雨天气引起蓝藻暴发,大面积发黑发臭,溶解氧下降到 0,氨氮超标 25 倍,大批居民加重自来水质骤然变恶,气味难闻,无法饮用。瓶装水被抢购一空。市政府采取紧急调水、人工拦截打捞、关闭入户闸口、人工增雨、对自来水强化处理等措施,加上连续降雨,到 6 月 3 日供水才基本恢复正常,但市民饮水做饭仍依靠纯净水。

2009 年 2 月,江苏盐城城西水厂受酚类化合物污染,造成 20 多万居民停水 66 小时。

2011 年 6 月,浙江省建德市发生车祸,20 t 苯酚污染了新安江水体,桐庐和富阳两县 5 个水厂停止取水,44 万居民用水受到影响。

2011 年 6 月,广东省化州市德英高岭土厂非法排放工业污水,造成附近农村近万斤塘鱼暴毙,并威胁到湛江市数百万人的饮水安全。

由于缺乏集中处理设施和许多乡镇企业违规排放,农村的饮用水安全问题更加突出。由于数量多,规模较小且非常分散,报道较少。

对于突发性水环境污染事件,应事先编制预案,按照不同的灾害情景规定不同的响应等级,采取消除污染源、控制污染物蔓延扩散、现场消毒、调水、强化自来水处理和紧急供应瓶装水等措施应对,千方百计减轻灾害损失。灾后要总结经验教训,采取严格的措施消除可能的污染源。

4.3.4 水环境灾害的综合防治

水污染综合防治是综合运用各种措施以防治水体污染的措施。防治措施涉及工程的与非工程的两类。防治水环境污染必须从源头抓起,有针对性地采取预防和控制措施。

1. 加强水污染防治法制建设

为防治水污染,保护和改善环境,保障饮用水安全,促进经济社会全面协调可持续发展，我国于2008年2月28日通过了修订的《中华人民共和国水污染防治法》。明确提出水污染防治应当坚持预防为主、防治结合、综合治理的原则，优先保护饮用水水源，严格控制工业污染、城镇生活污染，防治农业面源污染，积极推进生态治理工程建设，预防、控制和减少水环境污染和生态破坏。

水环境质量标准是为控制和消除污染物对水质的影响，根据水环境总目标和近期目标而提出，是水质标准的主体和准绳，也是制定污染物排放标准的依据，是以卫生基准和生物基准为基础，考虑社会的经济、技术、环境现状等因素，规定的污染物容许含量。主要包括《地表水环境质量标准》(GB 3838-2012)、《海水水质标准》(GB 3097-1997)、《地下水质量标准》(GB/T 14848-93)、《农田灌溉水质标准》(GB 5084-2005)、《渔业水质标准》(GB 11607-89)和《生活饮用水卫生标准》(GB 5749-2006)等。

水污染物排放标准是根据水环境质量要求结合水环境特点和社会经济技术条件，对污染源排入水环境的有害物质所作的控制规定，一般以允许浓度或数量表示。主要有《污水综合排放标准》(GB8978-1996)和一系列行业排放标准。

为保证水环境质量标准和水污染排放标准的执行，国家还陆续颁布了对水环境和废水中污染物的标准分析方法，以保证数据的可比性和准确性。

2. 水污染的综合防治措施

减少废水和污染物排放量，包括节约生产废水，规定用水定额，改善生产工艺和管理制度、提高废水的重复利用率，采用无污染或少污染的新工艺，制定物料定额等。对缺水的城市和工矿区，发展区域性循环用水、废水再用系统等。严格执行达标排放，对于超标排放和偷排行为依法严惩。

发展区域性水污染防治系统，制定城市水污染防治规划和流域水污染防治管理规划，实行水污染物排放总量控制制度，发展污水适当处理后用于灌溉农田和回用于工业。

随着工业布局、城市布局的调整和城市下水道管网的建设与完善，可逐步实现城市污水的集中处理，使城市污水处理与工业废水治理结合起来。发展效率高、能耗低的污水处理等技术来治理污水。

调整产业结构，关、停、并、转高耗水、污染重、治污代价高的企业。

控制农业面源污染。推广测土施肥、配方施肥和缓释化肥，推广低毒高效农药和生物农药，改进施肥和施药方法，减少化肥与农药的流失。合理规划畜禽养殖场布局，严禁畜禽粪便向环境和水体排放，推广畜禽粪便加工成有机肥定额还田。

3. 污染水体的修复

已受污染水体要通过物理、化学和生物处理技术和生态法进行修复。

物理修复包括吸附法、重力法、离心法和引力法。在水资源丰富的地区可引进河水稀释；疏挖底泥、机械除藻、引水冲淤等常用于富营养化水体。化学修复包括凝絮法、提取法、氧化法、离子交换法和沉淀法,地下水有机污染的修复常用有机黏土加表面活性剂以增加疏水性有机物的溶解度。生物修复法最常用,成本较低廉。如重金属污染水体利用水浮莲、印度葵、香蒲、芦苇吸收积累重金属离子。微生物修复是人工驯化、培养适合于降解某种污染物的微生物,通过控制室和微生物生长的环境以稳定和加速污染物的降解。近年来生物膜修复技术也得到广泛应用。

最常见的生态修复法是氧化塘,以太阳能为初始能源,通过在塘中种植水生作物,进行水产和水禽养殖,形成人工生态系统。通过多条食物链的物质迁移、转化和能量逐级传递、转化,降解和转化入塘污水中的有机污染物,水产品可作为产品回收,净化的污水作为再生水资源回收再用。

4.4 固体废弃物污染及治理

4.4.1 固体废弃物的性质

固体废弃物(solid waste)是指由生产、流通、消费等活动产生,一般不再具有原使用价值而被丢弃,或提取目的组分后剩余的固态物质。

固体废物具有无主性、分散性、危害性和错位性等特征,其危害具有迟缓性,有些固体废弃物经回收加工还可以变成有用的资源。

固体废物对环境的危害与其性质和数量有关。其物理性质包括组分、色、臭、温度、含水率、孔隙率、渗透性、粒度、密度、灰分熔点、磁性、电性、光电性、摩擦性与弹性等。化学性质包括元素组成、重金属含量、pH、植物养分、污染有机物含量、碳氮比(C/N)、生化需氧量与化学需氧量之比值(BOD_5/COD)、垃圾中生物呼吸所需的耗氧量 DO、热值、闪点与燃点、挥发分、灰分和固定碳、表面润湿性等。生物化学性质包括病毒、细菌、原生及后生动物、寄生虫卵等生物性污染物质的组成、有机组分的生物可降解性等。

4.4.2 固体废弃物污染源

固体废弃物有生产和生活两个来源。古代社会的固体废弃物主要有人畜粪便和动植物残渣。工业革命以来固体废弃物的数量和种类都空前增加,估计目前全球每年产生的固体废弃物在 100×10^8 t 以上,大多数国家的固体废物排出量以 2‰~4‰ 的速度增长。

固体废弃物按照组成可分为有机废弃物和无机废弃物,按照形态分为固体和泥状两类,按照来源可分为工业废弃物、矿业废弃物、城市垃圾、农业废弃物和放射性废弃物等,按照危害状况可分为有害废弃物和一般废弃物。

工业固体废物是工业生产和加工过程产生的废渣、煤灰、粉尘、碎屑、污泥、煤矸石、采矿废石和尾矿、废酸、废碱、动植物产品加工残渣及其他废物。化学工业与核工业产生的有害固体废弃物往往具有毒性、易燃性、反应性、腐蚀性、爆炸性、传染性和放射性，约占一般固体废物总量的 1.5%～2.0%，对环境和人体健康的危害极大。

农业固体废弃物为农林牧副渔各项生产活动中的丢弃物，主要有秸秆、枯枝落叶、残膜、动物尸体、畜禽粪便、木屑以及农畜产品初加工的残渣。

生活固体废弃物包括居民生活、商业活动、市政建设与办公活动产生的固体废物，主要包括厨余、废纸、塑料、纤维、竹木、玻璃、金属类、砖石渣土、煤灰等。医院的固体废弃物往往含有细菌和病毒。

2013 年全国工业固体废物产生量 32.77×10^8 t，综合利用率为 62.3%。全国设市城市生活垃圾清运量 1.73×10^8 t，无害化处理率为 89.0%。不少城市的周边已形成垃圾包围圈，一些无害化处理率低，依赖简单填埋处理的城市已经几乎无地可埋。

4.4.3 固体废弃物污染灾害

固体废弃物污染灾害是指固体废弃物排入环境后对环境造成的重大危害。由于废弃物污染的潜伏期很长，短时间内不一定直接伤害人体；但长期积累后发生质变，仍有可能突发成灾，造成重大危害与经济损失。

未经处理的固体废弃物含大量有害物质，通过淋溶、径流、渗滤等作用污染水体与土壤；粉粒状垃圾可随风飞扬，垃圾焚烧时散发大量有毒有害气体和恶臭，垃圾堆积和填埋占用大量土地，在山区还可能诱发滑坡与泥石流，在填埋场还可能发生火灾与爆炸。生活垃圾含有大量细菌、霉菌和病毒，人畜不慎接触后可诱发疾病。

固体废物如不加利用，每堆积 1×10^4 t 废渣要占地 1 亩。一些城郊地区已成为城市生活垃圾及工业废渣的堆放地，住建部调查 2013 年全国有 1/3 的城市被垃圾包围，全国城市垃圾堆存累计侵占土地 75 万亩。环保部承认全国 4 万个乡镇、近 60 万个行政村的大部分没有环保基础设施，每年产生生活垃圾 2.8×10^8 t，不少地方还处于"垃圾靠风刮，污水靠蒸发"状态。[11]

固体废弃物的有害组分通过淋洗和渗滤进入土壤并改变其性质和结构，能杀灭土壤中的有益微生物，使土壤丧失腐解能力。尤其是矿山废弃物对农田的破坏最为严重，煤矸石自燃呛人烟味严重影响周围居民和农作物。

垃圾填埋场产生的大量填埋气体，主要成分为 CH_4 和 CO_2，具有温室效应；并含有微量的 H_2S、NH_3 及某些有毒金属，会造成严重的大气污染。焚烧处理如缺乏空气净化装置排出粉尘污染大气，产生的二噁英还是强致癌物质。

固体废弃物随降水和地表径流或随风飘落河流湖泊而污染水体，或渗滤进入土壤使地下水污染。不少垃圾含有毒有害物质及病原体，除通过水、气的媒介外还通过生物传播。1988 年上海"甲肝"流行，就是由未经处理的粪便排放近海水域造成的。

固体废物中含有一些易燃易爆物质,同时垃圾中有机物厌氧分解过程中释放大量甲烷气体,由此可能诱发火灾与爆炸。1994年7月,上海一条120 t的垃圾船因可燃气体遇明火发生爆炸;1994年12月,重庆市一垃圾场发生火灾爆炸;1995年北京市昌平区阳坊镇因垃圾场发酵形成沼气,连续发生多起爆炸,遇明火即燃,致使多人受伤。

长期将生活垃圾作为肥料施入土壤,将使石砾和砂砾组分上升,保水、保肥能力下降,土壤和农产品重金属含量和病原体增加。

4.4.4 固体废弃物污染的综合治理

1. 基本方针

首先要树立循环经济的理念,贯彻"资源化、无害化和减量化"的控制固体废弃物污染的技术政策,以减量化为前提、无害化为先导、资源化为目的开展综合治理。

减量化是通过技术进步和工艺革新,尽量减少生产过程的固体废弃物排放。已经排放的固体废弃物要采用堆肥、焚烧等处理减少数量或体积。

无害化处理是将固体废弃物通过工程处理,达到不危害人体健康,不污染周围环境。具体处理方法要根据固体废弃物类型、特点及处理成本择优选用。

资源化是采用工艺措施从固体废物中回收有用的物质和能源进行再利用。

2. 工业与城市固体废弃物的综合治理

在改造老旧设备、革新工艺、降低能耗、提高原料利用率的基础上,减少固体废弃物的排放量,实现"清洁生产"。

严格遵守国家制定的固体废弃物排放标准,严谨超标排放和偷排。

分拣金属、玻璃、塑料、废纸等回收利用,剩余部分高温堆肥转化为有机肥或焚烧发电。

3. 生活垃圾的综合治理

生活垃圾科学分类是实现固体废弃物减量化、资源化、无害化和选用合理处理方法的前提。城市生活垃圾通常按分为可回收与不可回收两类,分别装箱或装袋,有些发达国家还将金属、塑料、玻璃等单独列出。对于有害垃圾要专门存放、装运和处理。农村可将生活垃圾中的残菜剩饭、果皮菜叶、秸秆和农产品初加工剩余物直接堆肥施入农田。废金属、废塑料、废橡胶、报纸旧书等不必扔进垃圾桶,可在家中分类捆扎后,联系收购人员上门回收。

随着生活水平的提高,农村生活垃圾除有机垃圾可用作堆肥外,无机垃圾的数量迅速增加,以村为单位的垃圾处理成本过高,在建设社会主义新农村的过程中可采取"村收集,乡镇运输,县区处理"的模式。

4. 选用适宜的处理方式

发达国家对不可回收利用的垃圾主要采取焚烧处理,除发电和供热外,残渣还可用来制作建筑材料。我国城市垃圾采用焚烧处理的比例也在逐年扩大。在缺乏焚烧条件的地区主要采取填埋方式。首先要合理选址并做好防渗处理,堆填到一定厚度要加覆盖材料,使填埋垃圾不对地下水、地表水、土地、空气及周围环境造成污染。对填埋场的渗出液要进行收集和处理,对产生的沼气收集利用。在运行过程中要严格检测,封场后应对填埋场土地恢复利用。如北京市园艺博览会就建在恢复利用的填埋场上。

4.5　农业废弃物污染及治理

除化肥和农药污染水体和大气外,农业生产过程中还存在废弃秸秆、畜禽粪便和残留地膜等固体废弃物污染问题。

4.5.1　畜禽粪便污染

1. 畜禽粪便污染现状及危害

随着畜牧业的高速发展,畜牧养殖场粪便污染(animal manure pollution)问题日益突出。如北京市环保局在 20 世纪 90 年代后期调查全市畜禽粪便年排放总量(600～700)$\times 10^4$ t,加上人粪尿按 BOD 计相当于 5000 万人口的排泄物,远远超出城市环境容量。2003 年全国畜禽粪便产出量为 31.9×10^8 t,为当年工业固体废弃物的 3 倍以上。[12]其中绝大部分仍未经处理直接排放环境、水体或在畜禽场内堆积,已成为地下水有机污染和水体富营养化的重要成因。由于粪便恶臭,数量大且集中长期堆积,粪便在嫌气条件下生成硫化氢、二甲硫等产生恶臭,沙门氏菌和大肠杆菌密度比正常空气中高出一倍,未经充分腐熟的粪肥施用后还可能带有寄生虫和病菌,成为许多疾病的传染源。

2. 大中型畜禽场的粪便无害化资源化处理

(1) 生物工程制沼气。这是最安全的综合利用途径,沼气可作燃料,沼渣可作肥料,但大型沼气发酵设备成本较高,北方冬季产气率低。

(2) 氧化塘处理多层综合利用生物工程。适合水冲式粪便收集系统,采用四级处理,先在水面繁殖水葫芦与细绿萍,分别吸收氮和磷钾,达到渔业水质标准后放养鱼蚌,最后达到灌溉水质标准用于农田。

(3) 饲料化。干鸡粪含粗蛋白 20% 且氨基酸较完全,采用高压烘干、微波、热喷等技术除臭脱水制成颗粒饲料,但成本较高。

(4) 堆沤有机肥。对于小型畜禽场最为简便廉价。

（5）合理布局，控制城郊大型畜牧场的数量和规模，减轻环境压力。发达国家普遍立法，畜牧场粪便以施入农田作有机肥为主，对单位面积农田厩肥使用量和时间严格规定。

4.5.2　焚烧废弃秸秆污染

1. 焚烧秸秆的危害

我国年秸秆产出 6×10^8 t 以上，实行复种的地区农时紧张，在有化石能源的地区，农民为省工往往在收获后将秸秆一烧了之，造成严重的空气污染，甚至导致高速公路机场被迫封闭，有时甚至还酿成火灾。2014 年 6 月 13 日，武汉 9 个空气质量监测点 PM2.5 一度超过 500 μg/m³，个别点一度高达 895 μg/m³，经调查主要是周边各省小麦收获后焚烧秸秆所致。

2. 治理秸秆焚烧污染的对策

目前全国不少城市已明令禁烧秸秆，但在边远农村仍很普遍。其实秸秆还是一种宝贵的资源，治理秸秆焚烧污染（straw burning pollution），关键是找到简便可行的利用方式。

① 通过化学处理、酶发酵或青贮将秸秆加工成饲料，尤以玉米秸秆上部营养价值较高。

② 推广作物秸秆机械粉碎就地还田。

③ 秸秆切碎后作为食用菌的培养基。

④ 与粪便混合发酵生产沼气或推广秸秆气化炉作为农村燃料。

⑤ 利用秸秆造纸、生产淀粉等。

4.5.3　地膜残留污染

1. 地膜残留的危害

地膜技术是 1979 年从日本引进我国的，平均增产 30%。截至 2011 年，用量已达 125.5 $\times 10^4$ t，覆盖面积 0.2 $\times 10^8$ hm²。测算未来 10 年将以每年 10% 的速度增加，可达 0.33 $\times 10^8$ hm²，用量 200 $\times 10^4$ t 以上。与此同时，地膜残留污染（pollution of waste plastic sheet）也日益突出，已成为严重的"白色污染"。由于地膜是高分子聚乙烯化合物及其树脂制成，不易腐烂，难以降解，自然状态下残膜在土壤中能存留百年以上，不仅影响土壤特性，降低土壤肥力，还阻碍根系生长，造成水分养分运移不畅，在局部地区还会引起次生盐碱化。北京市调查残留量如达每亩 3～4 kg 可使蔬菜减产 1.8%～10.4%。牲畜误食地膜造成肠梗阻的事故也时有发生。残留地膜还会缓慢释放有害物质。超薄地膜更容易破碎，难以回收。

2. 地膜污染的防治

发达国家普遍禁止使用超薄地膜，推广可降解地膜。由于成本较高和保温保墒性能降低，目前我国可降解地膜推广面积还不大。需要改进工艺，降低成本，同时采取生态补偿政策，即适当提高普通地膜的价格，降低可降解地膜的价格，以鼓励农民使用。鼓励农民回收，组织有关部门合理收购生产再生塑料制品。

4.5.4 化肥污染

1. 化肥污染的危害

目前我国化肥用量5000多万吨，占世界总量30％以上，但利用率仅35％。灌溉和降雨都能造成硝态氮的淋溶损失，砂土地淋失可达70％，黄土为65％，淤泥为45％。化肥污染（pollution of chemical fertilizer）主要表现在过量氮素进入地下水形成污染。如饮用含硝酸盐较多的地下水后，会因血红素的携氧能力受影响而诱发紫绀症，硝酸盐的再生物亚硝胺有致癌作用。氮肥污染的农产品可对人体造成危害，世界卫生组织规定饮用水硝酸盐不应超过 45 mg/L，我国规定饮用水含氮不得超过 20×10^{-6} mg/L。过量使用化肥（尤其是磷肥）还使水体富营养化，引起藻类大量繁殖，溶解氧减少，影响鱼类生存。[13]在许多地区，化肥流失已成为水体和地下水富营养化的主要污染源，如太湖 40％～60％的氮、磷来自化肥使用。

2. 化肥污染的防治

① 改进施肥方法，推广配方施肥和测土施肥，提倡深施覆土。
② 改良土壤，增加土壤有机质以提高对养分的吸附能力，减少水土流失。
③ 改进肥料品种，采用大粒、包膜、使用硝化抑制剂等技术制成缓释长效化肥。
④ 合理施肥，避免一次过量施用造成浪费和淋失。
⑤ 改进栽培管理，吸肥多的蔬菜在收获前施钼酸铵、硫酸镁等硝化抑制剂。

4.5.5 农药残留污染

1. 农药残留污染的危害

我国每年农药用量超过 140×10^4 t，单位面积耕地用量世界平均的 3 倍。农药的过量使用和大量残留造成了严重的后果。农药残留污染（pollution of pesticide residual）的危害主要有：

① 滥用农药造成人畜中毒。1980—1983 年平均每年有 20 万人中毒，2～3 万人致死。以后虽然有所减少，仍是农村非正常死亡最常见的原因之一。
② 长时期使用单一农药使有害生物的抗药性增强，还经常杀伤害虫的天敌。
③ 过量和频繁使用农药使生产成本上升，尤其是小规模经营分散防治远比集中统一

防治的用药多效果差,成本不堪承受。

尽管我国在20世纪80年代初就已停止生产有机氯农药,但有些地区仍使用库存农药,估计全国有机氯污染农田1.3亿亩。农产品农药残留超标严重影响人畜健康和农产品的出口。过量使用农药还是农作物发生药害,导致减产。

2. 影响农药残留污染的因素

农药残留污染的严重程度与农药性质、使用方法、作物特性及作业时的环境条件有关。

1) 农药性质

挥发性强,易受光、热、氧化和植物体内酶的作用分解的农药残留较低。有机氯农药不易降解,残留高于有机磷农药,更高于植物性农药。在有机磷农药中,内吸性农药的残留期长,残留量高。粉剂易被风吹雨淋,可湿性粉剂和乳剂附着力强残留量也大。有机磷杀虫剂虽易分解,但对人畜的毒性更强,尤其是已禁止使用的剧毒有机磷农药。有些杀菌剂虽然短期内毒性不强,但含重金属,长期接触在体内积累的后果十分严重。

2) 使用方法

非内吸性农药喷雾比喷粉、毒土、泼浇的残留量多,内吸性农药以拌种、涂茎和包扎的残留较多。农药残留量与用量及次数成正相关,并随时间呈指数关系递减。农药管理部门据此规定了不同农药末次施用到农产品采收的安全间隔期,违法提前采收的农产品残留量通常会严重超标。

3) 作物特性

不同作物对农药的分解速度有一定差异。每一种农药在种作物上分解一半所需时间称为半衰期,此期间越短残留量就越少。表面积大、粗糙多毛多折皱的作物,农药的附着多,残留量大。生长速度快的残留量下降也快。

4) 环境因素

高温和强光可促使农药分解,高湿促进农药溶解,降雨可冲刷淋洗,风能加剧农药挥发扩散。农产品则在通风良好时贮藏时间越长残留越少。但高温和刮风天气对喷药作业人员的健康不利。

3. 农药污染的防治对策

1) 加强农药管理

农业部、化工部、卫生部先后制定一系列农药安全管理条例、农药安全使用标准、农药禁用和限用范围、农药食品允许残留量标准、人体每日允许摄入量、农药安全间隔期等,必须认真宣传,严格执法,特别是要依法惩办伪劣农药生产和销售者。农产品销售实行条形码制度和农超对接,可以对污染源进行追溯和提高产地的诚信度。

2) 适时适量用药

根据对有害生物发生期和数量的预报,选择关键时机防治以节省用药。

3）采取避毒措施

规定一定时期内不种吸收剧毒农药残留高的作物，改种水生或非食用作物。

4）使用高效、低毒、易分解和少污染的农药

我国已生产出低毒有机磷农药、植物制剂农药、性诱剂、生物农药等。中国农科院生产的解抗灵等添加剂可提高有机磷农药对害虫的渗透性，在浓度降低一半时药效还能提高。

5）改进使用方法

推广超低量喷雾，喷头加防护罩可只喷植株而不污染土壤和空气。

6）提倡综合防治

采取物理、农业、生物等方法形成不利于有害生物的局部生境。利用天敌，合理灌溉施肥，提高植株抗性，培育抗病虫品种，加强检疫，防止境外病虫草害传入，不必事事打药。

7）通过农产品加工排除或减少农产品的农药残留

残留产品表面的农药可风吹或淋洗排除，用洗洁精水溶液清洗蔬菜、水果可除去99.8%的残留农药，小麦和糙米的残留农药主要集中在麦麸和谷糠中，经加工后可除去大部分。

4.6　物理污染及治理

物理污染（physical pollution）是指由放射性辐射、电磁辐射、噪声、噪光等物理因素引起的环境污染。

4.6.1　噪声污染

噪声（noise）指影响人们正常学习，工作和休息的声音。

噪声污染是由噪声源产生，再通过传播介质对人产生影响的噪声。

噪声破坏了自然界的宁静，损伤听力，影响生活和工作。强噪声还能损害建筑物，甚至导致生物死亡。被认为是仅次于大气污染和水污染的第三大公害。

长期接触噪声能引起高血压和局部缺血性心脏病，影响阅读能力、分散注意力、降低工作效率和记忆力，诱发生产事故。通常认为30～40 dB是理想的安静环境。70 dB会影响谈话；长期生活在90 dB以上环境，听力受到严重影响并出现神经衰弱、头疼、高血压等；突然暴露在150 dB噪声中，轻者鼓膜破裂出血，双耳失去听力，重者引发心脏共振，导致死亡。

噪声分为交通噪声、工业噪声和社会生活噪声三大类。

许多国家都通过立法颁布了噪声控制标准，如工厂、工地不应超过85～90 dB。居

住区白天不应超过 50 dB,夜间不应超过 40 dB。中国环境保护部于 2008 年 9 月公布了《社会生活环境噪声排放标准》(GB22337-2008),同时修订发布了《工业企业厂界环境噪声排放标准》(GB12348-2008)和《声环境质量标准》(GB3096-2008)。对不同功能区和不同建筑物类型的工业噪声排放限值分别做出了规定。对违禁排放噪声的要依法进行处置。

控制工业噪声和交通噪声,一是控制噪声发出的强度,可通过改进结构,提高部件加工精度和装配质量,采用合理操作方法等来降低声源的噪声发射功率。二是采用吸声、隔声、减振、隔振等技术及安装消声器等控制噪声的辐射。北京市禁止居民区附近的建筑工地在夜间施工。在经过学校和医院等敏感单位时,不允许汽车鸣笛。

控制噪声传播要求城市建设按照不同功能区合理规划,使居住区远离噪声源。车流量大且人口密集的交通干道两侧建立隔声屏障或利用土坡、山丘、行道树等天然屏障以及其他隔声材料和结构阻挡噪声传播。建筑物应用吸声材料和结构可将噪声声能转变为物体内能。

控制社会生活噪声要求居民自律,遵守社会公德。喜好广场舞的群体要选择适当的场所和时间,避免影响他人工作和休息。在噪声源周围多种树可明显减轻其强度。

个人防护要减少在噪声环境中的暴露时间,在噪声环境中的作业人员应佩带护耳器。

4.6.2 放射性污染

放射性污染(radioactive pollution)指人工辐射源造成的污染。除核试验外,核电站等生产和使用放射性物质的企业排出的废料,医疗、工业、科研机构使用的 X 射线源及放射性物质镭、钴、发光涂料、电视机显像管等,都会产生一定的放射性污染。

放射性物质进入大气后,人体皮肤会受到外照射,吸入有放射性的气体会使器官受到内照射,沉积地面的放射性尘埃可放出 γ 射线的外照射或通过食物链进入体内产生内照射。核企业排放废水及冲刷用水易造成附近水体的放射性污染,日本福岛核电站爆炸引起的核泄漏严重污染了周边海域。放射性物质还可以通过多种途径污染土壤。

放射性污染的防治首先要控制放射性物质的来源,严防核泄漏。核电站与其他核企业选址应在人口稀少和地震、地质灾害和海洋灾害强度较低的地区,核废料要采取严密的封存技术。工艺流程要尽量减少核废料的产生量和运行安全。在核企业周围和可能遭受放射性污染的地区要建立监测机构和预警机制。医疗单位要避免不必要或过多的 X 光照射和 CT 扫描,尤其是对儿童。医疗、食品消毒、育种和科研使用过的核废料要进行最终处置和永久封存。在放射性环境中的工作人员要穿着、佩戴严密的防护服并定期检查身体。

4.6.3 光污染

光污染（light pollution）指过量的光辐射对人类生活和生产环境造成不良影响，包括可见光、红外线和紫外线。

最常见的可见光污染是眩光，如汽车夜间行驶照明用的车头灯会使人的视觉瞬间下降，引发交通事故。核爆炸产生的强闪光可使几千米范围内的人眼受到伤害。长期在强光下工作会因强光刺激使眼睛受损。城市高大建筑的玻璃幕墙产生很强的镜面反射使人头昏目眩。在长期积雪地区活动易患雪盲。

城市的人工白昼不但影响人的正常工作和休息，而且破坏夜间活动昆虫的正常繁殖过程和鸟类的活动，破坏植物体内的生物节律，影响花芽的形成和休眠。

较强的红外线可造成皮肤伤害和眼角膜烧伤，长期暴露在红外线下可引起白内障。

适度接受长波紫外线（UVA，波长 320～400 nm）照射有益健康，但过度照射可能损害人体免疫系统，中波紫外线（UVB，波长 280～320 nm）照射可导致多种皮肤损害，甚至诱发皮肤癌。短波紫外线（UVC，波长 200～280 nm）对生物的杀伤和致癌作用强烈，因被臭氧层吸收，一般不能到达地面。但在高海拔山区和出现明显臭氧层空洞的地区需要特别防范。

预防光污染要做到以下几点：加强对城市建筑物玻璃幕墙和其他反光系数大的装饰材料管理，减少光污染源。处于强光环境下工作的人员要戴防护眼镜和面罩。在高海拔地区或在夏季烈日暴晒环境下要减少皮肤的暴露，在暴露部分可涂抹防晒霜。

4.6.4 电磁污染

电磁污染（electromagnetic pollution）指天然和人为的各种电磁波干扰及有害的电磁辐射。

电场和磁场的交互变化产生电磁波，过量的电磁辐射可造成电磁污染。现代科学技术的发展和高新技术的广泛应用使得地球上的电磁辐射大量增加，已经严重危害人体健康。

影响人类生活的电磁污染源分为自然和人为两大类。自然电磁污染主要由雷电产生，除雷击造成的直接损害外，还在较大范围产生电磁干扰。地震与太阳黑子、耀斑、宇宙线等引起的磁暴也会产生对通信的电磁干扰。

人为电磁波污染主要有切断电路时的脉冲放电、大功率电机变压器及输电线附近电磁场、无线电广播、电视、微波通信等各种射频设备的辐射，后者由于频率范围广，影响区域大，已成为主要的电磁污染。

当电磁波频率超过 10 万赫［兹］（Hz）时就会对人体构成潜在威胁。长期暴露于超量辐射会大面积杀伤人体细胞。电磁波还会影响和破坏人体的生物电和磁场,干扰人体的生物钟。一般家用电器和高压电缆产生的电磁场频率很低,不会给人体造成大的伤害,但如过分靠近电视机或计算机辐射较强的背部,可对人体造成一定的伤害。世界卫生组织的一个研究机构 2011 年提出频繁使用手机可增加患脑癌的风险,但也有研究对此否认。

防护电磁波污染要注意与电器保持适当距离。如与电视机的距离应为视屏宽乘以6,与微波炉的距离应为 2.5~3 m,不要靠近高压输电线和变压器。经常使用电脑的人,每工作一小时应休息一刻钟。孕妇、儿童和体弱多病者要避免长时间处于电磁波污染超标环境。不要过分频繁使用手机,插上耳机可显著减少电磁辐射。电热毯的电磁波污染较严重,必须使用时,烘暖卧具后即切断电源,不要开着电热毯钻被窝儿。电磁辐射强的设备外围要设置由金属或高分子膜形成的屏蔽物。

练习题

1. 调查你所在地区有哪些主要的污染现象并提出治理的基本对策。
2. 测定住宅附近的水体和饮用水的成分,是否存在污染物超标?

思考题

1. 环境灾害有哪些主要类型?
2. 怎样减轻 PM 2.5 微粒空气污染对人体健康的危害?
3. 怎样防治水环境污染?
4. 农业污染源有哪些,怎样防治农业污染?

主要参考文献

[1] 孙平,华新,柏益尧,左玉辉,等. 人与环境和谐原理. 北京:科学出版社,2010.

[2] 张丽萍,等. 环境灾害学. 北京:科学出版社,2008.

[3] 李文华,等. 环境与发展. 北京:科学技术文献出版社,1994.

[4] 杨新兴,冯丽华,尉鹏. 大气颗粒物 PM 2.5 及其危害. 前沿科学,2012,6(21):22—31.

[5] 秦瑜,赵春生. 大气化学. 北京:气象出版社,2003:96.

[6] 程念亮,李云婷,孟凡,等. 我国 PM 2.5 污染现状及来源解析研究. 安徽农业科学,2014,42(15):4721—4724.

[7] 郝吉明,等. 大气污染控制工程(第二版). 北京:高等教育出版社,2009:13.

[8] 夏立江. 环境化学. 北京:中国环境科学出版社,2003.

[9] 环境保护部. 2013 年中国环境状况公报，2014-05-25.

[10] 中国 6 年发 15 起重大水污染事故 暴监管惩处漏洞. 南方日报，http://news. sohu. com/
20110819/n316763188. shtml 2011-08-19.

[11] 中国超 1/3 城市遭垃圾围城 垃圾堆占地 75 万亩. 中国青年报，2013-07-19.

[12] 王方浩，马文奇，窦争霞，等. 中国畜禽粪便产生量估算及环境效应. 中国环境科学，2006，26
(5)：614—617.

[13] 郑大玮，张波. 农业灾害学. 北京：中国农业出版社，1999.

第五章

灾害各论（三）：生产安全事故

❯

学习目的： 了解各类生产安全事故的发生特点及减灾对策。

主要内容： 安全生产原理与安全管理、交通事故、矿山事故、建筑事故、火灾和城市生命线系统事故的特点与防控对策。

5.1 生产安全事故与安全生产概述

生产安全事故，是指生产经营单位在生产经营活动中发生的造成人身伤亡或者直接经济损失的事故。

5.1.1 生产安全事故的现状及危害

生产安全事故（production safety accident）是发生数量最大最频繁的人为灾害。除

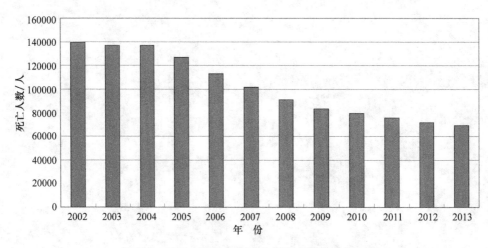

图 5.1　2002—2013 年全国生产安全事故死亡人数

造成人员伤亡和财产损失外,还造成生产和经营活动暂时或永久终止,并造成产业链下游企业的经济损失。有些事故还可造成严重的生态环境损失和恶劣社会影响。近年来,虽然国家颁布了《安全生产法》和一系列安全生产相关法规,生产事故和伤亡人数逐年下降,但仍很突出。根据历年统计公报,每年发生的生产安全事故达几十万起,死亡数万到十几万人。其中道路交通事故死亡人数约占事故死亡总数的80%。矿业事故的伤亡人数仅次于道路交通事故,近年来也显著下降(图5.1)。

5.1.2　生产安全事故的分类

1) 按照危害性质分类

可分为伤亡事故,设备安全事故,质量安全事故,环境污染事故,职业危害事故,其他安全事故等。

2) 按照行业分类

可分为建筑工程事故,交通事故,工业事故,农业事故,林业事故,渔业事故,商贸服务业事故,教育安全事故,医药卫生安全事故,食品安全事故,电力安全事故,矿业安全事故,信息安全事故,核安全事故等。

3) 按照严重程度分类

根据国务院2007年4月9日公布的《生产安全事故报告和调查处理条例》,分为四个等级(表5.1):

表 5.1　生产安全事故等级划分

等级划分	死亡人数	或重伤人数 *	或直接经济损失
特别重大事故	30 人以上	100 人以上	1 亿元以上
重大事故	10～30 人	50～100 人	5000 万～1 亿元
较大事故	3～10 人	10～50 人	1000 万～5000 万元
一般事故	3 人以下	10 人以下	1000 万元以下

(＊包括急性工业中毒)

4) 按照伤害类型分类

可分为 20 种:物体打击、车辆伤害、机械伤害、起重伤害、触电、淹溺、灼烫、火灾、高处坠落、坍塌、冒顶片帮、透水、放炮、火药爆炸、瓦斯爆炸、锅炉爆炸、容器爆炸、其他爆炸、中毒和窒息、其他伤害。酸碱腐蚀和核辐射等都可列入其他伤害。

5.1.3　生产安全事故发生的原因

生产安全事故的发生是由以下四个因素引起的:人的不安全行为、不安全的环境条件、物的不安全状态、管理缺陷(图 5.2)。

(1) 人的不安全因素。通常占主要地位,如不遵守操作规程和劳动纪律、技术素质差、麻痹大意、疲劳或体弱、心理脆弱等。

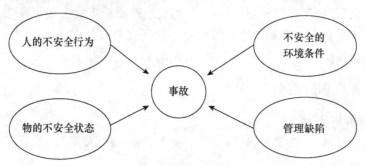

图 5.2　引发生产安全事故的基本因素

(2) 物的不安全状态。包括材料强度不够,设备结构不良或磨损老化、年久失修,缺乏防护设施,物品堆放不当等。

(3) 不安全的环境条件。包括露天作业时遇风、雹、冰雪、雷电、高温、寒潮、地震、滑坡等自然灾害和室内作业时的照明不足,场地狭窄,粉尘或噪声污染,危险物品放置不当等。

(4) 管理缺陷。包括缺乏安全监督管理责任制,安全操作规程不完善,缺乏作业过程的监控和职工的安全培训。

四种因素如同时存在,生产安全事故的发生是不可避免的,但具体在何时、何地发生则有一定的随机性,有时还需要有一定的触发因素。单一因素如效应很强也有可能引发事故,如强烈地震会引发山区的滑坡和泥石流,阻断交通。领导的错误决策可以人为造成或加重伤亡,如1969年7月28日第3号超强台风在广东汕头登陆,牛田洋农场的领导让战士和大学生组成人墙来保护海堤,被巨浪瞬间冲走,大部分淹死。

5.1.4　生产安全事故的特点

(1) 因果性。环境系统与人、物的不安全因素相互作用,在一定条件下发生突变,从简单的不安全行为酿成安全事故。

(2) 偶然性。事故发生的时间、地点、形式、规模与后果不确定。

(3) 必然性。危险因素大量存在时迟早会发生事故。如不消除隐患,仅采取防范措施只能延长事故发生的时间间隔和减小发生概率,而不可能完全杜绝事故的发生。

(4) 潜伏性。事故发生前,危险因素有一个量变过程。在事故突发之前人们容易麻痹。

(5) 突变性。生产安全事故一旦发生往往十分突然,来不及采取应对措施,必须实现编制预案和储备必要的抢险和救援物质与设备。

生产安全事故伤害的一般机理如图5.3所示。图5.3中起因物是指导致事故发生的物体或物质，致害物是指直接引起伤害及中毒的物体或物质，不安全状态是指能导致事故发生的物质条件，不安全行为是指能造成事故的人为错误。

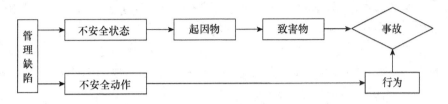

图5.3　事故伤害的一般机理

5.1.5　安全评价

安全评价（safety evaluation）也称风险评价或危险评价，是以实现工程、系统安全为目的，应用安全系统工程原理和方法，对工程、系统存在的危险和有害因素进行辨识与分析，判断发生事故和职业危害的可能性及严重程度，从而为制定防范措施和管理决策提供科学依据。

按照评价的时间和目的，安全评价可分为安全预评价、安全验收评价、安全现状评价和专项安全评价。评价内容包括危险与有害因素的辨识，项目设计、建设规划、竣工项目或生产经营活动是否符合安全生产法律法规、规章、标准、规范的要求，工程或生产运行状况及安全管理状况，预测事故发生可能性及严重程度，提出科学、合理、可行的安全对策建议。

常用的安全评价方法有安全检查表法、预先危险分析法、事故树分析法、事件树分析法、作业条件危险性评价、故障类型和影响分析法、火灾/爆炸危险指数评价法、风险矩阵法、人的可靠性分析、危险指数方法等。

图5.4为煤气中毒的事件树：

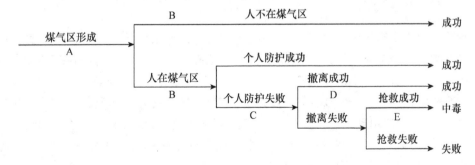

图5.4　煤气中毒事件树分析图

5.1.6　安全生产管理系统

安全生产管理(safety production management)是复杂的系统工程[1]。尽管生产事故的发生有多种因素,但决定的因素是人。人的不安全行为是酿成事故的首要因素,科学有序的安全管理则是预防和减轻事故危害的根本出路。

安全生产管理涉及方方面面,主要有安全生产规划及目标、安全岗位职责、安全设施及安全技术、安全与环境评价、风险分析与隐患盘查、安全预防措施、生产安全事故应急处置、安全管理人员素质培养等(图 5.5)。

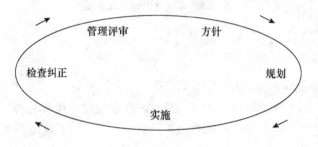

图 5.5　安全生产管理体系

安全生产管理是一个动态的过程,旧的危险因素排除了,又会产生新的危险因素。在确定建设项目或生产经营活动的方针后,要制定工程或生产经营的规划,其中必须包括安全的目标和要求。在实施过程中可能存在风险或文献因素,要及时检查纠正。一项工程或生产经营活动告一段落后,要对安全管理工作进行评审,对原有的项目建设或生产经营方针进行调整。企业或管理部门的安全管理水平在这种循环往复中不断得到提高。

5.1.7　安全科学方法

预防和控制生产安全事故,需要安全科学的指导。安全科学是人类在生产和生活中为避免和控制由人为或自然因素所带来的危险、危害、意外事故和灾害的一门新兴科学,涉及社会科学和自然科学的多门学科以及人类生产和生活的各个方面。

安全科学(safety science)的基础理论包括灾变理论,灾害物理学、灾害化学、安全数学等;安全科学的应用理论包括安全系统工程,安全人机工程、安全心理学、安全经济学、安全法学等;安全科学的专业技术包括安全工程、防火防爆工程、电气安全工程、交通安全工程、职业卫生工程、安全管理工程等。

安全科学技术是安全生产的基础和保障。安全科学揭示了安全的本质和规律,通过安全工程技术推动安全文明生产。安全科学技术不仅促进生产力的发展和劳动生产率的提高,还促进着国民经济的增长。

安全科学在应用于生产实践和与其他学科的交叉渗透过程中逐步形成了自己的许多分支学科,包括安全工程学、安全经济学、安全法学、安全心理学、安全系统科学、安全教育学、安全信息学、安全控制技术、安全检测技术、安全逻辑学、事故分析技术等。

吴超(2011)系统介绍了安全科学方法论[2],主要包括安全系统控制与安全仿真方法,人因特性研究方法,人因分析与可靠性评价方法,安全社会科学方法学,安全教育方法学,安全科学思维方法,安全比较研究方法,安全逻辑学方法,安全历史方法,事故统计分析方法,安全调查与观察和实证方法,预测与评价和决策方法,安全管理的数力表达方法等。

关于怎样运用安全科学的理论和方法来预防生产安全事故的发生和减轻其损失,读者可参阅有关文献。以下我们分类介绍主要的生产安全事故类型及其防控措施。

5.2　交通事故

5.2.1　交通运输系统概论

1. 交通与交通系统

交通是指从事旅客和货物运输及语言和图文传递的行业,包括运输和邮电两个方面,在国民经济中属于第三产业。狭义的交通不包括邮电事业。

交通是城市、乡村与外界进行人员与物质交换的主要手段,也是广义城市生命线系统的主要组成部分。交通中断将导致区域城乡系统的瘫痪和功能丧失。

交通系统由交通工具、交通基础设施、交通管理机构和交通企事业单位及从业人员等几部分组成。按照交通方式的不同,又可分为道路交通、轨道交通、水运交通和航空交通等。按照运输对象的不同分为客运和货运两大类。进一步划分,道路交通又有高速公路、主干道、一般道路、乡村道路和街巷之分。水运又有海运与河运之分(图 5.6)。

2. 影响交通的因素

在影响交通系统的各种环境因素中,气象因素是影响最大和最经常的。这些影响包括对交通基础设施建设和施工的影响,对交通工具运行状态的影响,对交通从业人员工作效率的影响等。这些影响既有有利的方面,即有利于施工和交通运行的天气和气候条件,也有不利的方面,即影响施工和交通运行。气象条件对交通的不利影响集中体现在

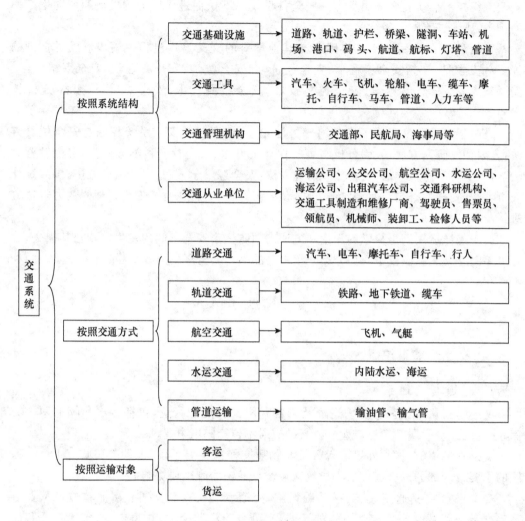

图 5.6　交通系统的结构

由气象因素直接或间接引发的交通事故上。

　　由于下垫面性质的改变和大量高强度的人类活动,使城市气候具有与乡村不同的特点。城市交通系统也远比乡村发达和密集,由此造成气象条件对城市交通的影响要比对乡村交通的影响大得多,且具有很不相同的特点。例如城市里的轨道交通、立交桥与地下通道是乡村所没有的,而乡村的马车、拖拉机运输在城市里也没有。热岛效应和雾、霾对交通的影响,城市明显大于乡村;但洪水、冰雪和冻融对交通的影响,乡村通常要大于城市。

地质条件对交通系统也有相当大的影响。平坦和坚实的地面适宜修建铁路和公路，软弱地基和土壤冻融对路基修建提出更高的要求。崎岖的丘陵和山区不但修建成本大大提高，而且经常发生山洪、滑坡、泥石流和冰雪灾害，交通事故多发。

水文条件对交通系统的影响表现在河流、湖泊与海洋等水体对水上交通运输提供的便利与水深、流向、流量、流速、波浪、漩涡、潮汐、礁石等对航行的影响。陆地上的地下水埋深对道路施工也有很大影响。

5.2.2 交通事故的危害及等级划分

狭义的交通事故（traffic accident）指汽车等机动车辆或非机动车辆在道路交通中造成的人员伤亡或物质损失事件，广义的交通事故还包括铁路机车车辆、船舶、飞机造成的事故，其中海上交通事故通常称海难，空中交通事故称空难。

交通事故的发生既有人为因素，也有自然因素，有时是二者共同作用。在人为因素中，既有责任性因素，也有技术性因素。自然因素有气象、水文、海洋、地质、生物、天文等多个方面。但总体上，人为因素对于交通系统的运行与完善以及交通事故的发生和预防仍然具有决定性，在大多数情况下，交通事故的发生被定为人为灾害。

长期以来，由于交通设施落后，管理不善驾驶人员和行人的安全素质较差等原因，我国道路交通事故平均每年发生几十万起，死亡在 10 万人以上，高居世界首位。近 10 年来由于交通安全管理和基础设施明显改善，在车辆大幅度增加的情况下，交通事故数、死亡人数和经济损失都呈现逐年下降的态势，但近年路口和私车交通事故又有所上升（图5.7—图 5.9）。

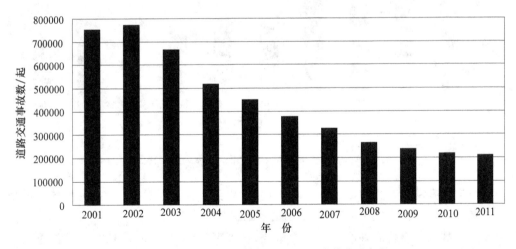

图 5.7 2001—2011 年全国道路交通事故发生起数

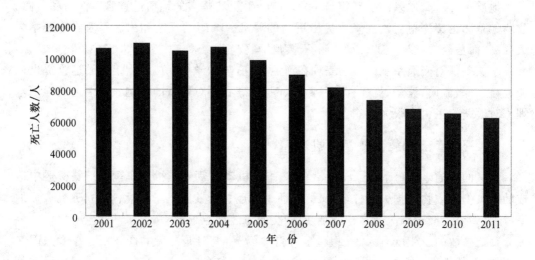

图 5.8　2001—2011 年全国道路交通事故死亡人数

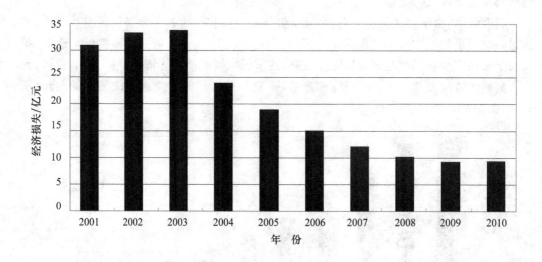

图 5.9　2001—2010 年全国道路交通事故经济损失

　　交通事故及其所造成的损失有多种类型,其后果包括人员伤亡、财产损失和交通中断造成的社会经济损失三个方面(见本书第一章图 1.4)。

　　交通事故按照损害后果可分为死亡事故、伤人事故和财产损失事故三类,但重大事故通常同时具有这三类损失。根据人身伤亡或者财产损失的程度和数额,交通事故分为轻微事故、一般事故、重大事故和特大事故（表 5.2）。

表 5.2 交通事故的等级划分

事故等级	损失情况
轻微事故	一次造成轻伤 1～2 人，或者财产损失机动车事故不足 1000 元，非机动车事故不足 200 元
一般事故	一次造成重伤 1～2 人，或者轻伤 3 人以上，或者财产损失不足 3 万元
重大事故	一次造成死亡 1～2 人，或者重伤 3 人以上 10 人以下，或者财产损失 3 万元以上不足 6 万元
特大事故	一次造成死亡 3 人以上；或者重伤 11 人以上；或者死亡 1 人，同时重伤 8 人以上；或者死亡 2 人，同时重伤 5 人以上；或者财产损失 6 万元以上

5.2.3 气象条件对交通事故的影响

1. 对公路设施的影响

暴雨常引发山洪和泥石流，冲毁路基、桥梁和涵洞。高寒地区的公路在早春化冻时翻浆强烈常使路基变软路面损坏。北京市公路交通设施损毁原因的统计表明，气象灾害是各类事件的主要成因，其中与气象有关的高达 76.4%（表 5.3）[3]。

表 5.3 1990—2005 年北京市公路交通设施损毁事件统计

事件类型	起数	比例/(%)
降雨引起道路坍塌或滑坡	55	61.8
暴雨、冰雹、大风导致路树刮倒，道路被毁	9	10.1
降雨加上超载，引起道路坍塌	3	3.4
超载导致桥面坍塌	4	4.5
桥梁年久下沉，或出现裂缝	3	3.4
山体坍塌，交通中断	2	2.3
人为原因导致路基整体下沉	1	1.1
自然塌方	8	9.0
降雨积水	1	1.1
浪窝	1	1.1
预见性排险	2	2.25
合　　计	89	100

公路建设选线应避开山洪与地质灾害高发区，路基高度设计要考虑地形与发生暴雨时的积水深度。高寒地区应将路基埋深设计为季节性冻土最大深度以下 0.25 m。公路

施工时混凝土路面要求气温不低于4℃,沥青路面不低于15℃。寒冷地区可使用熔点较低的沥青,炎热地区必须使用熔点较高的沥青。多雾霾多沙尘地区要求路标和警示牌更加醒目。

2. 气象与公路交通事故的关系

由于下垫面透水性差,暴雨常导致城市严重积水内涝。2007年7月18日济南市特大暴雨中死亡的38人,大部分是在路上行走被洪水冲走的,还有一些是来不及钻出被淹没的汽车因窒息死亡。路面积雪5~10 cm时车轮易打滑,30 cm以上交通基本瘫痪,冻雨或雪化后结冰的影响更大。夏季30℃以上高温,沥青路面熔化后汽车易打滑。35℃以上水箱易沸腾,长时间行驶易爆胎,司机易疲劳。气温低于0℃应使用抗凝固性好的汽油和润滑油,低于−10℃时水箱应加防冻液,低于−25℃长时间停在室外难以再发动。风力5~6级对行车有一定影响,7级以上影响明显,高架货车和大客车迎风行驶易摆动,侧风拐弯时不易控制,高速行驶时易倾斜甚至倾覆。

雨、雪、雾、霾和沙尘都可以降低能见度。能见度为5~10 km时对市内非主干道交通影响不大;不足2 km时快速路上必须减速行驶。能见度1 km时司机可视距离只有200~300 m,高速公路需要关闭。能见度200 m时可视距离仅50~70 m,必须非常谨慎低速行驶。图5.10显示与道路交通事故有关的气象因素。

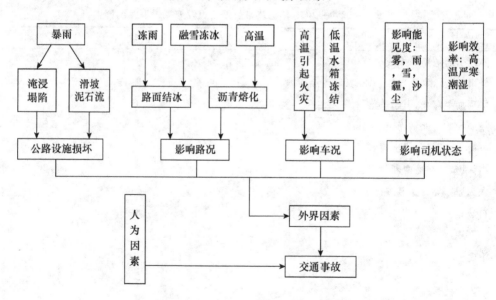

图5.10 与道路交通事故有关的气象因素

3. 气象与铁路交通事故的关系

我国每年发生铁路交通事故上万起，死亡数千人。主要铁路干线平均每年被洪水冲断桥梁、涵洞或路基而中断交通上百次。铁轨积雪时车轮易打滑空转甚至出轨。积雪40 cm 时行车速度降低，70 cm 时需清除才能通行。铁轨留有轨缝是为防止热胀冷缩导致变形。低温下机用柴油可能冻结而使机车牵引力明显下降。温度很低时铁轨收缩变形，有时可造成道岔不能正常合拢，信号灯不亮。大风使火车运行速度降低，侧面强风甚至可使列车倾覆。各地大多规定安全临界风速为 22 m/s，超过这一风速列车应停驶待命。新疆风口地区的规定是 32 m/s，从吐鲁番到乌鲁木齐途中的百里风区和三十里风区多次发生 12 级大风使列车颠覆的事故。浓雾使司机看不清前方信号灯，容易诱发撞车或出轨事故。

4. 气象与航空交通事故的关系

航空是受气象条件影响最大的交通方式，空难事故大多发生在起飞和降落阶段。影响跑道摩擦力的因素有降水、积雪、结冰、冻雨、积水等，影响飞机起降的因素有低云、能见度、风向、侧风、湍流、阵风、风的垂直切变等，影响空中飞行的因素有高空风、对流、湍流、飑线、急流、雷电、阵雨、下雪、冻雨、云雾、霾、沙尘暴等。

低云严重影响飞行员视线，尤其是移动很快的低碎云。强烈的上升气流和云后下沉气流及湍流可引起飞机颠簸，云中雷电可损坏飞机，云中能见度差易产生错觉和迷失方向。对流云上部易积冰，使飞行阻力骤增，要躲避绕行。飞机穿越 $0 \sim -12℃$ 的过冷却云层时最容易在机身上结冰。长途飞行应尽快爬升到 10 000 m 以上的平流层，那里一般不会出现积冰。

能见度对飞机的起降影响最大，主要有雨、雪、雾、霾、风沙、浮尘、吹雪和烟雾等。

飞机起飞和着陆都应逆风进行，逆风起飞可获得较大升力而迅速升空，逆风降落能获得较大阻力而安全着陆。如风向与目的地反向，要逆风起飞升空后再逐渐折转。

较高温度下空气密度低，飞机升力减小。大多数喷气式飞机在气温升高 10℃ 时起飞滑跑距离需延长 3.5%，载重能力和最大上升高度也将降低。

5. 气象与水运交通事故的关系

干旱使河流水位下降到枯水位，吃水深的船舶被迫搁浅。洪涝时水位涨高虽可通航，但有时安全标志和沿岸码头被淹没也给航行带来困难。浓雾天气最容易发生船只或桥梁相撞事故。较宽江面上船越小，风浪越大，越容易颠覆。初冬季河流突然结冰或早春融冰后突然降温，船只被围困甚至被冰块挤压损坏。

导致海难事故主要有台风和寒潮掀起的巨浪、海雾、海冰等。海浪是船舶翻沉的主要原因,通常由台风、寒潮和温带气旋引起。中国海冰只在渤海沿岸和黄海北岸出现,最严重的 1968—1969 年 2—3 月几乎整个渤海都被超过 1 米厚的海冰覆盖,许多货轮被海冰推至岸边搁浅或被冰块挟持随风漂移,有的轮船螺旋桨被撞坏,有的还被挤压变形出现裂缝导致船舱进水。冰山是对航行威胁最大的海冰现象,在海上遇到冰山必须及早退避或绕行。冬季海上浓雾多发,上海港调查长江口以南水道 1977—1979 年间海上事故的 3/4 为大雾造成。

6. 交通气象服务

鉴于气象条件对交通事故的重大影响,国内外都很重视对于预防和处置交通事故的气象服务。各地气象部门普遍开展为交通部门提供能见度预报,如未来能见度较差,高速公路就应提前采取疏导措施,确定绕行路线;机场应对可能延误的航班及早作为调整和对可能滞留旅客的食宿作出安排。下雪后要及时为清扫集团提供城区冬季主要路面温度的预报,以便市政部门采取撒融雪剂或机械清扫作出安排。为防御台风危害,中国气象局与国家海洋局联合发布风暴潮与海浪预报,并在每年电视的新闻节目中播出。在发生重大交通事故采取应急处置措施时也需要气象服务的保障。如冬季下雪后采取融雪措施,撒盐只能在 -10℃ 以上的地表温度才起作用;更低的温度需要使用其他融雪剂或采取机械除雪。为防止海雾、大风、海冰、流冰和冰山等对海上航行的威胁,近代发展了气象导航业务,针对不同海域各种灾害性天气的发生规律,设计相对安全的航线,指导船舶采取合理的航向和航速,绕避恶劣天气。

5.2.4 交通事故的处理

1. 道路交通事故的处理

《道路交通安全法》及其实施办法对道路交通事故后的处理做出了明确规定。

发生道路交通事故,驾驶人应立即停车,保护现场。打开危险警告灯,在路上摆放三角形警告牌。如为对方肇事,应立即记下车辆号码以防逃逸。如属自己责任,应向受害方和警方主动提供有关资料。

迅速判明现场和肇事车辆状况,有无危险品,受伤情况。关掉引擎,防止燃油泄漏。

立即抢救受伤人员并迅速报告执勤交通警察或者公安机关交通管理部门。

未造成人身伤亡,当事人对事实及成因无争议的,可即行撤离现场恢复交通,自行协商处理损害赔偿事宜;不即行撤离现场的,应迅速报告执勤交通警察或公安机关交通管理部门。仅有轻微财产损失且基本事实清楚的,当事人应先撤离现场再协商处理。

发生交通事故后逃逸的,事故现场目击人员和其他知情人员应当向公安机关交通管理部门或者交通警察举报。

公安机关交通管理部门接到交通事故报警后，应立即派交通警察赶赴现场，先组织抢救受伤人员，并采取措施尽快恢复交通。对事故现场勘验、检查，收集证据，做出鉴定结论，及时制作交通事故认定书，载明交通事故的基本事实、成因和当事人的责任，并送达当事人。

发生交通事故后，分清责任是能否正确依法处理的关键。公安机关交通管理部门经现场调查取证确认应由当事人负全责或主要责任或部分责任，并确认责任方和受害方。

交通事故的发生必须具备两个要素：一是交通参与者的违章行为与过失的存在，二是人身伤亡与财产损失的存在，且二者之间有直接因果关系，缺一便不能成为交通事故。但有些因难以预测和不可抗拒的重大自然灾害造成的交通事故，当事人不存在违章行为，也不承担事故责任。

交通事故的处理要区别责任性质并考虑后果轻重。如交通违章行为没有造成人身伤亡与财产损失，一般不作事故处理，而称违章行为，仅作违章处理，按《中华人民共和国道路交通管理条例》进行处罚。有些轻微的违章行为只进行适当的教育和警告。责任清楚且后果严重的违章行为已构成违法，必须依法追究。

2. 其他交通事故的应急处理

1）铁路交通事故

铁路交通事故包括机车车辆在运行过程中发生冲突、脱轨、火灾、爆炸等影响铁路正常行车，或与行人、机动车、非机动车、牲畜及其他障碍物相撞的事故，还包括影响铁路正常行车的铁路相关作业过程中发生的事故。

事故发生后，司机或运转车长应立即停车紧急处置；无法处置时应立即报告邻近铁路车站、列车调度员进行处置。为保障旅客安全或因特殊运输需要不宜停车的，应立即将事故情况报告邻近铁路车站、列车调度员，由邻近铁路车站、列车调度员立即进行处置。事故造成中断铁路行车的，铁路运输企业应立即组织抢修，必要时调整运输线路。铁路管理部门和当地政府要立即启动应急预案，迅速组织救援，并注意保护事故现场。

事故调查处理应坚持以事实为依据，以法律、法规、规章为准绳，认真调查分析，查明原因，认定损失，定性定责，追究责任，总结教训，提出整改措施。

做好恢复运行、事故赔偿、追究责任、总结整改等善后工作。

2）空难事故

空难指由于不可抗拒的原因或人为因素造成的飞机失事，并由此带来灾难性的人员伤亡和财产损失。广义的航空事故还包括航空地面事故和大面积航班延误事故等。

2006年国务院批准了民航空难和反恐的两个应急救援预案,建立了处理突发事件的三级应急处置体系。发生空难事故后民航部门应立即启动预案,开展应急救援和事故调查工作。立即核实旅客名单并公布空难情况。组织医护人员抢救幸存者和做好遇难者家属的医疗救护和心理救援工作。做好现场清理、善后与保险赔付工作。

3) 海难事故

海难事故是指船舶在海上遭遇自然灾害或人为原因造成的生命、财产损失。海难事故的种类包括船舶搁浅、触礁、碰撞、火灾、爆炸、失踪以及因主机和设备损坏而无法自修以致航行失控等。大江大河与湖泊的水运事故通常也纳入海事处理范畴。

发生海难事故后,难船应立即采取应急措施努力自行抢救脱险;确认无法抢救且存在危及生命或船舶有沉没危险时,应发出遇险信号求救,并迅速放下救生艇弃船待救。船舶工作人员应首先安排妇女、儿童和老人逃生,绝不可擅离职守。《1979年国际海上搜寻救助公约》规定各沿海国应设有救援中心。中国已成立海上搜寻救助中心,收到事故信息后,应立即启动应急预案,迅速派出搜救力量前往事故现场,准确了解险情及遇险船舶处境。确定双方联络信号,实行统一指挥。根据风、流速和航道条件和险情变化,把握有利时机,确定适合的施救方案。采取避让或控制措施,预防着火、爆炸、污染或有毒有害物质泄漏等次生灾害的发生。妥善转移安置获救人员,做好各项善后工作。在搜救工作告一段落后,要总结经验教训,追究有关人员的责任并依法给予惩处。对于沉没的船舶要制定可行的打捞方案。

5.2.5 交通安全管理

1. 交通安全管理的内容

交通安全管理(traffic safety management)是国家行政管理部门和相关组织依靠人民群众,在科学理论指导下,依据有关规定对人、车、路、环境和信息等基本要素进行服务、协调、规划、组织、评估和控制等一系列活动的总称。交通安全管理工作要服务于国家经济建设和人民群众生活需求,保障道路交通有序、安全、畅通是交通安全管理工作追求的目标。交通安全管理是一项复杂的系统工程,涉及社会科学、自然科学和工程科学,主要支撑理论和技术源于系统科学、行为科学、管理科学、工程科学、信息科学等。以人为本、生命至上是交通安全管理的核心追求。交通安全的基本特征是人、交通工具、交通设施、环境及信息等要素的全面协调,有序、安全、畅通与和谐是交通安全管理追求的目标,理性、平和、文明、规范执法是交通安全管理的基本要求,交通安全文化建设是交通安全管理的核心内容,社会化管理是交通安全管理的根本途径,政府主体责任制的建立与实施是交通安全管理的根本保障。[4]

2. 道路交通安全管理系统

以道路交通安全管理系统为例,可以分解为以下 8 个子系统[5]：

（1）系统环境。在宏观上,要努力消除自然、社会环境对安全管理的不利影响,借鉴和张扬有利于安全管理的社会和自然环境；在微观上,要保持和创造好的安全管理环境,实行有效的人性化管理,构建和谐的工作与环境。

（2）科学管理子系统。以科学发展观为统领,以交通安全管理调研和规划方案为依据。以法制管理和人性化管理为原则,构建和谐交通系统。

（3）培训教育子系统。包括法规教育、技术培训、安全理念和心理培养。

（4）安全宣传子系统。形式要多样,始终贯穿关爱和人性化宣传。

（5）调度子系统。根据时间、天气、任务、路段,严格选择适应出车的驾驶员和车型。出车前监督检查车况,对驾驶员阐明任务性质和可能的险情,强调安全注意事项和责任。

（6）车辆维修保养子系统。驾驶员和单位领导要熟悉各类车辆的性能、使用年限,特别是已使用年限和当前车况。维修保养按规程进行,发现问题要马上检查维修和保养。

（7）装卸与运行子系统。首先了解货物形状、体积、重量,是机械装卸还是人工装卸,以及运行路段、时间、天气、路程、驾驶员状况等,要求严格按规章安排和运行。要将安全责任落实相关责任人。

（8）监控子系统。专人专责,利用现代化设备、手段。对车辆运输的装卸和上路运行进行监督控制和科学记录。任何环节出现问题,管理者都要在第一时间抵达现场调查处理。

上述 8 个子系统是一个有机的整体。改善系统环境是条件,科学管理是主导,培训调度、车辆保修是基础,宣传和监控是手段,安全装卸与运行是目的。

现代信息技术已经广泛应用于交通安全管理,秦利燕等研究和开发了 GISS-T 道路安全管理系统,除具备基本的事故查询、数据管理、事故地点显示功能外,还具有事故致因分析、事故预测、事故安全评价功能。该系统的基本结构如图 5.11[6]。

除交通系统的安全管理外,乘客与行人的安全文化素质培养也十分重要。行人必须遵守交通规则,乘坐各类交通工具都应遵守相关的安全检查和各种规定。要懂得一些遭遇事故时的自我防护知识。发生拥挤踩踏和群体事件等突发事件要保持冷静,服从统一指挥有序疏散。遇劫机和恐怖袭击事件要主动配合管理人员的工作,巧妙周旋和坚决斗争。

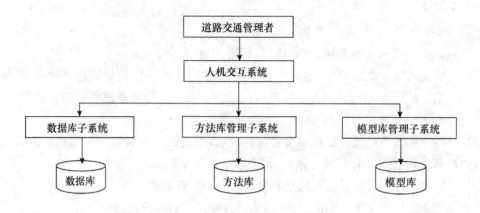

图 5.11 基于 GIS 的道路交通安全管理系统结构

5.3 矿山事故

矿山事故是指矿山企业生产过程中,由于不安全因素的影响.突然发生的伤害人身、损坏财物、影响正常生产的意外事件。严重的矿山事故称为矿难。

5.3.1 矿山事故的危害

矿山事故(mine accident)有多种类型,以煤矿事故最为频繁和严重,常见事故有瓦斯爆炸、煤尘爆炸、瓦斯突出、透水事故、矿井失火、顶板塌方等。矿难对矿山有毁灭性的破坏,并严重威胁矿工的生命安全。世界历史上损失最惨重的矿难于 1942 年 4 月 26 日发生在日本侵略者统治下的本溪煤矿,煤尘和瓦斯爆炸共造成死亡 1549 人,伤残 246 人。新中国成立以后最大的一起矿难于 1960 年 5 月 9 日发生在山西大同,煤尘爆炸造成 682 人死亡。其发生与当时缺乏严格管理的盲目蛮干有关。新中国成立以来,矿山事故总体呈下降趋势,与 1949 年相比,2013 年每百万吨标准煤死亡率下降了 98.6% 有余。但在"大跃进"和"文革动乱"两个时期和 20 世纪 90 年代末煤炭工业短期行为盛行时期出现矿难事故的反弹(图 5.12)。

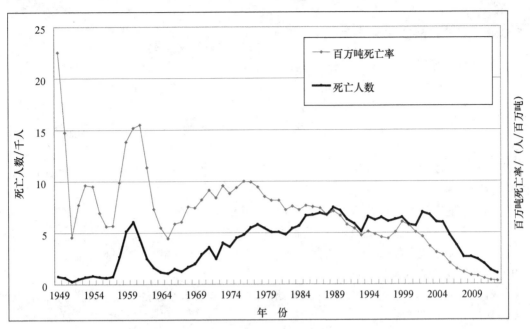

图 5.12 1949—2013 年中国煤矿事故死亡人数和百万吨死亡率

（根据国家安全生产监督管理总局历年发布数据）

21 世纪初,中国矿难死亡人数一度占到全球 70％。矿难事故以私营中小煤矿为主,与矿主追求利润最大化,不愿意在安全设施和管理上投资及地方政府督查不严有关,矿工未经安全技能培训无证上岗也很普遍。近 10 年来经过治理整顿,煤炭安全生产形势明显好转。

除煤矿外,铁矿与有色金属矿有时也发生矿山事故,但很少发生爆炸和火灾,大多与地质不稳定、自然灾害诱发或采掘作业操作失误有关。

矿山事故根据国家安全生产监督管理总局 2006 年公布的《矿山事故灾难应急预案》,按照损失大小分为四个等级（表 5.4）：

表 5.4 矿山事故的等级划分

事故等级	造成或可能造成死亡人数	或造成中毒、重伤人数	或造成直接经济损失	或造成社会影响
特别重大事故	30 人以上	100 人以上	1 亿元以上	特别重大
重大事故	10～29 人	50～100 人	5000 万～10000 万元	重大
较大事故	3～9 人	30～50 人	较大	较大
一般事故	1～3 人	30 人以下		一定社会影响

5.3.2 煤矿事故的主要类型

按照发生原因,煤矿事故可分为 8 类:

(1) 顶板事故。指矿井冒顶、片帮、顶板掉牙、顶板支护垮倒、冲击地压、露天矿滑坡、坑槽垮塌等事故,底板事故也视为顶板事故。

(2) 瓦斯事故。指瓦斯(或煤尘)爆炸(或燃烧),煤岩与瓦斯突出,导致瓦斯中毒或窒息。

(3) 机电事故。指机电设备(设施)导致的事故。包括运输设备在安装、检修、调试过程中发生的事故。

(4) 运输事故。指运输设备(设施)在运行过程发生的事故。

(5) 放炮事故。指放炮崩人、触响瞎炮造成的事故。

(6) 火灾事故。指煤与矸石自然发火和外因火灾造成的事故(煤层自燃未见明火,逸出有害气体中毒算为瓦斯事故)。

(7) 水害事故。指地表水、采空区水、地质水、工业用水造成的事故及透黄泥、流沙导致的事故。

(8) 其他事故。

上述事故可能造成重大人员伤亡,有时因管理不善、操作失误、设备缺陷等原因,造成生产中断、设备损坏和环境影响,但未造成人员伤亡的事故,通称为非伤亡事故。

5.3.3 矿山事故与环境条件的关系

1. 瓦斯爆炸

瓦斯主要成分是甲烷即沼气,是无色、无臭、无味、易燃、易爆气体。空气中瓦斯浓度达到 5.5%～16% 时有明火就能发生爆炸,产生高温、高压、冲击波并释放出一氧化碳和硫化氢等有毒气体。瓦斯爆炸(gas explosion)还经常伴随发生煤尘爆炸和火灾,是煤矿井下发生最频繁和危害最大的灾害,通常占到煤矿事故的半数以上。

根据江西省萍乡市 1988—1993 年 51 例瓦斯爆炸案例的分析,有 40 次事故发生前两日均为高压、冷锋或静止锋控制。冷锋到来前,通常井下气温升高,气压降低,有利于深层瓦斯涌向工作面。冷锋经过矿区时气压处于谷底,使井下瓦斯继续累积,地面风向往往突然转变且风速较大,如与通风口方向相逆,会阻碍井下瓦斯排出,继续积聚直到浓度超限。在高气压控制下由于风速小增温快,又有下沉气流,不利于井下空气上升,瓦斯也容易堆积。降雨多使地下水位抬高,也有可能使瓦斯聚集于矿坑。

煤块中可挥发成分越高,煤尘爆炸的危险越大。如水分和灰分含量提高到 30%～40%,爆炸性迅速下降。粒度在 0.75 μm～1 mm 的煤尘都有可能发生爆炸,但爆炸性最强的煤尘粒径在 75 μm 以下。发生爆炸的煤尘浓度下限为 45 g/m³ 空气，一般为 112 g/m³，爆炸力最强的浓度是 300～400 g/m³。浓度过高，因氧气不足爆炸力反而下降，但容易引起窒息。如井下空气中瓦斯与煤尘的浓度都很高，则发生瓦斯爆炸时可立即引发煤尘同时爆炸。煤尘爆炸的天气条件与瓦斯爆炸相似，主要靠加强井下通风来解决。

2. 冒顶事故

冒顶是指矿井采掘时通风道的坍塌事故，在矿井采掘工作面生产过程中经常发生。

冒顶事故（roof caving accident）的发生通常主要是人为原因，未能采取牢固的支撑措施。但复杂的地质构造和破碎的岩石层下更容易发生冒顶。地震、滑坡等地质灾害容易引发井下冒顶事故。

3. 透水事故

透水事故（mine flood）即井下水淹事故，一种是钻透井下含水层，使积水大量涌进并淹没工作面，在地下水资源丰富，特别是岩溶地形地区经常发生。古窑、小窑、溶洞、断层及含水层等往往存在大量积水，当采掘工作面接近这些地点时，处理不当会使积水大量涌来。透水事故与地下水的数量及分布有关，在地下水丰富的地方贸然掘进容易发生。另一种是井外发生特大山洪、滑坡或泥石流，泥水从矿井口灌入，如 1972 年 7 月 28 日，北京市延庆县东部山区的一座黄铁矿被暴雨引发的山洪和泥石流灌进，死亡 10 余人。

5.3.4　常见煤矿事故类型的防范与自救措施

1. 矿井瓦斯爆炸事故

① 采用各种通风措施，保证井下瓦斯浓度不超过规定含量。

② 建立严格的检查制度。低瓦斯矿井下每班至少检查 2 次，高瓦斯矿井每班至少检查 3 次。一旦发现浓度超过规定应及时封闭。

③ 矿工下井严禁携带烟蒂与火种，不要使用电炉和灯泡取暖。

④ 井下作业听到或看到瓦斯爆炸，应背向爆炸地点迅速卧倒。如眼前有水，应俯卧或侧卧水中，用湿毛巾捂住鼻口。距离爆炸中心较近的作业人员在就地自救后要迅速撤离现场，防止二次爆炸的发生。

⑤ 发生瓦斯爆炸后要立即报告上级，迅速组织专业抢险队伍采取救援措施。立即切断通往事故地点的一切电源，马上恢复通风，设法扑灭各种明火和残留火，防止再次引发爆炸。

⑥ 所有生存人员在事故发生后应有组织撤离危险区。将一氧化碳中毒者及时转移到通风良好的安全地区。心跳、呼吸停止的应立即在安全处进行人工心肺复苏，切勿延误抢救时机，尽快联系医疗急救人员迅速赶赴事故现场抢救中毒人员。

⑦ 完成抢险救援后要仔细检查井下状况，确保消除危险源后再逐步恢复正常生产。对每次事故都要全面总结经验教训，设法消除隐患。对抢险救援中的先进人物和瓦斯爆炸事故的责任人区别情况分别予以奖惩。

2. 矿井冒顶坍塌事故

① 局部小冒顶出现后，应先检查附近顶板支架，处理好折伤、歪扭、变形的柱子；沿煤层顶板掏梁窝，将探板伸入梁窝，在另一头立上柱子以加固。

② 发生局部较大冒顶时可从两端向中间插入探板处理。如直接顶沿煤帮冒落而且矸石继续下流，煤块较小，采用探板处理有困难时，可采取打撞楔的办法。如上述两种方法都不能制止冒顶，就要另开切眼躲过冒顶区。

③ 发现采掘工作面有冒顶预兆又来不及或无法逃脱现场时，应立刻把身体靠向坚硬或有强硬支柱的地方。

④ 冒顶事故发生后要尽一切努力争取自行脱离事故现场。无法逃脱时，要尽可能把身体藏在支柱牢固或块岩石架起的空隙中，防止再次受伤。

⑤ 大面积冒顶，作业人员被堵塞在工作掌子面时，应沉着冷静，由班组长统一指挥。只留一盏灯供照明使用，用铁锹、铁棒、石块等不停敲打通风或排水管道向外报警，使救援人员能及时发现目标，准确迅速地展开抢救。

⑥ 矿工因井下冒顶塌方被掩埋或被落下物件压迫，除易发生多发伤和骨折外，还经常发生挤压综合征致缺血缺氧，易引起肌肉和内脏坏死。一旦伤员从塌方中救出，压迫解除血流恢复时，还可引起急性肾功能衰竭，严重的可致死。为防止急性肾功能衰竭的发生，可服用碳酸氢钠、速尿和甘露醇以碱化尿液和利尿。从塌方中救出的伤员必须立即送医院抢救。

3. 矿井透水或淹没事故

① 矿井投产前必须认真勘察井下含水层分布及水量，确保没有透水危险或已采取可靠安全措施方可下井作业。

② 透水发生前煤层往往发潮发暗，如巷道壁或煤壁出现小水珠，工作面温度下降，煤层变凉，工作面出现流水和滴水，能听到水的"嘶嘶声"等。发现这些征兆要立即停止作业，向安全地点转移。

③ 突然发生透水事故，井下工作人员应绝对听从班组长的统一指挥，按照预先安排好的路线撤退。万一迷失方向，必须朝有风流通过的上山巷道撤退。同时尽可能向井下和井上指挥机构报告事故发生地点和情况，以利迅速采取有针对性的救援措施。

④ 对伤员应积极进行现场抢救，对出血者要立刻包扎止血，对骨折者要及时固定和搬运到相对安全地点。

⑤ 如透水事故发生并可能引发瓦斯喷出，应戴上防护器具或加强通风，保持空气的

新鲜和畅通,不可把通风机关闭。

⑥ 被水隔绝在掌子面或上山巷道的作业人员应清醒沉着,尽量避免体力消耗。全体井下人员应做长期坚持的准备,所带干粮集中统一分配,不要无谓浪费;只留一盏矿灯供照明使用,其他人员的矿灯暂时关闭以供轮换照明。班组长要做好思想工作和心理指导,坚定自救脱险的信心。

⑦ 井上人员发现井下透水事故要立即向上级报告,迅速查明灾情,并采取应急排水、堵水和抢救伤员和被困人员的措施。

5.4　建筑事故

建筑事故(construction accident)是指在建筑工程的施工、装修和使用过程中,由于当事人的过错,造成建筑工程在安全、适用、经济、美观等特性方面存在较大缺陷,并给建设单位或业主造成人员伤亡和财产较大损失的事件。

在施工过程中发生的人员伤亡称建筑安全事故;工程竣工后,发现由于设计、施工、装修和维护中的过错而造成建筑工程达不到预期目标,造成重大经济损失和恶劣社会影响,甚至发生坍塌并造成人员伤亡的事件,称为建筑工程质量事故。广义的建筑工程事故还包括由建筑规划或施工不当造成的环境事件。

5.4.1　建筑工程事故的现状与类型

1. 事故现状与趋势

改革开放以来我国建筑业迅猛发展,已成为国民经济的重要支柱产业。但由于我国建筑行业仍处于劳动密集粗放型,导致建筑事故频发,事故次数和伤亡人数始终没有得到有效遏制。从 2003 年到 2007 年,建筑事故发生次数和死亡人数成倍上升;2008 年和 2009 年一度下降;以后略有增加并趋于稳定。

事故发生次数以冬季为低谷,与严寒不利于施工和农民工大量返乡有关。夏季和年末是事故高峰。夏季与高温和多暴雨、雷电灾害有关,年末则与一些企业赶工期超负荷运转有关。

2. 安全事故的类型

表 5.5 显示各类建筑安全事故中,以坍塌和高处坠落发生次数和死亡人数最多,其次是车辆伤害、中毒窒息、触电、物体打击和起重伤害,爆炸、淹溺、火灾和机械伤害也时有发生。建筑工程质量事故主要表现在无巨大外力冲击时发生局部下陷、断裂、倾斜、漏雨等,甚至局部或整体坍塌,群众称之为"豆腐渣工程"。

表 5.5 2003—2012 年我国建筑安全事故类型统计（据张统等，2013）[7]

类型	坍塌	物体打击	车辆伤害	机械伤害	起重伤害	触电	灼烫	火灾	高处坠落	冒顶穿帮
次数	521	37	61	12	28	36	2	10	114	7
死亡数	2229	117	285	37	105	134	11	49	502	26

类型	透水	放炮	瓦斯爆炸	火药爆炸	其他爆炸	锅炉爆炸	容器爆炸	中毒和窒息	其他伤害	淹溺
次数	7	6	2	1	17	0	1	56	24	24
死亡数	23	26	46	8	88	0	4	202	80	74

3. 事故等级划分

按照在房屋建筑新建、扩建、改建活动中，或已建成房屋建筑因工程质量原因发生坍塌，造成的一次性伤亡人数与直接经济损失，将建筑事故分为 4 个等级（表 5.6）。

表 5.6 建筑事故等级划分

事故等级	死亡人数	或重伤人数	或直接经济损失
特别重大事故	30 人以上	100 人以上	1 亿元以上
重大事故	10～30 人	50～100 人	5000 万～1 亿元
较大事故	3～10 人	10～50 人	1000～5000 万元
一般事故	3 人以下	10 人以下	1000 万元以下

5.4.2 建筑事故发生的原因

建筑工程规模大，工艺复杂，流动性大，高处作业多且暴露性强，诱发安全事故的因素众多，主要有以下几个方面[8]。

1. 人的不安全行为

人的不安全行为是指能造成事故的人为错误，是事故发生的直接原因，主要包括作业人员职业技能低下，不了解基本的安全技术规范和安全技术措施，违章操作；安全意识薄弱，冒险进入不安全场所，使用不安全设备，不正确使用个人防护用品、用具，不安全装束；领导安全意识淡薄，缺乏责任心，对事故发生抱有侥幸心理，违章指挥等。

2. 物的不安全状态

设备和材料处于不安全状态也是事故发生的直接原因，主要包括缺乏设备安全管理制度，维护保养不及时，带病或超负荷运转；土方开挖、模板、脚手架和起重吊装等工序缺少规范的设计计算资料；防护装置缺乏或高度、强度不够，安全保险装置、安全警示标志、报警装置等缺乏或有缺陷；个人防护用品（如安全帽、安全带、防护服、手套、护目镜、面罩等）缺少或有缺陷；建筑材料质量差，尤其是钢筋与构架的强度不够。

3. 不良的施工环境

建筑施工现场一般是露天环境，各工种交叉作业，互相干扰，环境复杂。不良施工环境包括照明光线过暗或过强导致作业现场视物不清，通风不良、粉尘飞扬、噪声刺耳；作业场所狭窄、杂乱，施工材料、机具摆放杂乱无序；生产及生活用电私拉乱接；施工现场地质环境不利（有暗河、坟坑、井穴等）；恶劣天气，如高温、大风、严寒、雨雪、雷电、冰雹等。

4. 组织管理缺陷

一些建设单位不按法律、法规和建设程序办事，工程层层分解发包，工程款被挪用和长期拖欠，建筑材料和构件以次充好，偷工减料，安全生产费用投入不足，加上强行缩短合同工期，导致交叉施工、疲劳作业和建筑构件没有达到稳定状态，最终酿成安全事故或质量事故。有的施工企业安全生产基础工作薄弱，安全生产责任制不健全，目标管理不到位，没有相应的施工安全技术保障措施；缺乏对职工的安全教育和技能培训；有的企业甚至把施工任务分包或承包给根本不具备施工条件或缺乏资质的作业队伍和人员。部分监理单位监管不到位，工程验收走过场，对现场安全事故隐患没有及时作出处理，甚至隐瞒事故真相。重大的建筑工程质量事故往往与腐败行为有关。

5. 技术性原因[9]

（1）违反基本建设程序。不作可行性研究，无证设计或越级设计，无图施工、盲目蛮干。对建筑设计审查不严。

（2）不认真进行地质勘察，随便确定地基承载力；勘测钻孔间距太大，不能全面准确反映地基情况；勘测深度不足，没有查清较深层有无软弱层、墓穴、空洞等；地质勘察报告不详细、不准确，导致基础设计错误。

（3）设计计算问题。结构方案不正确；结构设计简图与实际受力情况不符；漏算或少算结构荷载；结构内力计算错误和组合错误；不按规范验算结构稳定性；违反结构构造的规定。

（4）建筑材料与制品质量低劣。如水泥强度等级不足、安全性不合格，钢筋强度低、塑性差，混凝土强度达不到要求，防水、保温、隔热、装饰材料质量差。

（5）建筑物使用不当。未经核算在原建筑物上加层；任意改变用途加大荷载；在结构或构件上增凿各种孔洞、沟槽；不进行必要的维修。

（6）复杂建筑工程项目在技术难点未妥善解决就急于施工。

（7）施工中忽视结构理论，如不懂土力学原理造成不应发生的塌方、建筑物移位或裂缝。

（8）工艺不当。如土方开挖出现流砂时没有正确的治理措施；砌体工程组砌方法不当,通缝、重缝多;混凝土拆模太早造成裂缝或局部垮塌等。

(9) 不熟悉图纸或未经会审仓促施工;任意修改设计,不按施工规范规程操作;对进场材料与制品不按规定检查验收。

上述技术性原因通常都与建筑工程的组织管理缺陷直接相关。

6. 重大自然灾害

地震、洪水、滑坡、泥石流、大风、冰雪、地面沉降等地质灾害或气象灾害,酸雨等环境灾害和白蚁、老鼠等生物灾害都有可能引发建筑施工事故或建筑工程质量事故。

5.4.3 气象条件与建筑安全事故的关系

1. 建筑材料生产与气象条件的关系

建筑材料质量差是诱发建筑质量事故与安全事故的重要原因。

砖瓦生产要求连续晴暖干燥天气,风力小于3级。连阴雨和潮湿天气不利,淋雨会使砖坯报废。风力大于4级砖瓦易龟裂。最低气温低于$-2℃$或连续3日低于$0℃$造成砖瓦冻裂变形。水泥预制件生产的配料要求日平均气温$≥5℃$,相对湿度$≥70\%$,避免阳光直射和雨淋。气温偏低时要加促凝剂以提高早期强度,出现$32℃$以上高温应加水并添加缓凝剂。水泥预制件养护要求保温防冻,覆盖浇水,防风防干。

2. 建筑业生产与气象条件的关系

不同气候区对建筑设计的要求不同。寒冷地区要求建筑物隔热性能好,有较完善供热设施,开窗较小且朝北较少,建筑物外表多使用红黄等暖色。自来水管和基桩要打到最大冻土深度以下。炎热地区建筑物要求通风遮阴,开窗要大,表面多用蓝绿等寒色调。多雨地区屋顶要有较大坡度和较长屋檐,干燥地区则屋顶平坦。不考虑当地气候的盲目设计会严重影响建筑物的使用性能,甚至加重自然灾害的损害。

建筑施工对气象条件的要求更为严格,严寒、酷热、大风、暴雨、下雪、风沙、冰雹等恶劣天气都不适宜野外作业。北方封冻时期建筑施工要停止。气温低于$5℃$或高于$32℃$,外场施工的工作效率都会明显降低。夏季施工要注意防暑,大风和雨雪天要特别注意预防高处坠落事故的发生。

5.4.4 建筑事故的预防

预防建筑安全事故,第一,要树立科学的安全生产管理理念,构建完整的安全生产管理制度。第二,要构建包括管理、个人行为、环境卫生和物品设施四方面要素,科学的企业岗位风险评价指标体系。第三,要加强对施工人员的安全素质教育,并建立意外伤害保险制度。第四,编制建筑工程安全事故的应急预案,储备充足的救援物资和器材,并在平时组织抢险救援的演练。第五,要经常组织建筑安全事故隐患排查,及早发现和消除。

预防建筑工程质量事故,第一要树立建筑工程"百年大计,质量第一"的观念。第二,要建立健全工程质量事故惩处制度,构成违法的要移送司法机关处理。第三,要搞好工程设计审查和施工组织设计审查。第四,要设置施工现场质量检查员,加强施工现场监督,尤其是检查建筑材料的质量和施工作业质量。第五,搞好工程验收,坚决抵制外界干扰和腐败行为,不折不扣执行验收结论。

1. 预防建筑工程塌方事故

塌方是建筑土方工程最容易发生的事故。建筑土方工程包括场地平整,基坑、基槽、路基及建筑物基础开挖、回填和压实等。一旦发生塌方,工人被埋很难抢救,用铁铲挖怕伤人,用手扒效率太低,人被救出时早已窒息。

1)塌方原因

主要包括:土石破碎,水浸后滑动或塌落;土石坚固性较差,基岩面或夹层倾斜度较大,施工时坡脚被破坏引起滑坡;土堆密实性差,堆体超高造成塌方。

2)主要预防措施

① 施工前做好地质、水文和地下管道的调查勘察,制定合理的开挖方案。

② 排除地表水和地下水,防止冲刷、浸流产生滑坡或塌方。

③ 自上而下挖土,严禁掏洞施工。开挖隧洞施工应有严密防护措施。开挖土方时作业人员不得进入机械作业范围内进行清理或找坡作业。

④ 严格按照土质和深度放坡。基坑、基槽作业时应在施工方案中确定攀登设施及专用通道,作业人员不得攀爬模板、脚手架等临时设施。

⑤ 如施工区域狭窄或为其他条件所限不能放坡时,应采取固壁支撑措施。根据开挖深度、土质、地下水位、施工方法及相邻建筑物况设计支撑。拆除支撑时应按回填顺序自下而上逐层拆除随拆随填,必要时采取加固措施。

⑥ 指定专人指挥、监护,发现土壤有位移、裂缝、或渗漏时应立即停止施工,采取加固措施,排除险情。

⑦ 久旱突降暴雨易引发塌方。北方在早春解冻期施工,应检查基坑、基槽和基础桩支护,无异常情况方可施工。

2. 预防建筑工地高处坠落事故

高处作业是指在基准面 2 m 以上有可能坠落的高处进行的作业,最常见的是脚手架、龙门架上作业和建筑物外墙清洗。越高越危险,轻者重伤、致残,重者死亡。2014 年12 月29 日 8 点20 分许,位于北京市海淀区清华附中的在建工地脚手架的底板钢筋网发生倒塌事故,直接造成在现场作业的 10 名工人因坠落和被掩埋而导致死亡,4 人受伤。

建筑工地高处坠落的主要预防措施:

① 施工单位在编制施工组织设计时,应制定预防高处坠落事故的安全技术措施。将

各类安全警示标志悬挂于施工现场的相应部位,夜间设红灯示警。

②从事登高和悬空作业的人员必须通过专门的安全技术培训,考核合格取得操作证才能上岗;作业中必须系好安全带或安全绳。

③从事一般性高处作业人员要穿戴好劳动防护用品,衣着要灵便,穿软底防滑鞋。严格遵守各项安全操作规程和劳动纪律。

④作业层脚手架的脚手板应铺设严密,下部用安全平网兜底。脚手架外侧采用密目式安全网做全封闭,不得留有空隙,并可靠固定在架体上。脚手板与建筑物之间空隙大于15cm时应作全封闭。作业人员上下应有专用通道,不得攀爬架体。脚手架应使用合格的钢筋和木料制作并牢固连接。

⑤高处作业的物料应堆放平稳,不可置在临边或洞口附近放置。拆卸物料、剩余材料和废料要及时清理运走。传递物件不能抛掷。作业场所有坠落可能的任何物料都要一律先拆除或固定。物料提升机应有完好停层装置,各层联络要有明确信号和楼层标记,两侧边应设置符合要求的防护栏杆和挡脚板,并用密目式安全网封闭两侧,严禁乘人。

⑥作业前和作业过程中要及时检查临边洞口的安全设施是否有效,若有缺陷或隐患务必及时报告并立即处理,发现有危及人身安全的隐患应立即停止作业。

⑦大风或雷雨天气应停止高处作业。脚手架木板上有冰雪时,应在其扫除干净或彻底融化后才开始作业。

5.5 火 灾

火灾(fire disaster)是指在时间和空间上失去控制的燃烧所造成的灾害。在各种人为灾害中,火灾是最经常、最普遍地威胁公众安全和社会发展的主要灾害之一。

5.5.1 火灾的种类与等级

1. 火灾的分类

根据可燃物类型和燃烧特性分为 7 类(见下表):

火灾分类	燃烧物质	举 例
A 类	固体物质	木材、煤、棉、毛、麻、纸张
B 类	液体或可熔化固体物质	煤油、柴油、甲醇、乙醇、沥青、石蜡
C 类	气体	煤气、天然气、甲烷、氢气、液化石油气
D 类	金属	钾、钠、镁、铝镁合金
E 类		带电火灾,指物体带电燃烧的火灾
F 类		烹饪器具内的烹饪物起火
K 类		食用油类火灾

2. 火灾的等级

按照火灾造成的死亡人数、或重伤人数，或直接经济损失大小分为 4 个等级，具体指标见表 5.7。

表 5.7 火灾等级划分标准

火灾等级	特别重大火灾	重大火灾	较大火灾	一般火灾
死伤人数	死亡 30 人以上，或重伤 100 人以上	死亡 10～30 人，或重伤 50～100 人	死亡 3～10 人，或重伤 10～50 人	死亡 3 人以下，或重伤 10 人以下
直接经济损失	1 亿元以上	0.5～1 亿元	0.1～0.5 亿元	0.1 亿元以下

以 2012 年为例，该年全国没有发生特别重大火灾，其他各级火灾发生情况如表 5.8。

表 5.8 2012 年全国火灾损失统计

事故等级	事故起数	死亡人数	受伤人数	直接财产损失/万元	平均每次损失/元
重大火灾	2	24	7	2 699	13 494 228
较大火灾	60	199	45	19 806	3 301 046
一般火灾	152 095	805	523	195 211	12 835
合　　计	152 157	1 028	575	217 716	14 309

可以看出，数量最多的是一般火灾，但每次火灾的死伤人数要大得多，直接经济损失是较大火灾的 4 倍和一般火灾的 1000 倍以上。

2013 年全国发生 2 起特别重大火灾。6 月 3 日 6 时 10 分许，吉林省德惠市的吉林宝源丰禽业有限公司因电线短路引发液氢爆炸和火灾，共造成 121 人死亡，76 人受伤，直接经济损失 1.8 亿元。6 月 7 日福建省厦门市一高架桥上有人故意纵火，造成 47 人死亡，34 人因伤住院。2014 年 1 月 11 日，云南省香格里拉独克宗古城的大火持续十几小时，大量古建筑毁于一旦，直接经济损失超过 1 亿元，仅烧毁 242 栋房屋的财产损失就达 8984 万元。

5.5.2 火灾发生的原因

1. 燃烧的三要素

燃烧是可燃物与氧化剂发生的一种氧化放热反应，燃烧必须具备可燃物、助燃物、点火源三个要素，缺一不可。

（1）可燃物。指凡是能与空气中的氧或其他氧化剂起化学反应的物质，在人们的生产和生活环境中大量存在。

（2）助燃物。是指能帮助和支持可燃物燃烧的物质，空气中的氧气是最常见的助燃物。

（3）点火源。指使可燃物与氧或助燃剂能够发生燃烧反应的能量来源，通常以某种可燃物的燃点温度表示。

但在自然状态下，绝大多数可燃物因达不到燃点温度而不能燃烧。绝大多数火灾是由于人为原因有意或无意引进火种而发生的。以北京市 2010 年为例，由雷击引发的纯自然火灾不到 1‰；自燃起火既有高温等自然因素，也有保管不当等人为因素，约占 2.52%。二者合计尚不足 4%（表 5.9）。[10]

表 5.9　北京市 2010 年城市火灾原因

原因	直接人为	电气	遗留火种	生产作业	自燃	不明原因	雷击	静电	其他	合计
次数	2022	1606	590	266	134	56	5	5	622	5307
占比/(%)	38.10	30.26	11.12	5.01	2.52	1.06	0.09	0.09	11.72	100

2. 常见的生活起火原因

卧床或在沙发上吸烟，乱扔烟头；用过液化气不关总阀门，气灶点火开关故障或橡皮气管老化爆裂导致漏气；使用液化气灶时，锅内食物沸腾溢出浇灭火焰，导致液化气泄漏引发火灾；使用劣质电热毯，导线短路点燃被褥；蚊香放在床边，床上用品接触蚊香引发火灾；燃放烟花爆竹落到柴草堆上；同时使用多个家用电器，超负荷运转发热引发火灾；农村灶膛火苗外窜点燃柴草；私拉乱接电线，使用劣质插头或插座发生短路；上坟烧纸钱失控等。

3. 常见的生产起火原因

企业电气设备超负荷运行、短路、接触不良或适应不合格保险丝引发火灾；没有安装避雷针和除静电设备；干柴、木材、木器、煤灰、纤维、纸张、衣物等可燃物靠近火炉或烟道或高温蒸汽管道堆放，或靠近大功率灯泡被长时间烘烤；烘烤或炒过的食物或其他可燃物未经散热堆积或装袋，因聚热起火；热处理工件堆放在有油渍地面或易燃品旁；电焊作业附近有可燃物堆放；化工生产投料差错导致超温超压爆燃；易燃易爆物品运输储存不当导致泄漏；放火烧荒等。

4. 火灾的发生和发展阶段

火灾的发生发展有 4 个阶段：初起阶段、发展蔓延阶段、发展猛烈阶段、衰减熄灭阶段。初起阶段火势很小，应不失时机迅速扑灭。发展蔓延阶段和发展猛烈阶段火势凶猛难以接近，主要策略是限制火焰向周边扩展，需由专业消防队伍在控制火势的基础上，选择有利时机和突破点进行扑灭。在火势衰减熄灭阶段要认真清理火场，防止余烬复燃。

现代城市有许多高层建筑，底层起火后由于烟囱效应，热烟气向上蔓延的速度为3～4 m/s，几十秒钟火焰就能蔓延到百米高楼的顶部，扑救难度要比一般建筑大得多。

5.5.3 火灾的科学应对

1. 建立健全消防责任制

消防工作要贯彻"预防为主，防消结合"的方针，坚持政府统一领导，公安依法监管，单位全面负责，公众积极参与的原则。企事业单位负责人要对本单位消防安全负总责，建立健全各级消防责任制和岗位责任制，编制消防预案。一旦发生火灾事故要做到四不放过：事故原因不查清不放过，事故责任者得不到处理不放过，整改措施不落实不放过，教训不吸取不放过。重大火灾事故还要追究上级有关负责人的领导责任。

2. 认真组织火灾隐患排查和整改

所有单位都要按照消防法的要求，经常组织定期或不定期的消防隐患排查。地方政府要组织各有关部门对重点单位和场所进行消防工作检查和火灾隐患排查，对所发现的火灾隐患要责令单位负责人或业主限期整改，公安、安监的执法部门要依法查处各类消防违法行为。对不具有安全生产条件和达不到整改要求的，要责令停产停业。一般单位对建筑物内的消防设施至少每年要进行一次全面检查，对于石油化工企业、地下工程、大商场等消防安全重点设防单位要建立每日防火巡查制度并建立巡查记录。

3. 广泛开展消防宣传教育和培训

重点围绕提高社会单位以下四个方面的能力开展工作：检查和消除火灾隐患的能力；组织扑救初起火灾的能力；组织人员疏散逃生的能力；消防宣传教育培训能力。新闻、宣传和文化部门要利用各种传播媒介和群众喜闻乐见的方式积极做好消防宣传，各企事业单位要对员工进行消防安全知识培训并定期组织消防演练。各类学校要对学生进行消防知识的教育，增强防火意识和火灾自救能力。村民委员会和居民委员会要配合政府做好农村和社区的消防宣传和管理工作。

5.5.4 灭火的基本方法

1. 冷却法

火灾发生使周边的气温和地温不断上升，并继续引燃旁边的可燃物，使火灾继续蔓延和扩大。降低火场周围温度是灭火的基本方法之一。水由于热容量大且容易获取，成为最常用的冷却物质。重点防火场所都要求储备一定数量的消防水源。利用有利天气实施人工增雨作业对于森林火灾和草原火灾的扑救十分有效。

2. 窒息法

空气中的氧气低于某个临界浓度,燃烧就不能维持。常见的窒息灭火剂有二氧化碳、氮气、水蒸汽等,用以降低和稀释氧气浓度,多用于密闭或半密闭空间,有风时效果较差。但对于本身含有助燃物的可燃物如硝酸甘油,窒息法不起作用。

3. 隔离法

将可燃物与助燃物隔离,燃烧将自行终止。如液化气泄漏起火,要迅速关闭阀门。电器着火要关掉电闸。油锅着火要马上盖上锅盖,千万不要加水。消防部队灭火救援最常用的隔离灭火法是使用泡沫灭火剂覆盖在可燃物表面,阻止与空气的接触来达到灭火的目的。将可燃物与火源隔离也是重要的灭火方法。对于火势凶猛,一时难以扑灭的火灾,首先要防止其蔓延扩大。需要把火场外围的一切可燃物转移,对于森林火灾和草原火灾,则采取在人为控制下提前把火场外围的林木和牧草烧掉,大火逼近时因已无可燃物,火焰将自动熄灭。

4. 化学抑制法

切断燃烧的化学反应链也可以达到灭火的目的。干粉灭火器的工作原理是其中的超细干粉具有很大的比表面,可形成悬浮于空气中的气溶胶参与燃烧反应,使自由基终止速率大于燃烧反应中的生成速率(其表面能捕获 OH^{-1} 和 H^+ 离子结合成水,使自由基急剧下降),从而导致燃烧的终止。同时,这些干粉在高温下可在燃烧物质表面形成一层玻璃状覆盖物,从而隔绝氧气,窒息灭火。

5.5.5 火灾中的自救与逃生

发生火灾后,要尽快拨打 119 火警,报告火灾发生地点、起火时间与火势。

被大火围困时,首先要判明起火位置,然后决定适宜的逃生路线和方法,撤离时不要贪恋财物。

着火位置高于居住层时,可从楼梯下楼及时撤离,但不要乘电梯,因为在发生火灾时往往会切断电源,乘电梯会困在中途。

着火位置低于居住层时,如退路已被切断可向高层转移。

被大火围困在高层楼房时,应密闭门窗,阻断烟雾,用水浇湿室内用品及四壁以降低温度;在临街窗户或阳台向外呼救等待救援,四层以上除非楼下有软垫接应,绝对不要贸然跳楼。

被大火围困在低层楼房时,可借助绳索或撕开床单从阳台、窗户下坠逃生。

逃离火场必须穿越烟雾区时,应用湿毛巾掩住口鼻,尽量降低身高弯腰疾走或在地面匍匐前进,以减轻烟雾的毒害。据统计,火灾中丧生者 90% 以上是被毒烟熏死的。

5.6 城市生命线系统事故

5.6.1 城市生命线系统的类型与作用

城市生命线系统(urban lifeline system)是指维持居民生活与生产活动必不可少的支持体系，是保证城市生活正常运转和维系城市功能的基础性工程。

1. 城市生命线系统的类型

主要包括能源系统、水系统、运输系统和通信系统等物质、能量和信息传输系统。狭义的生命线系统指供电、供水、供气、排水、供热、通信、网络等，以地表或地下管线网络形式存在。广义的城市生命线系统还包括交通运输、垃圾清运处理、消防、医疗急救等。现代社会城乡差距日益缩小，许多城市生命线系统已延伸到乡村，成为社会生命线系统。

2. 城市生命线系统的作用

城市是一个高度开放的复杂人工生态系统，不具备自然生态系统自我维持与修复的功能，城市系统的运转和功能发挥完全依赖庞大的生命线系统从外界输入物质、能量和信息，并向外界输出城市的物质和精神产品及废弃物。供电、供水系统与人体中的血液循环系统、消化系统及呼吸系统的吸气功能相似，排水系统、垃圾处理系统则与排泄系统及呼吸系统的呼气功能相似，而通信系统则与神经系统的功能可有一比。

城市生命线系统一方面在防灾减灾中具有不可替代的作用，如防灾工程建设需要用电用油，应急救援需要交通、通信和能源的保障，消防用水等。另一方面，由于生命线系统自身的脆弱性，一旦破坏，有可能引发多种灾害事故，甚至系统本身成为触电、水灾、火灾等的灾害源。

3. 城市生命线系统的特点

生命线系统有着显著不同于普通建筑物的特点：

(1) 重要性。现代社会高度依赖城市生命线系统进行物质、能量和信息的流动和联络，一旦破坏，将极大影响城市功能运转，所引发的次生、衍生灾害要比城市系统结构破坏的后果更加严重。

(2) 连续性。城市生命线系统的运转一刻也不能停止，即使是短时间的中断运转也会造成极大的灾难与混乱，尤其是供电、通信等系统。

(3) 连锁性。城市生命线系统中任何环节的滞后、失灵或破坏，都可能影响部分乃至整个系统的功能，甚至导致整个城市的瘫痪。

(4) 延伸性。覆盖范围大，尤其是通信和交通运输能够延伸到很远。

（5）构成的复杂性。包括地上和地下两种结构工程,地上管线由于暴露性强,容易受到外部环境的干扰。目前发达地区大多改地上管线为地下埋设,但也受到土壤和地质条件的影响。各类管线交叉重叠,还存在复杂的相互作用。

5.6.2　城市生命线系统事故灾害的特点

城市生命线系统遭到灾害破坏时,不仅本系统被损害,而且通过灾害链的连锁反应和放大效应,对城市功能和城市居民产生更加严重的危害,通常城市生命线系统事故所造成的次生和衍生灾害的后果要比系统本身的损失更加严重(图5.13)。

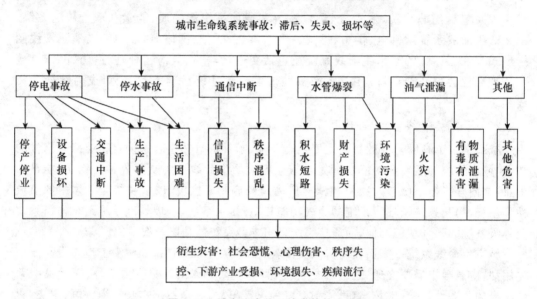

图5.13　城市生命线系统事故的灾害链

2008年1—2月我国南方出现的低温冰雪灾害,影响范围之广与1954年冬季相似,低温强度还远不及1954年,最低气温只有零下七八度,而1954年多数城市降到零下十几度。但2008年的经济损失高达1516亿元,为1954年的数十倍。原因就在于对供电、交通和通信三大生命线系统的高度依赖。凝冻和积雪导致大量高压线塔和通信线塔倒塌,路面结冰,使得许多城市的供电、交通、通信、供水等系统全面瘫痪,给城市运行和人民生活带来了极大困难。

5.6.3　我国城市生命线系统存在的问题与脆弱性

由于现代城市对水、电、气、油等资源的高度依赖性,使城市生命线系统本身具有一定的脆弱性。目前我国城市生命线系统的主要问题是,应对突发事件表现出脆弱性和不完善性,应急弹性容量不足,应急机制不够完善,缺乏系统规划,没有充分考虑非常态下的生命线运行[11]。

1. 不适应非常态下的运转要求

20世纪中期我国城市规划照搬苏联模式,城市生命线系统设计标准偏离我国国情,特别是排水管道标准过低。现有城市生命线系统大多能够满足平时常态下的运行要求,但在地震、洪水、冰雪等重大自然灾害和恐怖袭击面前就显得异常脆弱。

2. 短期行为盛行,生命线系统建设欠账多

由于生命线系统不像标志性建筑那么显眼,不少城市的领导片面追求表面的光鲜和城市形象,重地上,轻地下,导致城市生命线系统建设赶不上城市的扩展,旧城区地下管线年久失修,隐患重重;新城区基础设施建设明显滞后于地表建筑,甚至偷工减料,带来许多隐患。

3. 缺乏备份与辅助系统

我国现有城市生命线系统大多没有备份和应急替代系统,发达国家大多同时建有备份或应急辅助系统,一旦发生不可抗力事件,生命线主系统遭到破坏无法运转时,可以由生命线辅系统保证城市功能的最低运转要求。

4. 统筹、应急体制不健全

我国城市管理体制格局形成于计划经济时期,行政分割,部门间存在利益冲突。政府缺乏统筹机制降低了生命线系统的防灾减灾效能。由于缺乏信息共享机制和部门之间的充分协调,经常发生野蛮施工损坏地下管线,重复施工现象也很普遍,戏称"拉链工程"。发生生命系统事故后,有些地区还互相推诿,缺乏相应的统筹和应急体制,加重了次生灾害的发生和社会秩序的混乱。

5.6.4 城市生命线系统的安全保障对策

余翰武等(2008)在总结2008年1—2月我国南方和西北地区低温冰雪灾害造成生命线系统严重损失的经验教训基础上,提出了城市生命线系统安全保障的对策[12]。

1. 完善城市规划

合理确定城市规模和空间结构,合理选择城市建设用地,避开灾害源和生态敏感地带,减少城市生命线系统受灾受损的机会。合理布局城市各功能区,合理配置供水、供电等城市生命线系统节点,使之充分发挥功能。在综合防灾系统规划设计中考虑城市生命线系统的配置。完善燃气系统、电力系统、给排水系统等专项规划。

2. 更新城市生命线系统模式

我国现有城市生命线系统为树枝状,一旦主干破坏,系统供应往往中断。在建设城

市生命线主系统的同时,还应建立树藤状供应系统,利用藤的辅助和补充功能为城市生命线系统安全运行提供保障。

单一生命线往往很脆弱,多个单一生命线形成的网络安全性能较强。某一单元的主系统出问题时,其辅系统能得到其他单元核的启动源并有效运行。每个单元的生命线系统相对独立,发生突发事件时可以保证任何局部和重要部位在应急状态下切断,将损害控制在最小限度,不致产生次生灾害,可保护整个生命线系统的安全。

由于原有生命线系统设施老化、落后,跟不上城市扩展和人口增长,城市生命线系统规划应充分考虑生命线系统的适当增容,调整技术标准,改善条件,提高抗灾能力和安全性能。

3. 加大投入,提升生命线系统的科技含量

充分应用科技新成果,对现有的生命线工程和系统进行技术改进、移植和更新。包括建立先进的信息系统和城市灾害预警系统,开发安全减灾防灾新技术、新设备,加大生命线设施的地下化比例,开展共同沟建设,使大部分管线地下化和廊道化。

4. 提高管理水平,完善城市生命线系统安全保障体制

城市生命线系统安全是一项系统工程,需要依靠立法、行政、教育、工程技术和管理等多种手段进行综合管理。要在现有体制基础上建立更高层次的领导和协调机制,实现制度创新,完善统筹应急体制。制定适度超前的城市生命线系统规划,增加安全减灾防灾资金投入,制定务实的生命线系统应急预案,加强生命线系统安全的宣传教育和法制工作。

以下我们介绍几种主要生命线系统事故的危害和应对。

5.6.5 燃气事故的应对

1. 燃气性质与燃气事故

燃气是气体燃料的总称,城市燃气主要是指天然气、液化石油气以及人工煤气,部分农村还使用沼气和秸秆气化炉。燃气事故(gas accident)包括泄漏、燃烧和爆炸三种形式。液化石油气点火温度为 $426\sim537℃$,天然气为 $537℃$,火焰传播速度可达 0.34 m/s。当城市燃气与空气混合到一定浓度即爆炸极限时形成预混气,遇明火会发生爆炸。高于上限浓度时由于氧气不足也不会爆炸,但仍会着火。爆炸极限范围越宽,爆炸下限越低,爆炸危险性越大。天然气的爆炸下限为 5%,上限为 15%;液态液化石油分别为 5% 和 33%。天然气的主要成分是甲烷(CH_4),比空气轻;气态液化石油气主要成分为丙烷(C_3H_8)和丁烷(C_4H_{10}),比空气重;它们均具有很强的扩散性。天然气通常以压力管道形式输送,进入家庭时一般都小于 2500 Pa;瓶装液化气钢瓶内气相、液相共存,压力为当时环境温度下的饱和蒸气压。由液态变成气态时体积扩大约 250 倍,其危险性远大于其

他管道燃气。

地下燃气管道泄漏积累，一遇明火或静电就可能爆炸。1995年1月3日傍晚，济南市和平路因地下煤气管道破裂，遇明火爆炸，将地下电缆沟整体掀翻，2.2 km路段和附近房屋、车辆和各种设施损毁严重，并造成大片区域停电。这次爆炸造成死亡13人，受伤48人，直接经济损失429.1万元。

2. 燃气管线事故发生的原因

① 燃气管道所处地下环境复杂，易受腐蚀而破裂漏气。

② 燃气系统设备安全防护装置失效导致泄漏。

③ 企业安全管理不善，缺乏应急抢修专业技术和设备，规章制度不健全，违章操作。

④ 未经探勘野蛮施工挖断燃气管道，违章建筑物占压管线等。

⑤ 久旱遇雨引发局部地面塌陷，损坏地下燃气管道。

3. 预防措施

① 加强燃气行业监管，层层落实燃气安全责任制，做好燃气行业安全管理。

② 科学规划燃气管道建设，避免燃气设施安全距离不够或违章改扩建。确保管材与施工质量。完善燃气管道档案，避免因资料不全导致其他企业在施工过程中破坏地下管道或在地上违章占压。

③ 燃气企业要编制燃气事故的应急预案，并经常组织演练。

④ 宣传普及燃气安全使用常识。

4. 应急处置

发现气味异常，可能有燃气泄漏时，要立即熄灭用气场所的明火，关闭供气阀门，打开门窗通风。待无气味后再检查连接处是否漏气，可用肥皂水涂抹连接部位，严禁明火查找漏点。如难以接近或远离漏气场所，要拨打维修电话，由专业人员进入查找漏点和维修。

5.6.6 用电安全事故的应对

用电安全事故（electrical accident）是指由于电力设施受到外力破坏、设备故障、自然灾害、人为因素等方面的原因，致使电力系统不能正常运行，造成电力供应中断或电能质量下降，导致设备损坏、人身伤亡、环境污染、重大经济损失和社会秩序混乱等严重后果，对居民生活、安全生产、城市运行和政治经济等方面产生不良影响的突发事件。用电安全事故主要包括触电事故和电网事故两大类：前者因不慎接触电源引起，一般指伤害到个别人；后者则因电网设施故障或人为操作及管理失误引起，对区域生活与经济影响极大。

1. 触电事故

1) 触电事故的发生

人体是导体,当通过人体的电流很小时没有感知,电流稍大就会有"麻电"的感觉,达到 8～10 mA 时就很难摆脱,会发生触电事故(electric shock)。

电流对人体的损伤主要是电热所致灼伤和强烈的肌肉痉挛,严重的引起呼吸抑制或心跳骤停,可致残甚至危及生命。

如电线的绝缘皮破坏,裸露处直接接触人体,或接触到未接地的电器外壳,或接触潮湿的电线与电器,都有可能发生低压触电。

与高压带电体靠近时,高压带电体与人体之间会发生放电现象。高压电线落在地面时,在不同距离的点之间存在电压,人的两脚间存在足够大的电压时会发生跨步电压触电。

2) 触电事故的预防

预防触电事故要注意正确安装电线、电器和按照要求接地,室内电线不要与其他金属导体接触,不要在电线上晾衣物、挂物品。电线老化与破损时要及时修复更换。不要用湿手扳开关、换灯泡,拔插头。维修电器要切断电源,不要带电操作。看到"高压危险"标志要与带电设备保持安全距离。不要在高压线附近放风筝。

3) 触电事故的应急处置

发现有人触电应立即切断电源,用绝缘物品挑开触电者身上的带电物体。立即拨打报警和急救电话。解开妨碍触电者呼吸的紧身衣服,立即就地抢救;如呼吸和脉搏停止,应立刻进行心肺复苏,在医生到来之前不能中断。

2. 电网事故

电网事故(power grid accident)是指由于人为或自然的原因导致电网系统的故障、失灵或损坏,造成人员伤亡、财产损失,或因大面积停电造成停产停业经济损失及社会秩序混乱等。

1) 电网事故的危害

现代社会高度依赖电力系统,一旦发生大面积停电,所造成的损失和影响十分巨大。如 2003 年 8 月 14 日,北美地区发生有史以来最严重的大面积断电事故,纽约、底特律、克利夫兰、渥太华、多伦多等重要城市及周边地区近 5000 万人口受到影响。美国关闭了 9 座核电站,纽约市发生 60 起严重火灾,电梯救援行动多达 800 次,紧急求救电话近 8 万次,急诊医疗服务求助电话创纪录达 5000 次。三大汽车制造厂停产,地铁停驶,交通阻塞,班机延误,民众生活面临种种不便,住在高层住宅的老人由于电梯停开和停水,更是面临生存危机。估计整个地区的经济损失高达 250～300 亿美元。巴西电网 2009 年 11 月 10 日的大停电影响人口约 5000 万,损失负荷 24.436 GW,约占巴西电网全部负荷的

40%，导致巴西18个州及巴拉圭陷入一片黑暗。2008年1—2月我国南方的大面积停电同样造成了严重后果，除经济损失严重外，有的山区居民由于停电，稻谷脱粒机不能开动，面临断粮的生存危机。

电网事故按照危害特征分为人员伤亡事件、电网事件和设备事件三类，按照损失程度分为特别重大事故、重大事故、较大事故、一般事故、五级、六级、七级等级别。

2）电网事故发生的自然因素

城市的电源以区域电网为主，通常形成环路并与周边城市联网，有些重要单位还自备发电系统供紧急情况下启用。2006年北京电力公司发生的18次一般事故中，由于恶劣天气原因造成的事故有7次，占近40%。气象灾害引发供电系统事故有以下几种情况：

（1）冻雨。2008年1月中旬华中连降暴雪并夹带冻雨，三峡至上海高压输电线路有4座线塔因大量覆冰而倒塌。这些线塔按江南常年气候设计可抵御厚10 mm的覆冰，但这次雪灾最厚覆冰达50~60 mm。据国家电网不完全统计，仅1月27日17时到28日17时，湖南省就倒塔35基，分裂成3个孤立电网运行，郴州城区连续十余天断电，蜡烛卖到20元一根。

（2）污闪掉闸。空气中污染物质沾落瓷瓶，又遇浓雾，使绝缘性能大幅度下降。1990年2月16—17日，大雾和空气污染导致华北区域电网大面积污闪，数条高压输电线路先后掉闸断电，8个枢纽变电站发生故障。为保证居民用电和取暖，北京市对200个工业大户拉闸停电并对远郊区县限电。

（3）电线触地。冻雨使电线积冰和夏季高温热胀都有可能造成高压电线下垂触地。

（4）雷电。变电站和输电高压线等带电物体在雷雨中易受雷击。

（5）暴雨、暴雪和大风。1983年6月5日北京市一场7级大风刮倒许多电杆，全市有17条1万伏高压线停电，300处380伏和220伏低压线出现故障。洪涝冲击也常使电杆倒折。由暴雨引发的山洪、滑坡和泥石流对电杆和线路的危害更大。

（6）高温。炎热天气市民空调制冷用电量激增，常使电网超负荷，极易酿成事故。2003年江南和2006年重庆的酷热天气都曾使用电量接近电网负荷的极限。

（7）洪涝。电缆包裹不严，雨水渗入地下电缆造成漏电。久旱之后突降大雨容易发生地面塌陷，损坏地下管线。

3）电网事故的人为原因

一种是操作失误引发，如2006年11月4日欧洲电网解列，西部低频大停电是调度人员的操作失误所致。美国佛罗里达州的一次大停电是由于检修工程师错误退出了主保护装置。另一种是电网自身故障，如巴西电网2009年11月10日和2011年2月4日的大停电是由于继电保护的误动。保护装置的隐性故障在系统正常运行时很难被发现，在系统发生故障时，被保护元件错误断开，造成雪崩式跳闸[13]。

电网规划布局不合理,高压线路经过地质不稳定和多冰雪灾害地区,电网设施承压标准偏低,超负荷用电等也都是酿成电网事故的人为原因。

4)电网事故的应急处置

发生大面积停电后,供电企业应在第一时间进行现场调查并启动《电网大面积停电事件处理应急预案》,政府电力主管部门要及时向社会发布停电信息。供电企业电力调度机构要迅速组织力量抢险救灾,修复被损设施,恢复电力供应。

发生停电事件后,各级地方政府和有关部门应立即组织社会停电应急救援与处置。对停电后易发生人身伤害及财产损失的用户要及时启动相应预案和备用电源。公共场所发生大面积停电事件时要保证安全通道畅通,组织有序疏散。

企事业单位和用户在停电事故发生后,可拨打供电企业客户服务电话了解情况,启动备用电源或准备照明用品,做好恢复供电后继续正常工作的准备。

练习题

1. 调查附近工厂企业的安全生产状况并提出改进措施建议。
2. 调查你的居住环境有哪些火灾隐患,并提出改进消防工作的建议。
3. 与同学一起进行对触电受伤者实施抢救的演练。

思考题

1. 引发生产安全事故有哪些因素?怎样防控生产安全事故的发生?
2. 煤矿安全事故多发的原因是什么?怎样防控?
3. 试从火灾形成的三要素说明预防和扑灭火灾的基本技术途径。
4. 为什么城市生命线系统反而加大了现代社会对于灾害事故的脆弱性?怎样降低这种脆弱性?

主要参考文献

[1] 单志刚. 安全管理的系统思维方法. 北京石油干部管理学院学报, 2007,(6): 56—57.

[2] 吴超. 安全科学方法学. 北京: 中国劳动社会保障出版社, 2011.

[3] 王迎春, 郑大玮, 李青春. 城市气象灾害. 北京: 气象出版社, 2009.

[4] 张新海. 论交通安全管理的基本要义. 政法学刊, 2009,26(4): 101—104.

[5] 许洪阁. 交通安全管理系统概述. 中国新技术新产品. 2010(2): 47.

[6] 秦利燕, 邵春福, 鲁岩. 道路交通安全管理系统的研究与开发. 中外公路, 2014, 34(2): 318—321.

[7] 张统，孙道亮，蒋云. 等. 2003～2012 年我国建筑业事故统计分析研究. 建筑安全，2013,(8)：18—21.

[8] 张志忠. 探析建筑工程安全事故原因及预防措施. 中国建筑金属结构，2013,(14)：131,133.

[9] 贺翀，贺子龙. 建筑事故成因及构成要件探析. 湖南工程学院学报，2006, 16(1)：108—110.

[10] 北京市民防局，北京减灾协会组织编写. 北京市公共安全知识读本(公务员版). 北京：北京出版集团公司、北京出版社，2013：163—164.

[11] 奚江琳，黄平，张奕. 城市防灾减灾的生命线系统规划初探. 现代城市研究，2007,(5)：75—81.

[12] 余翰武，伍国正，柳浒. 城市生命线系统安全保障对策探析. 中国安全科学学报，2008,18(5)：18—22.

[13] 辛阔，吴小辰，和识之. 电网大停电回顾及其警示与对策探讨. 南方电网技术，2013,7(1)：32—38.

第六章

灾害各论（四）：
突发公共卫生事件与社会安全事件

学习目的：了解突发公共卫生事件与社会安全事件的主要类型及防控途径。

主要内容：突发公共卫生事件的类型与特点，常见公共卫生事件的预防和急救。
突发社会安全事件的常见类型、发生特点与防控措施。

6.1 突发公共卫生事件概述

6.1.1 突发公共卫生事件的特点和分级

1. 突发公共卫生事件的特点

突发公共卫生事件（sudden incident of public health）是指突然发生，造成或者可能造成社会公众健康严重损害的重大传染病疫情、群体性不明原因疾病、重大食物和职业中毒以及其他严重影响公众健康的事件。

突发公共卫生事件具有突发性、公共性、复杂性、紧迫性及易变性等特点。

其中，重大传染病疫情是指某种传染病在短时间内发生、波及范围广泛，出现大量的病人或死亡病例，其发病率远远超过常年的发病率水平的情况。群体性不明原因疾病是指在短时间内，某个相对集中的区域内同时或者相继出现具有共同临床表现病人，且病例不断增加，范围不断扩大，又暂时不能明确诊断的疾病。重大食物和职业中毒是指由于食品污染和职业危害的原因而造成的人数众多或者伤亡较重的中毒事件。

突发公共卫生事件严重危害人体健康和生命安全，对患者和亲属造成心理伤害。由于突发公共卫生事件造成的劳动时间损失和预防、治疗费用都将造成严重的经济损失。重大传染疫情还会使国家或地区的形象受损，并造成社会秩序的混乱甚至失控。

2. 突发公共卫生事件的分级

根据突发公共卫生事件的性质、危害程度、涉及范围，划分为一般（Ⅳ级）、较大（Ⅲ

级）、重大（Ⅱ级）和特别重大（Ⅰ级）四级（表6.1）。

表 6.1　突发公共卫生事件的等级划分

等　　级	说明：有下列情形之一
特别重大 （Ⅰ级）	1. 肺鼠疫、肺炭疽在大、中城市发生并有扩散趋势，或肺鼠疫、肺炭疽疫情波及2个以上的省份，并有进一步扩散趋势。 2. 发生传染性非典型肺炎、人感染高致病性禽流感病例，并有扩散趋势。 3. 涉及多个省份的群体性不明原因疾病，并有扩散趋势。 4. 发生新传染病或我国尚未发现的传染病发生或传入，并有扩散趋势，或发现我国已消灭的传染病重新流行。 5. 发生烈性病菌株、毒株、致病因子等丢失事件。 6. 周边以及与我国通航的国家和地区发生特大传染病疫情，并出现输入性病例，严重危及我国公共卫生安全的事件。 7. 国务院卫生行政部门认定的其他特别重大突发公共卫生事件。
重大 （Ⅱ级）	1. 在一个县（市）行政区域内，一个平均潜伏期内（6天）发生5例以上肺鼠疫、肺炭疽病例，或者相关联的疫情波及2个以上的县（市）。 2. 发生传染性非典型肺炎、人感染高致病性禽流感疑似病例。 3. 腺鼠疫发生流行，在一个市（地）行政区域内，一个平均潜伏期内多点连续发病20例以上，或流行范围波及2个以上市（地）。 4. 霍乱在一个市（地）行政区域内流行，1周内发病30例以上或波及2个以上市（地），有扩散趋势。 5. 乙类、丙类传染病波及2个以上县（市），1周内发病水平超过前5年同期平均2倍以上。 6. 我国尚未发现的传染病发生或传入，尚未造成扩散。 7. 发生群体性不明原因疾病，扩散到县（市）以外的地区。 8. 发生重大医源性感染事件。 9. 预防接种或群体预防性服药出现人员死亡。 10. 一次食物中毒人数超过100人并出现死亡病例，或出现10例以上死亡病例。 11. 一次发生急性职业中毒50人以上，或死亡5人以上。 12. 境内外隐匿运输、邮寄烈性生物病原体、生物毒素造成我境内人员感染或死亡的。 13. 省级以上人民政府卫生行政部门认定的其他重大突发公共卫生事件。
较大 （Ⅲ级）	1. 发生肺鼠疫、肺炭疽病例，一个平均潜伏期内病例数未超过5例，流行范围在一个县（市）行政区域以内。 2. 腺鼠疫发生流行，在一个县（市）行政区域内，一个平均潜伏期内连续发病10例以上，或波及2个以上县（市）。

等级	说明：有下列情形之一
	3. 霍乱在一个县(市)行政区域内发生,1周内发病10～29例,或波及2个以上县(市),或市(地)级以上城市的市区首次发生。
	4. 1周内在一个县(市)行政区域内,乙、丙类传染病发病水平超过前5年同期平均发病水平1倍以上。
	5. 在一个县(市)行政区域内发现群体性不明原因疾病。
	6. 一次食物中毒人数超过100人,或出现死亡病例。
	7. 预防接种或群体预防性服药出现群体性反应或不良反应。
	8. 一次发生急性职业中毒10～49人,或死亡4人以下。
	9. 市(地)级以上人民政府卫生行政部门认定的其他较大突发公共卫生事件。
一般(Ⅳ级)	1. 腺鼠疫在一个县(市)行政区域内发生,一个平均潜伏期内病例数未超过10例。
	2. 霍乱在一个县(市)行政区域内发生,1周内发病9例以下。
	3. 一次食物中毒人数30～99人,未出现死亡病例。
	4. 一次发生急性职业中毒9人以下,未出现死亡病例。
	5. 县级以上人民政府卫生行政部门认定的其他一般突发公共卫生事件。

6.1.2 突发公共卫生事件的应对

1. 应对突发公共卫生事件的工作原则

1) 预防为主,常备不懈

提高全社会对突发公共卫生事件的防范意识,落实各项防范措施,做好人员、技术、物资和设备的应急储备工作。对各类可能引发突发公共卫生事件的情况要及时进行分析、预警,做到早发现、早报告、早处理。

2) 统一领导,分级负责

根据突发公共卫生事件的性质、范围和危害程度,对突发公共卫生事件实行分级管理。各级人民政府负责突发公共卫生事件应急处理的统一领导和指挥,各有关部门按照预案规定,在各自的职责范围内做好突发公共卫生事件应急处理的有关工作。

3) 依法规范,措施果断

地方各级人民政府和卫生行政部门要按照相关法律、法规和规章的规定,完善突发公共卫生事件应急体系,建立健全系统、规范的突发公共卫生事件应急处理工作制度,对突发公共卫生事件和可能发生的公共卫生事件做出快速反应,及时、有效开展监测、报告和处理工作。

4) 依靠科学,加强合作

突发公共卫生事件应急工作要充分尊重和依靠科学,要重视开展防范和处理突发公共卫生事件的科研和培训，为突发公共卫生事件应急处理提供科技保障。各有关部门和单位要通力合作、资源共享，有效应对突发公共卫生事件。要广泛组织、动员公众参与突发公共卫生事件的应急处理。

2. 突发公共卫生事件的应对机制

国家和地方分别成立突发公共卫生事件应急指挥机构和应急处理专业技术机构，建立统一的突发公共卫生事件监测、预警与报告网络体系。

突发公共卫生事件的应急处理要采取边调查、边处理、边抢救、边核实的方式，以有效措施控制事态发展。

事件发生后，各级政府要统筹本地区应急资源，划定控制区域，采取疫情控制措施，加强流动人员防疫管理，实行交通卫生检疫，及时发布信息，正确引导舆论，开展群防群治，维护社会稳定。

卫生行政部门要组织开展突发公共卫生事件调查处理，督察指导应急处理工作。普及卫生知识，消除公众心理障碍。组织专家对突发公共卫生事件处理情况进行综合评估。

医疗机构要接诊、收治和转运病人。做好现场控制、消毒隔离、个人防护、医疗垃圾和污水处理，防止交叉感染和污染。做好传染病和中毒病人报告。对群体性不明原因疾病和新发传染病做好病例分析与总结。重大中毒事件，按照现场救援、病人转运、后续治疗相结合的原则进行处置。

疾病预防控制机构要做好突发公共卫生事件信息收集、报告与分析工作。开展流行病学调查，进行实验室检测，制订技术标准和规范，开展技术培训。

3. 突发公共卫生事件应急体系建设

目前我国突发公共卫生事件应急机制建设还存在指挥协调能力偏低、响应能力较差、应急体系存在缺陷、经费保障机制缺乏等问题。一个完整的突发公共卫生事件应急体系应包括疾病信息网络体系、疾病应急救治体系、疾病预防控制体系、预防与保障体系等子系统。目前我国的疾病信息网络体系建设已取得一定成就，还应该向农村和社区扩展，并向自然灾害和慢性病等领域延伸。在疾病应急救治体系中，应建好包括社区（卫生所）、乡镇卫生院、县市急救中心、定点救治医院、传染病医院在内的救助体系，加强对医护人员的培训。疾病预防机构要做好流行病学调查、实验室诊断以及消毒隔离工作，整合现有卫生资源，落实保障经费。完善预防保障机制，需要建好应急指挥机构，加强突发公共卫生事件的监测和预警，一旦出现传染性疾病，相关部门要协同做好检验检疫，防止疫情扩散。[1]

6.2　常见突发公共卫生事件的防控和急救

6.2.1　急性传染病的防控

1. 传染病和急性传染病

传染病(infectious diseases)是由各种病原微生物(病毒、细菌、立克次体等)感染人体后产生的具有传染性的疾病,能在人与人、动物与动物之间相互传染和流行。传染病爆发流行,给社会造成巨大危害。突发急性传染病,是指严重影响社会稳定、对人类健康构成重大威胁,需要对其采取紧急处理措施的传染病,如鼠疫以及传染性非典型性肺炎(以下简称"SARS")、人感染高致病性禽流感等新发生的急性传染病和不明原因疾病等。

传染病具有流行性、地方性、季节性的特点。传染病痊愈后,人体对同一种传染病病原体产生不感受性,称为免疫。不同的传染病、病后免疫状态有所不同,有的传染病患病一次后可终身免疫,有的还可再感染。大多数传染病从感染到发病有一个潜伏期,急性传染病通常指潜伏期较短,发病凶猛和危害较大的一类传染病。

历史上各种传染病曾经是对人类健康危害最大、造成死亡人数最多的严重灾害。自19世纪末和20本世纪初免疫制剂广泛使用以来,各种烈性传染病和感染性疾病得到有效控制。但到20世纪末,一些老牌传染病如疟疾、肺结核等死灰复燃,霍乱、鼠疫、流脑等在第三世界许多国家时有发生,一些新传染病如艾滋病、埃博拉出血热、禽流感等又向人类提出新的挑战。

2. 传染病的类型

2004年8月28日通过修订后的《中华人民共和国传染病防治法》,将发病率较高、流行面较大、危害严重的38种急性和慢性传染病列为法定管理,并根据其传播方式、速度及其危害程度不同,分为甲、乙、丙三类。

(1) 甲类传染病。是指鼠疫、霍乱。

(2) 乙类传染病。是指传染性非典型肺炎、艾滋病、病毒性肝炎、脊髓灰质炎、人感染高致病性禽流感、麻疹、流行性出血热、狂犬病、流行性乙型脑炎、登革热、炭疽、细菌性和阿米巴性痢疾、肺结核、伤寒和副伤寒、流行性脑脊髓膜炎、百日咳、白喉、新生儿破伤风、猩红热、布鲁氏菌病、淋病、梅毒、钩端螺旋体病、血吸虫病、疟疾。

(3) 丙类传染病。是指流行性感冒、流行性腮腺炎、风疹、急性出血性结膜炎、麻风病、流行性和地方性斑疹伤寒、黑热病、包虫病、丝虫病,除霍乱、细菌性和阿米巴性痢疾、伤寒和副伤寒以外的感染性腹泻病。

上述规定以外的其他传染病,根据其暴发、流行情况和危害程度,需要列入乙类、丙类传染病的,由国务院卫生行政部门决定并予以公布。

3. 急性传染病的防治

国家对传染病防治实行预防为主的方针，防治结合、分类管理、依靠科学、依靠群众。

传染病在人群中发生或流行，必须同时具备传染源、传染途径和人群易感性三个条件，由此可以确定防治传染病的三个途径。

1）切断传染源

传染源是指体内有病原体生存和繁殖并能将病原体排出体外的人或动物。

发现传染病病人或疑似病人，应及时向附近医疗机构或卫生防疫机构报告，并在医生指导下采取隔离措施。

有经济价值的家禽、家畜患传染病应尽可能治疗，必要时宰杀后消毒处理；经济价值较小或患危险性传染病的应尽快扑杀并进行无害化处理。

2）切断传染途径

对于呼吸道传染病，公共场所和居室应保持空气流通，必要时应进行空气消毒。

对于消化道传染病，应加强饮食、粪便、水源的管理，改进环境卫生与个人卫生。

对于虫媒传播传染病，采用药物或其他措施防虫、杀虫或驱虫。

传播因素复杂的寄生虫病如血吸虫，要设法消灭其寄主钉螺或破坏其生存环境。

3）提高人群免疫力，降低易感性

非特异性措施包括增强体质，注意卫生，均衡营养，改善居住条件等。

特异性措施分为主动免疫和被动免疫。被动免疫通过给易感者注射特异性抗体，起到迅速、短暂的保护。主动免疫则通过注射或服用某种传染病的疫苗、菌苗或类毒素，使易感者体内产生免疫力。两者联合使用可提高预防效果。

6.2.2　人兽共患病的防控

1. 人兽共患病及其危害

1959 年世界卫生组织和联合国粮农组织联合成立的人和动物共患病专家委会规定人兽共患病（zoonosis）的概念，即指在人类与脊椎动物之间自然传播的疾病与感染，可以理解为由共同的病原体引起的人类与脊椎动物的疾病。常见的有非典型肺炎（SARS）、禽流感、狂犬病、疯牛病等。过去曾使用"人畜共患病"一词，由于人和动物共患病既有与饲养动物的共患病，也有与野生动物的共患病，现在普遍改用"人兽共患病"一词。

人和动物共患病是威胁人类健康和阻碍畜牧业发展的大敌。旧中国鼠疫曾波及 20 个省区的 549 个县，据 1900—1949 年的不完全统计，全国鼠疫发病人数达 115.6 万，死亡 102.9 万。全国血吸虫病流行范围达 200×10^4 km^2 有余，患病人数 1100 万以上。目前我国每年因各类禽病导致家禽死亡率高达 20%，经济损失上百亿元。2003 年春季，首先发生在广东、香港，并迅速蔓延到北京和多个省、市、自治区的传染性非典型肺炎所造成的经济损失和社会恐慌,许多人记忆犹新。2004年初发生于部分地区的禽流感疫情虽然由于措施有力得到了有效控制,但仍给养禽业造成了很大的经济损失。

动物疾病是人类新发人兽传染病的孳生地,动物身上的病原体一旦跳过物种间屏障,将给人类带来巨大的灾难,特别是对于那些新发人兽共患传染病,必须给予高度重视,提早做好防范与应对。

2. 人兽共患病的流行条件

人兽共患病的流行和蔓延只有在传染源、传播媒介与途径、对病原易感染的人和动物等三个条件同时存在并相互联系时,才能流行和蔓延。三个环节的联结或断离都与一定的自然条件与社会条件密切相关。社会经济与客观环境的改变为新发人兽共患病传染病的爆发、流行创造了外部条件。近30年来人类社会在不断进步的同时,也给自然与政治经济环境带来了相应的改变,其中包括不良影响的一面。人口增长、人类活动对动物自然栖息地的侵入与环境破坏、人类与野生动物杂混与接触、农业集约化、森林减少、农牧产品与野生动物混杂、药物滥用及耐药性等问题均为其创造了产生的外部条件。

3. 禽流感的防控

人兽共患病的防控是复杂的系统工程,以下我们以禽流感和狂犬病为例,简要介绍其防控原理和主要措施。

禽流感(avian influenza,或 bird flu)的传染源主要是患病禽类动物,其次是康复或隐性带毒患者。带毒鸟类和水禽常是鸡禽流感的重要传染源。由于这些禽类感染后可长期带毒并通过粪便排毒,自身不表现任何症状,所以很难区别。

禽流感病毒(AIV)根据流感病毒核蛋白(NP)和基质蛋白(MS)抗原性的不同,可将流感病毒分为 A、B 和 C 三个血清型。A 型流感病毒的表面糖蛋白比 B 型和 C 型的变异性更高,能感染多种动物,包括人、禽、猪和马等。

1)传播途径

传播途径主要通过消化道和呼吸道。禽类通过咳嗽、打喷嚏、排便等随呼吸道分泌物和粪便排出病毒,经过飞沫和粪便感染给其他容易感染的动物和人。病毒污染的空气、饲料、饮水、饲养管理器具、运输工具等其他物品都是重要的机械传播媒介,鼠类、昆虫及犬、猫等可以引起机械性传播。人员的流动和消毒不严也起着非常重要的传播作用。候鸟则是远距离传播的主要方式。

目前尚且没有证据表明禽流感能够在人与人之间传播,但由于禽流感病毒的有极强的变异性,一旦禽流感病毒与人类病毒重组,从理论上说,就可能通过人与人传播。到那时,这种病毒就会成为人类病毒,就好像流感病毒一样,对人类的健康将产生极大的威胁。

目前还没有发现人由于吃熟鸡肉或鸡蛋而受到感染的病例,但有些病例与吃不熟甚至带血的鸡肉有关。

2）流行特征

大规模流行常具有一定周期性。常突然发生，传播迅速，呈地方性流行或大流行形式。低致病性禽流感（如 H9N2、H5N2 等）爆发时，一般感染率、发病率高但死亡率低；但发生高致病性禽流感（如 H5N1）时，鸡的死亡率极高。养鸡场阴暗、潮湿、过于拥挤、营养不良、卫生状况差、消毒不严格、寄生虫侵袭等都可加剧本病的发生和病情。

禽流感的防控要坚持"预防为主，防治结合"的方针，依靠科学、依法防治、群防群控、及时处理，切断家禽传染病的传播途径，健全和完善传染病的传播途径，健全和完善病防疫体系，制定并落实疫病的净化和扑灭规划及实施方案。

4. 狂犬病的防控

狂犬病（rabies）是由狂犬病病毒引起的人和动物共患的一种接触性传染病。狂犬病是人类最古老的疾病之一，人们很早就注意到被疯狗咬伤的危险，并发现其唾液具有感染性。狂犬病为自然疫源性疾病，病死率极高。在卫生部公布的 2003 年全国 27 种法定传染病疫情中，死亡数和病死率均占第一位。在 2008 年 3 月卫生部公布的传染病报告中，狂犬病仅次于艾滋病与肺结核居第三。许多看来健康的家犬也可能携带狂犬病毒。

狂犬病为急性感染，80％以上属狂躁型，常出现兴奋症状尤其是恐水；另一种是麻痹型或哑型狂犬病。患者和动物常出现极度神经兴奋、狂躁、恐惧不安、怕风恐水、流涎和咽肌痉挛，终至瘫痪和死亡，多见于狗、狼、猫等食肉动物，人可被病兽咬伤而感染。

50％～90％的患病动物唾液含狂犬病毒，主要的传播途径是被患病动物咬伤、抓伤后，病毒自皮肤损伤进入人体。黏膜也是也是病毒侵入的重要门户，也可由染毒唾液污染环境后，再污染创伤面而传染。此外也有经过呼吸道、消化道感染的。人被病犬咬伤后的平均发病率为 15％～20％。各种动物的潜伏期不等，从 10 天到数月或 1 年以上，一旦发病，死亡率几乎 100％。

目前尚缺乏有效的治疗手段，应加强预防措施以控制疾病的蔓延。预防接种对防止发病有肯定效果，严格执行犬的管理可使发病率明显降低。

首先要加强动物检疫，及时发现并捕杀患病动物；宠物犬和猫在 2 月龄以上就应肌注免疫，咬过人的动物应捕获、隔离并观察 10 天，仍存活的若确定为非狂犬病可解除隔离。确诊患狂犬病的动物。无论具有何种价值，原则上都不允许治疗，应就地捕杀并进行无害化处理。

动物检疫人员、动物饲养员和屠宰人员和可能接触狂犬病病毒的医务人员，要定期注射狂犬病疫苗。

6.2.3 食物中毒的预防与处置

1. 食物中毒

食物中毒(food poisoning)指吃了有毒食物而引起的非传染性急性或亚急性疾病,绝大多数发生在7—9月。因霍乱、肝炎等已知传染病、寄生虫病、食物过敏症以及暴饮暴食引起的急性肠胃炎,虽然也与食物有关,但一般不属食物中毒范畴。

食物中毒的潜伏期短、常突然和集体暴发,患者近期都曾食用过同样的食物,发病范围仅限于食用该类食物的人群,停止食用后发病曲线会突然下降。食物中毒病人对健康人不具有传染性。

2. 食物中毒的类型和症状

不同有毒食物的中毒症状、预防和治疗都有所不同,主要包括以下类型:

① 致病性微生物污染并迅速繁殖的食物;

② 被致病微生物污染后,在其生长繁殖过程中产生大量毒素的食物;

③ 被铅、汞、镉、氰化物及农药等有毒化学物质污染的食物;

④ 含有毒物质,因加工与烹调方法不当未能除去毒素的食物,如河豚、木薯、苦杏仁、菜豆等;

⑤ 贮藏过程中因环境条件不利而产生有毒物质的食物,如发芽的土豆,发霉的大豆、花生、玉米等;

⑥ 外形与食物相似,含有毒成分的物质,如毒蘑菇。

食物中毒患者多数表现为肠胃炎症状,并与食用某种食物有明显关系,如误判为肠胃炎将贻误治疗时机。发生食物中毒通常短时间内有多人同时发病并具有相似的消化道症状,如恶心、呕吐、腹痛、腹泻等,严重者可因脱水、休克、循环衰竭而危及生命。

细菌性食物中毒约总数的50%左右,又以动物性食品为主。化学性食物中毒一般进食后不久发病,常有群体性,病人具有相同的临床表现,剩余食品、呕吐物、血和尿等样品中可测出有关化学毒物。不同化学物质的中毒症状有所不同。如吸收大量硝酸盐的叶菜类腐败后,以及大量饮用含亚硝酸盐量高的蒸锅水或苦井水,有可能发生亚硝酸盐中毒,潜伏期0.5～3小时,表现为皮肤青紫,伴有头痛恶心、呕吐、心慌和呼吸急促,严重的昏迷、抽搐,最后因呼吸衰竭而死亡,症状与细菌或真菌类食物中毒不同。

3. 食物中毒的急救

一旦发生食物中毒,应冷静分析发病原因,针对引起中毒的食物及服用时间长短及时采取应急措施。

1) 催吐

食用时间在1～2小时以内可使用催吐方法。取食盐20 g加开水200 mL溶化冷却一次喝下，仍不吐可多喝几次。亦可用鲜生姜 100 g 捣碎取汁，用 200 mL 温水冲服。吃变质荤食可服十滴水促使呕吐。也可用勺子、手指或鹅毛等刺激舌根和咽喉部引发呕吐。

2）导泻

食用时间超过 2～3 小时且精神较好，可服用泻药使中毒食物尽快排出。可用大黄 30 g 一次煎服，老年患者选用元明粉 20 g 用开水冲服，体质较好者也可用番泻叶 15 g 一次煎服或用开水冲服。

3）解毒

吃了变质的鱼、虾、蟹等可取食醋 100 mL 加水 200 mL 稀释后一次服下，还可用紫苏 30 g、生甘草 10 g 一次煎服。误食变质饮料或防腐剂最好用鲜牛奶或其他含蛋白饮料灌服。

如经上述急救，症状未见好转或中毒较重，应尽快送医院。治疗过程要给予良好护理，避免精神紧张和受凉，补充足量的淡盐开水。

4. 食物中毒的预防

预防食物中毒主要是注意食品卫生。低温存放食物食前要彻底加热严格消毒，不食有毒或变质的动植物和经化学物品污染的食品。

吃饭前要彻底洗净双手，最好用肥皂或洗手液。煮食器具要洗净，食物要彻底煮熟。需要保鲜的要尽快放进冰箱冷藏，食物摆放在外不宜超过 2 小时。水果蔬菜应用凉水冲洗干净，表面粗糙的水果要用软刷擦净。制作凉菜的原料要新鲜、卫生，刀具、案板等炊具用后要洗烫干净，生食和熟食要分开，案板分开使用。

虽然国家规定在水果蔬菜收获前的一段时间内不得再施用有毒农药，但生食瓜果最好还是用果蔬洗涤剂充分洗净，用清水冲掉残留洗涤剂后再吃。

6.2.4　食品安全事故

1. 食品安全事故产生的原因

食品安全事故（food safety incident）指在某食品企业或某餐饮场所的食品安全负责人出现重大疏忽或错误的情况下，因食物不合格引起范围较大或人数众多的食物中毒或严重危害人体健康的事故。

产生食品安全事故有多种原因：

① 食品原料腐败变质或被严重污染；

② 违法使用工业酒精、地沟油等，甚至以甲醇冒充白酒，以工业盐冒充食盐；

③ 蔬菜、水果等上市前未按规定限期停止打农药或过量食用有毒农药；

④ 误食毒蘑菇、未煮熟木薯、发芽马铃薯、未充分炒熟的苦杏仁等；

⑤ 食用病死或含寄生虫的畜禽肉、鱼类和虾蟹；

⑥ 使用违禁饲料添加剂和食品添加剂。

上述种种,有些已在食物中毒一节中讨论,以下我们只介绍由于使用违禁饲料添加剂和食品添加剂引发的食品安全事故。

2. 违禁或过量饲料添加剂和食品添加剂的危害

饲料添加剂是指人们为了满足家畜的营养需要,在饲料加工、制作、使用过程中添加的天然饲料中所没有的少量或微量物质,以促进动物健康生长或提高动物产品的产量和质量。

随着畜禽养殖业生产水平的提高,饲料添加剂被广泛应用,通常分为营养性饲料添加剂(如矿物元素、维生素、氨基酸等)和非营养性饲料添加剂(如抗生素、驱虫药物、激素等)。

过量使用饲料添加剂,其残留不但会影响环境,而且对人体健康造成危害,尤其是国家命令禁止使用的非法添加剂。

食品添加剂,指为改善食品品质和色、香和味以及为防腐、保鲜和加工工艺的需要而加入食品中的人工合成或者天然物质。既包括人工合成物质,也包括天然物质;加入目的是为改善品质和色、香、味及防腐、保鲜和加工的需要。常用的有抗氧化剂、防腐剂、漂白剂、着色剂、护色剂、酶制剂、增味剂、甜味剂等。

但有些不法商贩和经营者使用有毒有害的违禁食品添加剂,或违规超量使用合法食品添加剂,都会对人体健康造成严重的危害。

有些违禁添加剂既可添加在饲料中,也可添加在食品中。

(1)"瘦肉精"。学名盐酸克伦特罗,临床用于防治支气管炎哮喘、肺气肿和支气管痉挛,用作饲料添加剂可增加动物的瘦肉比例。人类食用含高浓度"瘦肉精"的肉制品后容易发生中毒,在国内外已发生多起事故。主要症状是心跳加速、肌肉震颤、手脚发麻、心悸、头痛、恶心、呕吐等,严重者还会伴有呼吸困难。长期食用导致染色体畸变,诱发恶性肿瘤。2001年11月,广东省发生的瘦肉精中毒事件,曾造成484人中毒。为此,1988年和1991年,欧盟和美国开始严禁瘦肉精在畜牧生产中使用。2001年,中国农业部和国家医药监督管理局联合下令,严厉查处非法生产、销售和使用"瘦肉精"。

(2)苏丹红。是一种化工染色剂,含有致癌物质萘,对肝肾器官具有明显毒性。在食品中添加苏丹红可增加红色。

(3)许多饲料添加四环素类抗生素、青霉素和磺胺类抗菌素等。这些抗生素进入人体后会引起敏感人群的过敏反应,造成严重后果。长期摄入动物食品中的抗生素,会导致抗病能力下降。世界各国大多严格限制或禁止在饲料中添加抗生素,我国经常发生畜产品或水产品抗生素含量超标而不能出口或被退的事件。

(4)三聚氰胺。是一种化工原料,主要用于塑料和涂料产业。由于其含氮量高,不法经营者在奶牛饲料中添加后,可以在一般方法检测时制造牛奶蛋白质虚高的假象以获取暴利。2008年9月,多名婴儿食用河北省三鹿集团添加三聚氰胺的毒奶粉致病(长期服用这种毒奶粉的婴幼儿尿液出现颗粒,泌尿系统膀胱、肾产生结石,诱发膀胱癌,甚至无法治愈,失去性命。)被媒体曝光。截至 2008 年 9 月 21 日,因使用婴幼儿奶粉接受门诊治疗咨询且已康复的婴幼儿累计 39 965 人,正在住院的有 12 892 人,此前已治愈出院 1579 人,死亡 4 人。后国家质检总局在 22 家公司的牛奶和奶制品年中均检出有三聚氰胺,以三鹿集团的含量最高。事件重创中国制造商品的信誉,多国禁止中国乳制品进口。虽然以后各大公司的产品未再检出三聚氰胺超标,三鹿集团的负责人被追究刑事责任,但直到 2011 年仍有 7 成中国民众不敢买国产奶。

3. 违禁和过量使用饲料添加剂和食品添加剂的防治对策

1) 健全法制

为确保农产品和食品安全,全国人大通过了《农产品质量安全法》和《食品安全法》,分别于 2006 年 11 月 1 日起和 2009 年 6 月 1 日起实行。国务院还专门设立了食品安全委员会。针对三氯氰胺毒牛奶事件暴露出来的问题,国务院于 2008 年 10 月 9 日公布了《乳品质量安全监督管理条例》,明确规定,"禁止在生鲜乳生产、收购、贮存、运输、销售过程中添加任何物质。""禁止在乳制品生产过程中添加非食品用化学物质号或者其他可能危害人体健康的物质。"国务院在 1988 年公布的《兽药管理条例》明确规定不得生产和销售假劣药物和滥用兽药。2011 年 11 月国务院修订通过的《饲料和饲料添加剂管理条例》规定新饲料添加在投产前必须审定和登记,取得合法的生产许可证和进行产品质量检验。养殖者必须遵循安全使用规范。对于生产、销售和使用违禁添加剂或滥用添加剂的企业和经营者要依法严厉惩处。

为严格执法,国家制定了一系列食品添加剂和饲料添加剂的安全质量标准和技术标准。如农业部颁布了《饲料添加剂和添加剂预混合饲料生产许可办法》《允许使用的饲料添加剂品种目录》《饲料药物添加剂使用规范》《禁止在饲料和动物饮用水中使用的药物品种目录》,2011 年公布了食品安全国家标准《食品添加剂使用标准》(GB2760-2011)等。

2) 加强监管

在畜牧养殖生产过程和食品加工生产、销售过程中要加强监管,建立政府、市场、第三部门和社会"四位一体"食品安全监管体系,以有效弥补食品安全监管中出现的政府失灵、市场失灵和自愿失灵,与监管主体要充分发挥各自优势并形成合力,更好地维护消费者权益和人群健康。畜牧养殖也也要做好从引种、饲养到销售的全程监管,定期检查饲料和兽药使用情况,确保畜产品安全。实行"定人,定岗,定责"制度。

食品生产、销售企业,饲料和养殖生产、经营、销售者都要自律,增强职业道德,提高诚信水平。运用物联网技术标注产地和生产过程,可促进标准化安全生产,一旦发现产品质量问题可迅速追溯。

对于允许的合法添加剂也要科学合理配方适量使用,提倡使用无副作用的绿色添加剂。如饲料添加剂可使用微生物制剂、益生素、酶制剂、酸化剂、调味剂、中草药制剂、有机微量元素添加剂和天然活性物腐植酸等。食品加工使用植物提取的天然色素,尽量不用化学合成色素。其他类型的食品添加剂也尽量使用生物合成型。

6.3 突发社会安全事件概述

6.3.1 突发社会安全事件的类型和起因

1. 突发社会安全事件

对于突发社会安全事件(sudden social event),目前还没有一个统一的规定。冯毅(2010)定义为:在社会冲突不可调和的情况下,由于暂时的矛盾激化所导致突然发生的部分社会成员所做出包含不可预料性因素,在主观上违背一般社会认同感并且在客观上违背国家安全政策的行为。[2]北京市民防局和北京减灾协会定义社会安全事件"指由人为因素引起,对社会造成重大危害与严重影响社会安全的事件,一般包括重大刑事案件、恐怖袭击事件、涉外突发事件、金融安全事件、规模较大的群体事件、民族与宗教突发群体事件、学校安全事件以及其他社会影响严重的事件。"[3]

社会安全事件一般具有突发性、危害性、广泛性等特征,可以分为经济型、政治型、文化型和治安型。

2. 突发社会安全事件的类型

(1)经济型。指金融危机事件、因征地、拆迁、拖欠工资、失业等经济问题引发的群体事件、环境污染或争夺资源引发的群体事件、重大贪污、贿赂、偷税等经济犯罪事件等。

(2)政治型。指政治动乱、民族分裂暴力事件、邪教非法活动、涉外突发事件、恐怖袭击等。

(3)文化型。指公共场所大型文娱、体育、庙会和宗教活动中的骚乱与拥挤踩踏事件等。

(4)治安型。指重大抢劫、偷盗、凶杀、绑架、诈骗、拐卖、聚众淫乱、吸毒等犯罪活动。

3. 现阶段突发社会安全事件多发的原因

中国社会目前处于快速工业化、城市化和由传统的计划经济向市场经济体制过渡的社会转型期,在一定时期内,地区之间、城乡之间、行业之间之间的收入差距有拉大的趋势,存在大量的社会不公现象,不同社会阶层和不同利益集团形成各自的利益诉求,加上政治体制改革的滞后和腐败的蔓延,社会矛盾有尖锐化的趋势。在世界历史上,处于工业化和城市化发展阶段的国家通常也是社会矛盾比较尖锐,不稳定因素较多,存在所谓"中等发展陷阱"。

中国的资源禀赋先天不足,环境容量有限。一些地方政府热衷于追求短期经济增长和表面政绩,不惜掠夺资源,污染环境,强征土地,不惜牺牲职工和农民的利益,损害相邻地区和相关部门的利益，导致社会矛盾日益尖锐，群体事件层出不穷。中国的崛起改变了国际政治经济格局，国内外敌对势力的渗透与破坏活动也在加剧。

从长远看，随着中国经济的迅速发展和改革的不断深化，政治体制改革逐步深入，法制建设逐步完善和社会道德体系的重建，处理得好，社会矛盾将趋于缓和，国际环境也将不断改善，建成富强、民主、和谐、公平社会，实现和平崛起，振兴中华的中国梦。但如处理不好改革、稳定与发展的关系，社会矛盾还有可能进一步尖锐化，特别是那些被腐败分子掌握各级权力机构的地方。

6.3.2　突发社会安全事件的管理

1. 突发社会安全事件管理的意义

突发社会安全事件的管理就是通过一系列有效的管理行为来预防和妥善处理各类突发社会安全事件，使公共组织和社会公众摆脱危机状态，减少突发社会安全事件造成的损失和负面影响。

预防突发社会安全事件的关键是处理好改革、发展与维稳的关系。不加快改革，不惩治腐败行为，不推进经济增长方式的转变和经济结构的调整，导致社会不公现象存在和资源环境形势恶化的根源就不可能消除；不加快经济、社会的发展，改革和维稳就缺乏必要的物质基础和动力；没有一个相对稳定的社会环境，改革也难以深入，发展会受到制约。真正有效的维稳必须依靠群众。有些地方政府在非紧急状态下片面强调"稳定压倒一切"，把群众放到自己的对立面。个别地方甚至私设监狱，拦截和关押上访者。上述种种实际是在掩盖社会矛盾，压制公众的正当诉求和阻挠改革的深化，保护既得利益集团，恰恰是给大规模突发社会安全事件的爆炸埋下了定时炸弹。

2. 突发社会安全事件管理的内容

1）事前有效预防

深化改革，加快区域经济发展，完善社会保障体系，扶困济贫，改善民生；健全法制，惩治腐败和各类犯罪分子，弘扬社会公德，减少和消除各类社会不公现象；依靠群众，政务公开，拓宽公众参与公共事务的渠道，完善科学民主决策机制，提高社区组织社会管理水平；分析社会舆情，建立社会预警机制，编制应对突发社会事件的预案，建立健全应急机构，加强培训，提高各级干部的应急管理能力。

2）应急处置的方法

社会安全事件发生后，要迅速查明原因，掌握情况，严格区分两类不同性质的矛盾。把握以人为本、及早化解、依法处理、慎用警力、当地领导负责等原则，但对于恐怖袭击和刑事犯罪则必须迅速动用警力，准确、严厉打击，坚决保护群众生命财产。一般社会安全事件应采取以下基本方法：

① 迅速控制事态,防治蔓延扩大。

② 提出有针对性的整体处置方案和对策。

③ 统一行动,精心组织,协调行动,明确各方责任与分工。

④ 政府和有关领导要和群众见面,解释或通报情况,消除误解,发动群众参与控制事态和稳定社会秩序的行动。

⑤ 掌控舆论导向。利用主流媒体做好正面宣传报道,遏制和消除不实报道和谣传的负面影响。

⑥ 组织纪律约束。通过党、团、工会、妇联、学生会和各企事业单位等归属组织做好思想工作,及时通报情况,进行宣传教育,进行组织纪律约束。

⑦ 法律措施。在掌握确凿证据的基础上,对极少数触犯法律的犯罪分子及时依法处理,保护公民的正当权益。

3) 社会秩序的恢复重建

事后对突发社会安全事件及时进行评估,总结经验教训,改进应急管理,修订应急预案。对受害公众进行慰问、赔偿、抚恤和心理疏导,对犯罪分子移送司法机关依法处理,对卷入事件的一般群众进行教育。修复损毁设施,利用各类媒体引导舆论,逐步恢复正常社会秩序。

6.4 突发社会安全事件常见类型的防控与处置

6.4.1 群体事件的正确处置

1. 群体事件的性质

群体事件(mass incident)是指因人民内部矛盾而引发,或因人民内部矛盾处理不当而积累、激发,部分群众为实现某一目的,采取未经批准的静坐、游行、集会、集体请愿上访等方式,甚至围攻党政领导机关、拦截车辆、阻塞交通、破坏公私财物、扰乱社会秩序的事件。《中华人民共和国宪法》规定"公民有言论、出版、集会、结社、游行、示威的自由。"经过合法程序批准的上述活动,不属本文所说群体事件的范畴。

各地发生的群体事件,大多数是为维护部分群众的正当利益,但由于采取了不适当甚至违法的诉求方式,具有一定的破坏性,严重威胁着社会的稳定。有的不法分子还利用群体事件乘机捣乱或泄私报复,使事态复杂化。

当前我国群体事件多发,主要原因是处于社会转型期,在市场经济和法制体系还不够健全的情况下,利益冲突较普遍,社会矛盾较多。群体事件在政治上一般属于人民内部矛盾,但在法律上又往往具有一定程度的违法性。在道义上,参与主体多为弱势群体,容易取得社会同情。因此,对群体性事件处理的难度较大。有些地方的群体事件还与有的干部官僚主义严重,侵犯了群众利益或严重腐败有关。

2. 群体事件的预防

预防群体事件，作为领导干部，最根本的是要察民情、听民意、解民忧。作为普通市民，首先要懂得一些法律知识，判断周围群众的利益诉求是否正当和符合法律规定，必要时可进行法律咨询。其次要积极参与利益纠纷的调解，尽量把矛盾化解在基层和萌芽状态。需要向上反映时，要通过正常的渠道，如向当地政府、人民代表大会、纪检和有关部门通过电话、电子邮件、口头或书面反映。确有必要越级上访时，要按照国家有关规定，推举代表前往，不要组织群体上访。要努力劝说当事人控制情绪，不要采取违法的行动和手段。

地方政府要建立一整套长效机制，为正确应对和处置群体性突发事件提供必要的制度保证。具体包括：社会危机预警机制、风险管理与科学决策机制、信息沟通与即时反馈机制、社会舆情分析引导机制、群体利益表达机制、多元利益主体协调机制、社会整合与控制机制、地方政府领导问责机制等。

3. 正确处理群体事件

一旦所在社区或单位发生了群体事件，市民应保持冷静，一方面要努力劝说当事人群通过正常渠道反映诉求，劝告他们不要过于冲动，更不能参加违法的行动；另一方面要及时向上级领导和当地政府如实报告群众的合理诉求和事态的发展，提出如何平息事态的建议。如果难以阻止事态的发展，至少要努力劝阻自己的家属、亲友、同事和邻居不要参与违法行动，多做协调工作。

大规模的群体事件一般都会有极少数犯罪分子趁机作乱，或有国内外敌对势力兴风作浪。正确区分和处理两类不同性质的矛盾，是能否妥善平息事态的关键。这就需要领导者严格区分群体事件的主流与支流，整体与局部，绝大多数人的正当诉求和少数人的过激言行及极少数人的破坏行为，以法律为准绳，维护广大群众的正当权益，打击极少数别有用心者的挑拨与破坏行为。领导者在处理群体事件时不要害怕与群众见面和对话，要尽快找出事件的起因，善于化解矛盾，协调各方利益。要及时发布事实真相信息，防止谣言传播造成混乱。要注意充分发挥党、团、工会、妇联、行业协会、学术团体、民主党派、宗教团体、慈善机构等非政府组织和社区干部的作用。

6.4.2　刑事犯罪的防控

1. 刑事犯罪的范畴

《中华人民共和国刑法》明确规定：法律明文规定为犯罪行为的，依照法律定罪处刑；法律没有明文规定为犯罪行为的，不得定罪处刑。一切危害国家主权、领土完整和安全，分裂国家、颠覆人民民主专政的政权和推翻社会主义制度，破坏社会秩序和经济秩序，侵犯国有财产或者劳动群众集体所有的财产，侵犯公民私人所有的财产，侵犯公民的人身权利、民主权利和其他权利，以及其他危害社会的行为，依照法律应当受刑罚处罚的，都是犯罪,但是情节显著轻微危害不大的,不认为是犯罪。

具体的刑事犯罪(criminal)种类有:危害国家安全罪;危害公共安全罪;破坏社会主义市场经济秩序罪(包括生产、销售伪劣商品罪,走私罪,妨害对公司、企业的管理秩序罪,破坏金融管理秩序罪,金融诈骗罪,危害税收征管罪,侵犯知识产权罪,扰乱市场秩序罪等);侵犯公民人身权利、民主权利罪;侵犯财产罪;妨害社会管理秩序罪(包括扰乱公共秩序罪,妨害司法罪,妨害国[边]境管理罪,妨害文物管理罪,危害公共卫生罪,破坏环境资源保护罪,走私、贩卖、运输、制造毒品罪,组织、强迫、引诱、容留、介绍卖淫罪,制作、贩卖、传播淫秽物品罪等);危害国防利益罪;贪污贿赂罪;渎职罪;军人违反职责罪。

刑事犯罪是各种社会矛盾和社会消极因素的综合反映,涉及的领域和强度与国家社会变革的深度和广度密切相关。

2. 近年来刑事犯罪案件增加的原因

虽然与世界大多数国家相比,我国的刑事犯罪率相对偏低,但近 30 年来刑事犯罪率明显上升,由 20 世纪 80 年代初的每年约 50 万件增加到 21 世纪前 10 年的每年 400 万件。刑事犯罪的地区和领域迅速扩大,犯罪手段不断翻新,犯罪成员由非职业型向职业型转换,青少年犯罪日趋突出。分析其原因,李艳玲(2010)认为有以下几个方面[4]。

1) 经济原因

(1) 贫富差距加剧进一步激化社会矛盾。经济不平等是其他社会不平等的基础和根本原因,社会不平等与犯罪心理和犯罪行为有着必然的联系。某些占据资源和权力优势的人利用不正当手段通过非法途径暴富,不仅伤害诚实劳动、合法经营者的情感,而且严重刺激社会一部分公民的"不公平感"和"相对被剥夺感"。根据陈春良等[5]的研究,计量分析结果表明,相对收入差距每上升 1% 将导致刑事犯罪率显著上升 0.37%,绝对收入差距每上升 1%,刑事犯罪率将显著上升 0.38%(图 4.19)。

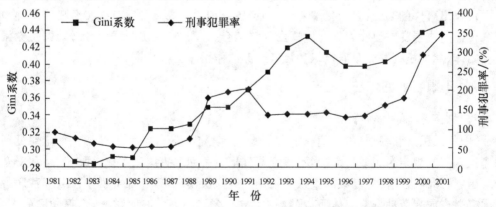

图 6.1　1981—2001 年中国 Gini 系数与刑事犯罪率

（2）失业增多是导致社会不稳定的主要因素。长期失业使家庭成员遭受困境，使失业者的自尊心受到强烈挫伤，产生被社会抛弃的强烈受歧视感，一些人因失望和受冷漠而堕落，进而实施各种越轨和违法犯罪行为。

2）体制原因

经济管理漏洞滋生大量经济犯罪，使得贪污、贿赂、诈骗、走私贩私、偷税漏税、假冒商标等经济犯罪有可乘之机。

政治体制漏洞导致职务犯罪屡禁不止，新旧体制转化过程存在漏洞，权力过分集中，政治运作缺乏透明度，权力行使缺乏监督，干部选用自上而下委任，公务员能进不能出，干部任用考察流于形式，有些地方甚至买官卖官和权钱交易盛行，形成一种腐败生态。

3）文化教育原因

（1）不良的家庭和学校教育为犯罪埋下伏笔。由于婚姻观念的转变，不完整不和睦家庭增加，未成年人得不到完整良好的家庭教育，形成不健全的人格。大量青壮劳动力由农村向城市，留守儿童极易成为犯罪侵害对象和犯罪多发人群。学校片面追求升学率，不重视素质教育，使一些不良心理、行为得不到及时遏制。

（2）价值观念的混乱是导致犯罪发生的内在原因。平等、自由、诚信、法治等现代价值观念与身份、等级、人治、强权等封建形态价值观念共存，形成"价值失落"和"价值虚空"。极端功利主义的为人处世态度盛行加剧了社会的信仰危机和道德危机。

（3）不良文化的传播。有些媒体对暴力犯罪及其情节过度渲染，为犯罪行为人的效仿提供了生动教材，部分网络充斥凶杀、暴力、色情等内容，毒蚀涉世不深的青少年心灵。

4）社会环境原因

失业和人口流动给城市管理带来很大程度的无序性和失控，导致社会控制力弱化。

城市环境恶化，人口密集且结构复杂，容易产生摩擦，激化矛盾，引发冲突。城市生活的个性化和居住单元化导致人际关系的松散和淡漠，经济、社会地位不平等极易造成人们的不平衡心理。

3. 刑事犯罪的防控对策

预防和控制刑事犯罪，最根本的是要正视和解决社会存在的弊病，努力把引发犯罪的诱因治理在萌芽状态，最大限度从源头防止犯罪的产生。

（1）缩小贫富差距，缓解社会矛盾。健全社会保障体系，缩小各阶层之间的差距，使社会各阶层，特别是贫困人口都能分享改革开放与社会经济发展的成果。通过严格的税收调节缓解贫富分化。

（2）努力促进就业，保障劳动者的合法权益。

（3）完善社会管理体制，堵塞腐败漏洞。

（4）加强素质教育，形成健全人格，培养青少年的良好道德品质。

（5）净化文化市场，树立正确的价值观，营造积极向上的文化氛围。

（6）改善社会城市环境，加强文明社区建设，推进社区警务，强化社会控制。

（7）加强对犯罪分子的刑事处罚和对轻微罪犯的社区矫正，促进他们有效回归社会。

6.4.3 公共场所拥挤踩踏事故

1. 公共场所拥挤踩踏事故的危害

公共场所指供公众使用或为大众服务的活动场所。

公共场所拥挤踩踏事故（crowded stampede in public places）是指在人员密集的公共场所中，由于现场秩序失控，发生拥挤、混乱，导致大量人员被挤伤、窒息或踩踏致死的事故。如2004年2月1日，沙特阿拉伯的麦加朝觐活动中发生踩踏事故，251人死亡，24人受伤。同年2月5日，北京市密云县迎春灯展，因一游人在彩虹桥上跌倒，引起身后游人拥挤踩踏，37人死亡，37人受伤。[6]2014年12月31日晚23时35分许，上海市黄浦区外滩陈毅广场观景平台的台阶发生群众拥挤踩踏事故，截至2015年1月1日上午11时已造成36人死亡，47人受伤。

容易发生踩踏事故的场所主要包括：体育场、举办大型活动的广场、举行大型宗教活动的寺庙、大型商场和集市、中小学校的楼梯口和校门、影剧院、展览馆、公共交通车站、码头、候机大厅等，以发展中国家此类事件发生居多。

2. 踩踏事故发生的主要风险因素

孙超（2007）等分析了踩踏事故的主要风险类型。

1）人的因素

（1）人群密度。达到一定极限将引发推挤及被动移动。一旦有人跌倒，人群将来不及反应，造成踩踏。

（2）流向和流速。不同方向人流相遇产生群集，尤其是在楼梯、桥梁、出入口和狭窄路段容易发生拥挤混乱。华山曾多次因狭窄山路上下两股异向人流相遇而发生踩踏的事故。在影剧院散场、球赛结束、学校下课或放学时常发生人群的快速流动，易发生碰撞及由于惯性的作用而引发踩踏事故。

（3）人群构成。行进速度明显低于群体平均速度和承受拥挤能力差的人往往成为群体中的"异质"，有可能被后面的人推倒或挤倒并产生连锁反应，尤其是老年人、妇女和儿童。

（4）安全意识和技能。安全意识表现在能否对周围存在的危险有正确的估计和判断，安全技能指能够针对危险的性质和强度采取正确的应对措施来保护自己和他人。

（5）心理素质。突发踩踏事故时，心理素质差的人往往出现恐慌、绝望和从众心理，或抢行通道，或逃离险地，从而加剧拥挤和混乱。

2）环境因素

（1）地震、冰雹、雷电、风雨等自然灾害都有可能造成人群密集场所的混乱和踩踏。

（2）公共场所的出入口、过道、看台、楼梯、桥梁等地段通行能力差，出口通道少，地面易滑或不平，坡度过大等，都有可能诱发事故。

（3）社会氛围。球赛和影剧院中的狂热人群、灾害中的恐慌情绪、恐怖袭击谣言等都会造成公共场所的混乱。

3）物的因素

建筑质量差，栏杆断裂，地面塌陷都可能诱发踩踏事故。

4）管理因素

（1）人群管理。包括场地人员容量测算、规模、峰值、密集点、持续时间预算、数量控制、人群引导、信息发布、疏散方案制定、恐慌人群管理等。管理不当，尤其是数量超载和疏散通道不足是发生事故的主要诱因。

（2）人群聚集场所必须做出周密安排。包括进行应急准备，制定预案，对可能发生的危险、应采取的措施、应急人员组织指挥等。不适当的应急处理可能成为加剧事故风险的因素，如 2004 年刚果的一场足球场骚乱中，警察燃放催泪弹，球迷为躲避造成了踩踏惨剧。

（3）错误信息。这是引发人群盲目流动，诱发混乱，促生及传播谣言的重要原因之一。

3. 公共场所拥挤踩踏事故的预防

大型公共场所活动的组织者必须制定严密的安全措施。根据场所的空间容量和活动性质，确定合理的人数限额；进出口要保持通畅不得封闭并预留足够的应急安全通道，设计合理的人流行进线路，保持单向流动；要有足够的工作人员在现场维持秩序；大型活动举办之前都应制定发生紧急事态时的应急预案和疏导办法。

参与大型公共场所的公众要提高安全意识。参加活动时要看清记住进出口和安全通道的位置。要遵守活动场所的规定，服从工作人员的指挥调度。服装要简捷，鞋带要系紧，避免被拉扯。不要携带过多物品入场。在室内场馆就座前要注意踏板是否牢靠。如发现人员过于密集拥挤时，就不要往里挤，发生与己无关的纠纷时，不要好奇凑热闹。

4. 拥挤踩踏事故中的逃生

出现混乱局面和拥挤状况时要保持冷静，发现有人情绪不对或人群开始骚动时，要做好保护自己和他人的准备。当拥挤人群向自己拥来时，应马上避到一旁。如果路边有胡同、小巷、房屋、商店或空地，可以暂避一时，但要注意远离玻璃橱窗。切记不要逆着人流前进，那样非常容易被推倒在地。发现前面有人摔倒，要马上停下脚步大声呼救，告知后面的人不要向前靠近。若已身不由己陷入拥挤人流中，要先稳住双脚，保持站立姿势。鞋带开了不可贸然弯腰系，那样很容易被挤倒。带小孩时尽量把孩子抱起来。如有可能，抓住附近坚固牢靠的东西如电杆、灯柱、树木等，待人群过后再迅速离开现场。若被挤倒,要设法靠近路边,面向墙壁,身体蜷缩,双手在颈后紧扣保护头部。

6.4.4 恐怖袭击的防范

1. 恐怖袭击的概念和类型

恐怖袭击(terrorist attacks)是指极端组织人为制造,针对平民,但不仅限于平民及民用设施,不符合国际道义的攻击行为。

个别人的反社会行为也往往带有恐怖袭击的某些特征,但仍属于刑事犯罪范畴,与恐怖主义组织的区别在于后者有明确的政治诉求并且是有组织的活动。

恐怖袭击有多种形式,常见的有:

1) 常规手段

投掷炸弹、使用汽车炸弹或自杀性人体炸弹制造爆炸事件;使用枪支射杀或刀具杀害军人、警察和平民;劫持人质,劫持车船、飞机等;纵火;投毒。

2) 非常规手段

制造小型核爆炸或散布放射性物质,造成环境污染、社会恐慌或使人员受到核辐射伤害;利用有害生物或生物化学毒剂侵害或威胁他人;大规模攻击国家机关、军队或民用计算机信息系统。

恐怖袭击的发起者大多是极端宗教组织、极端民族分裂组织或邪教组织。

恐怖主义已成为人类社会的重大公害,给国际社会和人民生活造成了巨大的危害。如 2001 年 9 月 11 日基地组织恐怖分子劫持 4 架民航客机撞击美国纽约世界贸易中心和华盛顿五角大楼,包括美国纽约地标性建筑世界贸易中心双塔在内的 6 座建筑被完全摧毁,其他 23 座高层建筑遭到破坏,造成 3201 人死亡,6291 人受伤,直接和间接经济损失上千亿美元。2009 年 7 月 5 日 20 时左右,新疆乌鲁木齐市发生由民族分裂恐怖组织"东突"煽动的数千名暴徒在多处打砸抢烧并杀害无辜群众,共造成 197 人死亡,其中无辜死亡平民 156 人,受伤 1080 人;被毁车辆 260 部;全市共有 220 多处纵火点,过火面积达到 56 850 m²,有两座楼房被烧毁。十多年来,恐怖活动在中东、西欧、北美、俄罗斯、印度、印尼、非洲等地也十分猖獗。2014 年伊拉克恐怖组织宣布建立伊斯兰国并攻占伊拉克和叙利亚的大片国土,表明国际恐怖主义活动已发展到一个新阶段。

中国随着改革的深化、社会的转型,已进入高风险社会,社会矛盾复杂多样,恐怖主义正在上升为一个影响社会稳定和繁荣的高危因素。

2. 国际恐怖主义的根源

恐怖主义是社会发展过程中各种矛盾、各种冲突激化的表现,是不同政治、经济集团利益的分配与冲突、权力的追逐与争夺的结果。许多地区的民族矛盾和宗教矛盾与历史上殖民主义造成的后果有关。冷战以后的现代社会,由于科技的发展使得文化传播更加广泛,这种全球化的文化发展带来各种思潮的泛滥,特别是无政府主义、法西斯主义、宗教极端主义、民族分裂主义等,使得恐怖主义活动成为宣传这些极端主义思潮的主要手段。随着世界现代化的进程,不同民族的经济发展不平衡,从而激发了强烈的民族主义情绪。极端民族主义往往打着"民族自决"和"民族解放"的旗号,有很大的欺骗性,并以恐怖手段向当局施压。民族问题与宗教问题紧密联系,当信奉宗教的民族感到危机和屈辱时,极端宗教分子以"圣战"的名义赋予信徒以勇敢和牺牲精神。极端民族势力一旦和极端宗教势力纠合在一起,活动更有号召力和煽动性,手段也更加残忍。[7]有的国家在国际事务中推行强权政治,对不同国家的恐怖活动采取双重标准,助长了恐怖分子的气焰;国际经济社会发展的不平衡与不平等,又为恐怖主义的产生提供了土壤。

3. 防范恐怖主义的对策

加强国际合作,加快不发达国家与地区的经济发展和社会进步,缩小贫富差距,才能从根本上铲除产生恐怖主义的土壤。

各级政府对恐怖活动要保持高压严打的态势,对于以无辜民众为伤害对象的恐怖主义犯罪分子绝不姑息。同时要严格区分极少数恐怖主义骨干分子和受欺骗的广大群众,提倡包容,反对民族歧视、宗教歧视和地区歧视。

要充分发挥政府与民众之间的中间层组织的作用,包括各种社团组织、宗教团体、学术团体、基层社区、行业协会、民主党派等,以缩小极端民族主义和极端宗教势力的市场。

要建立社会舆情分析引导机制和恐怖袭击预警机制,针对可能发生的各类恐怖活动,分别编制预案,合理部署警力。改善反恐手段与装备,建立快速响应和紧急处置机制。力争在恐怖活动酝酿期或活动初期迅速控制局面。

要加强对民众防恐反恐意识的宣传,提高应对能力。建立一支群众性的反恐队伍。

练习题

1. 与同学分组模拟发生食物中毒后的急救。
2. 调查所在社区居民对食品安全的担心,并收集改进管理的建议。
3. 调查所在地区社会安全事件发生情况、原因,并归纳其应对措施。
4. 与同学一起模拟在公共场所发生拥挤踩踏事故时的逃生措施。

思考题

1. 突发公共卫生事件应急处置有哪些基本原则?
2. 怎样预防传染病和人兽共患病?

3. 怎样改进食品安全管理和预防食物中毒？

4. 从人兽共患病的频繁发生阐述为什么人类必须与自然界保持和谐相处。

5. 社会安全事件多发的原因是什么？

6. 怎样正确处理群体事件？

7. 为什么某些西方国家的"反恐"会造成越反越恐？

主要参考文献

[1] 周东林. 突发公共卫生事件应急机制建设的探索与思考. 中国民康医学，2014,26(9)：102,114.

[2] 冯毅. 社会安全突发事件概念的界定. 法治与社会，2010(9 上)：279—280.

[3] 北京市民防局，北京减灾协会. 北京市公共安全知识读本(公务员版). 北京：北京出版集团公司、北京出版社，2013：201—292.

[4] 李艳玲. 我国新形势下刑事犯罪高发的原因分析及防控对策思考. 前沿，2017(14)：87—89.

[5] 陈春良，易君健. 收入差距与刑事犯罪：基于中国省级面板数据的经验研究)的研究. 世界经济，2009(1)：13—25.

[6] 孙超，吴宗之. 公共场所踩踏事故分析. 安全，2007(1)：18—23.

[7] 孙晓红. 恐怖主义的根源及其防治对策分析. 政法学刊，2003,20(5)：19—21.

第七章

减灾系统工程

学习目的：了解减灾管理的基本步骤与方法。

主要内容：减灾管理体制、灾害监测、预报和预警系统、灾害防抗救的主要措施、灾损评估、减灾法制建设。

7.1　减灾系统工程

7.1.1　减灾管理

1. 减灾管理

减灾指减轻或限制致灾因子和相关灾害的不利影响。[1]减灾管理（management of disaster reduction）指通过科学规划和有序的人类活动，制约各种灾害的发生、发展和降低其危害程度的过程。减灾管理要遵循生态规律与经济规律，正确处理社会经济发展与环境的关系。[2]

减灾管理包括对人和对物的管理，要正确处理好人与物的关系，把对人的行为的管理放在首位。对物的管理包括对作为灾害源的物和作为承灾体的物，对于不可抗拒的重大自然灾害，重点是加强对承灾体的管理；对于初始能量很小的自然灾害，如火灾、病虫害以及绝大多数人为灾害，重点是加强对灾害源的管理。

减灾管理手段包括经济、法律、技术、行政、教育等。国务院自 2003 年下半年起，在总结"非典"（SARS）应急管理经验基础上，指导各地加强突发公共事件应急管理，狠抓"三制一案"，即减灾体制、机制、法制建设与应急预案编制，取得了重大成效，把中国减灾管理提高到一个新水平，发生同等规模和强度的灾害事故时，人员伤亡和经济损失显著减少。

减灾行动包括工程措施和非工程措施，工程措施是减灾行动的硬件和主要物质基础。但我国还是一个发展中国家,资金和物力有限,在减灾实践中还需要运用非工程措施管好用好现有工程,同时要充分发挥非工程措施的作用以弥补工程措施的不足。非工程措施是减灾的软件,主要通过政策、规划、管理、经济、法律、教育等手段,削弱、消灭或回避灾害源;削弱、限制或疏导灾害载体;保护或转移受灾体;保护或充分发挥工程措施的作用;减轻次生灾害与衍生灾害,以最大限度减轻灾害损失。[3]非工程措施的重点在于提高人的减灾意识和素质,规范人的行为,所需投资较少,见效较快,同样能够获得巨大的减灾效益。即使未来中国的经济实力进一步增强,非工程措施对于减灾仍然是必要和不可缺少的。但对于破坏力巨大的灾害,没有必要的工程措施,减灾会成为一句空话。两类减灾措施必须有机结合,才能以最小的成本,获得最大的减灾效益。

2. 国际减灾管理的发展过程

从人类社会发展的过程看,减灾管理经历了盲目减灾、被动减灾、单灾种减灾、综合减灾、减灾风险管理等几个发展阶段。

1) 盲目减灾管理阶段

古代社会由于生产力水平低下和对大自然缺乏科学认识,把自然灾害看成是神对人类的惩罚,把对上天的祈祷作为主要减灾活动。

2) 被动减灾管理阶段

封建社会中后期统治者日益重视减灾,但缺乏预测和预防,主要是针对已出现的重大灾害和紧急事态组织赈灾救灾,具有很大的被动性,灾民往往以逃荒迁徙方式避灾。虽然也有少量水利工程,但规模不大,除都江堰等少数工程外,大多缺乏科学设计。

3) 单灾种减灾管理阶段

从中华民国到新中国成立初期,陆续建立了气象、水利、消防、地震、地质、海洋、植保、防疫等专业部门,除发生特大灾害由中央组成领导小组或临时机构应急救灾外,平时都由各专业部门分兵把守各自为战,以纵向联系为主,虽然减灾管理技术含量与效率明显提高,但横向联系不足,在信息、技术、资源和减灾成果共享,以及行为配合方面都存在缺陷,不利于大型减灾规划实施和跨行业减灾项目的开展。在涉及多部门的特大灾害、多种灾害并发或发生复杂次生灾害与衍生灾害时,缺乏部门间的配合与联动,容易导致职能重复、责任不清和减灾资源浪费。中央或地方在发生重大灾害时成立的临时救灾机构虽能起到一定统筹协调作用,但往往是在灾害已经十分严重时才成立,比较被动,灾情缓解就往往解散。灾后总结大多限于表彰先进和惩办责任人,缺乏科学总结与数据积累。

4) 综合减灾管理阶段

发达国家自20世纪60年代起,中国从90年代到21世纪初,逐步进入了综合减灾管理阶段,其标志是制定综合减灾法律和建立国家和地方各级专门的减灾管理机构。尤其是 1990—2000 年联合国开展的"国际减灾十年"（International Decade for Natural Disaster Reduction，IDNDR）活动，在推动各国减轻自然灾害上采取一致行动和强化防灾减灾意识上，发挥了难以估量的积极作用。世界上大多数国家都成立了国家级减灾管理机构和相应的地方减灾机构，加强了社区减灾管理。初步形成政府主导和统筹协调，专业部门分工负责，社会公众广泛参与的减灾格局，减灾效益日益显著，减灾能力有很大提高。中国也于 1989 年成立了中国国际减灾十年委员会，1999 年改名为国家减灾委员会。

5）减灾风险管理阶段

随着全球气候变化和人类对资源的掠夺与对环境的破坏不断加剧，自然灾害与事故灾难造成的损失不断增大，现有综合减灾管理已不能充分满足社会经济可持续发展的要求。为此，联合国大会 1999 年 12 月通过决议开展"国际减灾战略"（United Nations International Strategy for Disaster Reduction，UNISDR）活动，作为"国际减灾十年"活动的延续，并成立国际减灾战略秘书处，以协调联合国机构和区域机构的减灾活动与社会经济及人道主义救灾活动。[4] 与"国际减灾十年"活动相比，"国际减灾战略"更加强调通过合乎伦理道德的预防措施来减少灾害风险。要求通过系统的努力来全面分析和减少致灾因素，减少承灾体的暴露度和脆弱性，并通过良好的土地和环境管理改进备灾来降低灾害风险。指出减少灾害风险是可持续发展的组成部分，也是每个人的事业。与原有减灾管理模式相比，减灾风险管理更加强调预防和主动减灾。2011 年 5 月 8 日至 13 日在日内瓦召开的减少灾害风险全球平台第三届会议确定该平台为全球一级减少灾害风险战略咨询协调和发展伙伴关系的主要论坛。

全球减灾管理由综合减灾管理转变为减灾风险管理，客观背景是全球气候变化、全球经济一体化和科技迅猛发展，使得自然灾害与人为事故灾难的风险增多和更加复杂化。在灾害发生和演变的不确定性增加的情况下，必须加强风险分析和管理才能争取到减灾的主动。2001 生在美国的"9·11 恐怖袭击事件"和 2003 年早春中国的 SRAS 灾难等突发事件都极大推动了风险管理的发展。中国国务院全面组织各部门和各地开展"三制一案"工作，标志着中国的减灾管理进入了风险管理阶段。

3. 减灾管理过程

1）灾害监测和预测

对自然变异和事故前兆的监测是减灾的先导性措施，灾害预报预警都必须在监测的基础上进行，灾害监测（disaster monitoring）还可以为防灾减灾措施提供依据。我国目前已建立起比较完整的灾害监测体系，国家每年还发布环境状况和生产安全事故的报告。目前的问题主要是各类灾害的监测信息缺乏共享机制，不利于综合减灾。

灾害预测（disaster prediction）是根据过去和现在的灾害及致灾因素数据，运用科学方法和逻辑推理,对未来灾害的形成、演变和发展趋势进行估计和推测,是减灾的先导性措施和灾害防御救援的依据。公开发布的灾害预测称为预报,其内容包括灾害种类、发生时间、地点及强度,以及未来演变趋势和对于次生、衍生灾害的预测。

与灾害预测相联系的是对灾害损失的预评估,这与承灾体的脆弱性有关。如果灾害发生在人口和经济密集区、生产关键时期或政治敏感时期,其后果更加严重。

2)灾害防御

灾害防御(disaster prevention)包括为减灾采取的各种社会行动和工程措施,狭义的灾害防御指灾害发生前采取的行动,广义的灾害防御则还包括灾害发生后为防止次生灾害和衍生灾害而采取的措施。防灾措施包括工程性和非工程性,两类措施必须有机结合才能发挥最大防灾效益。

防灾救灾演习对于灾害防御具有特殊意义,日本各地社区和大企业每年都在9月1日全国减灾日举行防灾救灾演习,全民减灾已深入人心,20世纪90年代哈尔滨白天鹅宾馆的火灾中,唯有日本房客全部安然脱险。我国近年也组织了防汛、防火等救灾演习,获得了较好效果。演习应针对当地较为经常发生的重大灾害,模拟灾害发生的各种情景。事先应设计好各种训练项目及实施方案,如疏散转移、紧急避险、抢救伤员、紧急救护、隔离火场或危险源、救灾临时工程等,各类专业队伍要在规定时间内集结并按统一指挥行动,一切行动要在规定时间内完成。演习过程要及时记录以评估检查演习质量和存在问题,总结经验以利改进。演习应提前通知附近居民,做好宣传教育,以免发生误会弄假成真,造成社会恐慌。

建设减灾示范区是重要的工作方法。应充分运用工程和非工程手段,力争以较小投入取得尽可能大的减灾效果,以推动面上的减灾工作。示范区应选择相对多灾、组织领导力量强和群众基础好的地区或单位,充分利用现有减灾技术成果,广泛动员全社会的力量来减灾。

3)抗灾

抗灾(disaster resisting)是在面临灾害威胁或灾害已经发生的情况下采取的应急措施,通常是针对灾害源或灾害载体的工程措施,也有针对承灾体采取的紧急加固保护措施。如洪水临到来前或已经到来后对堤防的紧急加高加固,大风刮起时用绳索或打桩临时加固房屋设施,火灾发生后立即组织扑灭或隔离,干旱时的提水引水措施等。

紧急抗灾时要特别注意关键地段和设施的防护和抢险。洪水中对水库大坝要重点防护,确定泄洪的合理时机和流量。在面临地震威胁时要重点加强水、电、燃气等城市生命线系统的安全防护。在抗灾斗争中保证指挥中心的安全和高效运作尤为重要,为保障减灾措施的贯彻落实和人员物资的及时调运,需要保证交通和有力的通信保障。

在对人民生命财产可能造成严重损害的突发性灾害中,抗灾还包括组织人员和重要物资和财产的疏散,如在洪峰到来前除抢险人员外将其他人员、粮食、货币和重要文件转移到安全地带；在地震到来前将居民转移到空旷地带建立临时防震棚等。

4）救援

救援（rescue）是在灾情发生后采取的尽可能减轻灾区损失的措施。在灾情严重的地区，单靠灾区自身的人力物力已很难抗御，需要政府动员灾区以外和全社会的力量来支援和救助，以帮助灾区渡过难关，恢复生产和正常生活。

紧急救援的资源包括人力、物力和财力，救援行动分别来自政府、社会、团体、个人和国际社会等。按支援者与被支援者的关系又有职能支援、义务支援和契约支援之分，政府和减灾业务部门负有减灾救灾的职能，按照减灾法律公民具有救助灾民的义务和道义，保险公司对投保户则具有按照保险契约执行赔付救助的责任。

对人的救护应该放在第一位，特别是医疗、食品和衣物、临时居住设施等，老幼病残人员要有组织地疏散转移，妥善安置；其次是对通信系统、生命线系统和交通运输设施的抢救和保护，这关系到整个救灾工作的组织指挥和全面展开；再次是对重要生产设施和公共场所的抢救与保护，这关系到生产和社会秩序的尽快恢复；最后才是对一般设施的抢救与保护。

在灾害中要注意加强对灾民的组织和教育，防止有人趁灾打劫、制造传播谣言，特别注意对救灾物资和救灾款要迅速、及时、公平地分配到灾民手中。对盗窃、哄抢或侵吞救灾物资和救灾款的犯罪分子要予以坚决打击和法律制裁。

5）灾后恢复重建

遭受严重的洪水、地震、火灾、台风等灾害摧残后，在灾害威胁基本过去，紧急抢救告一段落之后，应尽快转入恢复重建，使经济生活和社会生活迅速趋于正常。唐山地震后国外有人曾认为这座城市从地球上永远消失了。曾几何时，在全国人民的支持和唐山人民的奋斗下，一座现代化的新唐山在短短几年之后又屹立起来了。汶川地震发生后举全国之力恢复重建，每个重灾县由一个省或直辖市对口支援，灾区生产和生活得以迅速恢复。

灾后恢复重建（recovery and reconstruction after disaster）中首要的是抢修和恢复对人民生活必不可少的生命线工程，包括交通干线、通信、供水、供电、供气等，这关系到防止次生灾害，外界援建人员物资的输入，灾区伤病员的及时医治及脆弱人群的疏散，灾后生产的恢复，与外界的正常联系和安定民心等。

灾民安置和生命线系统修复告一段落后应立即着手恢复工农业生产，这是全面恢复灾区正常经济生活、增强灾区自救能力所必需的。应进一步核实灾情，制定合乎实际的统一计划。集中人力、物力、财力和技术力量首先恢复重点厂矿的生产，受灾较轻的可边清理、边抢修、边生产，主要动员本企业力量恢复生产。损失大恢复困难的要经过全面调查，区别情况分别确定重建、改建或放弃的方案。恢复生产时必须重视防治污染配套工程的修复和建设。

7.1.2 减灾系统工程

1. 减灾的系统性

减灾是一项复杂的社会系统工程,减灾的系统性表现在:

1) 自然灾害的系统性

灾害源、灾害载体和承灾体构成一个自然灾害系统,三者之间存在复杂的相互作用。各类自然灾害由于时间、空间及因果联系而具有一定的整体性和层次性,从而构成自然灾害的整个系统。灾害发生往往祸不单行,除复合灾害外还存在各种次生灾害和衍生灾害,只考察单一灾害是不够的,必须考察整个自然灾害系统。

2) 人为灾害的系统性

村镇、工厂、矿山等各类人工系统中,原有的生态结构完全消失或发生根本改变,要靠人工设施特别是生命线系统来支撑和维持,具有很大的脆弱性,牵一发而动全身,使大多数人为灾害具有更强的系统性。

3) 灾害作用于整个社会经济系统

自给性传统农业主导的社会,减灾救灾相对简单,主要对象是个体农户,主要针对自然灾害。当代世界经济是高度社会化的大生产和大流通,构成复杂庞大的社会经济系统。产业结构日益高级化,社会分工越来越细,社会成员之间的联系空前广泛和复杂,经济全球化和信息技术的应用,使得灾害一旦发生就将影响到整个社会生产生活的各个方面,自然灾害往往与人为灾害相互交织并日益复杂和多样,巨灾的影响甚至可迅速扩展到全球。

4) 减灾过程的系统性

整个减灾过程可分为灾前的监测、预报和防灾,灾中的抗灾,灾后的救灾和援建等,各个环节构成减灾过程系统的子系统,每个子系统又包括许多要素或单元。

5) 减灾管理体系是复杂的社会系统

减灾管理从不同灾种看,涉及气象、地震、海洋、水务、地矿、农林、环保、安监、交通、消防等业务部门;从减灾行动看,涉及市政规划、财政、民政、科技、教育、卫生、保险、部队等部门;从减灾组织看,涉及政府、企业、社区和各群众团体;减灾行为还必须遵循有关法律。不同部门应在政府统一领导下各司其职,密切联系,分工合作,才能取得良好的减灾效果。因此当代减灾必然形成全社会的事业。

2. 减灾系统工程

减灾系统工程(system engineering of disaster reduction)由监测系统、信息系统、基础理论研究与灾害预报系统、防抗系统、救援系统等子系统组成(图 7.1):

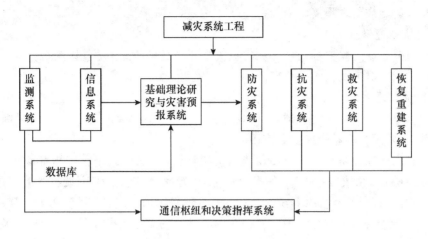

图 7.1　减灾系统工程框图

每一个子系统还可包括若干更小的子系统或单元。

从控制论的角度看,减灾可看成是一个输入-输出系统(图 7.2):

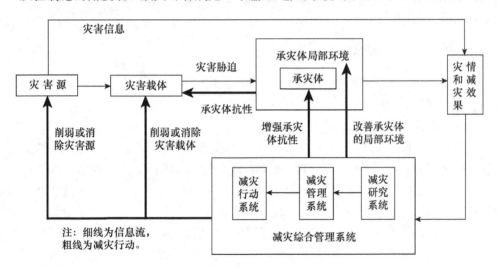

图 7.2　减灾系统工程的反馈原理

由减灾综合管理系统对灾害、灾情和减灾效果的反馈信息进行分析研究,作出判断和决策并制定的减灾行动依作用对象可分为四类:① 作用于灾害源,旨在削弱或消除之;② 作用于灾害载体,旨在限制或削弱之;③ 作用于承灾体环境,旨在改善之以提高承灾体的承受与恢复能力;④ 作用于承灾体,旨在加强其抗灾耐灾能力;不可抗灾害应使承灾体避开灾害源或与之隔离。

1）减灾研究系统

减灾研究是制定减灾行动计划和进行灾害管理的依据,主要包括两个方面:灾害规律的研究和减灾对策及技术的研究。

2）减灾管理系统

在原有灾害单项管理的基础上,由政府主管部门会同各减灾业务部门组成综合的减灾管理系统,发挥行政职能的主导作用。

减灾管理系统的职能主要为:① 灾害监测管理;② 灾害预报管理与发布;③ 建立区域减灾管理中心,由灾害数据库、信息处理中心、专家系统和减灾决策机构等组成,挂靠在政府主管部门,既是资料服务机构,又是核心研究机构,并负有制定减灾决策的任务;④ 政府减灾指挥系统,在减灾中心咨询协助下发挥减灾行政指挥职能;⑤ 社会减灾行动的组织。

3）减灾行动系统

减灾行动系统是减灾系统工程的实施系统,主要包括:① 灾害监测;② 灾害预测;③ 灾害数据库和信息分析处理;④ 减灾预案的制定和制定政府减灾决策指令;⑤ 社会减灾行动。

7.1.3 系统科学理论在减灾中的应用

由于灾害与减灾本身的系统性,减灾工作必须以系统科学(system science)理论来指导。

1. 系统科学理论体系的形成

一般系统论(general systems theory)是贝塔朗菲在 1937 年提出来的,认为"系统是相互作用的诸要素的复合体",强调系统运动的动态观点和系统结构的等级观点。信息论和控制论的创立对现代系统论的建立具有决定性的意义,并已成为系统科学理论的重要组成部分。1940 年美国贝尔电话公司首创了系统工程学的概念。钱学森认为:所有改造客观世界的从系统角度来设计、建立以及运转的工程实践都叫做系统工程,并把系统工程所用的所有理论方法叫做运筹学。电子计算机的诞生和应用为运用系统论思想方法解决现实的系统问题提供了强有力的计算和分析工具。到 20 世纪 60 和 70 年代,以系统为研究对象,目的在于解决复杂系统问题的一般系统理论已趋于成熟并形成系统科学体系。60 年代耗散结构理论、协同学理论和突变论的诞生更加丰富了系统科学的内容。系统科学不但已成为现代科学技术重要的生长点,并且为丰富和发展辩证唯物主义提出了许多新课题并提供了大量新素材。

2. 综合减灾的系统论思想

无论自然灾害还是人为灾害,致灾因素、灾害载体与承灾体构成了单个灾害系统;各类灾害之间相互联系又组成复杂的多元灾害系统。减灾涉及自然、社会、经济各个方面,是一项复杂的社会系统工程。因此,减灾必须以现代系统论为指导。如果不是系统地而是孤立地看问题,就很难在复杂的众多因素中正确把握灾害链及致灾因素间的因果关系,很难摆脱头痛医头脚痛医脚的短期行为和鼠目寸光,很难调动全社会的力量争取最大的减灾效益。

3. 控制论在减灾中的应用

维纳在 1943 年创立的控制论(cybernetics)是系统科学体系的重要组成,主要研究系统的可控性及自动控制系统的途径和理论。到 20 世纪 70 年代,控制论已从机械领域扩展到经济控制和社会控制领域,从而使控制论成为减灾的重要理论基础。所谓灾害的可管理性即可控性,虽然大多数自然灾害是很难阻止其发生的,但人类仍有可能运用控制论的方法,特别是反馈原理对其进行监测和在一定程度上控制并缩小其负面影响。

4. 信息论与减灾

美国贝尔电话研究所的申农 1948 年提出的信息论(information theory),其基本内容是研究信源、信宿、信道及编码问题,后来扩展到研究信息的产生、获取、变换、传输、存储、处理、显示、识别、利用等,成为系统科学的重要组成和控制论的基础。无论是减轻自然灾害还是人为灾害,都要获取和处理灾害信息,分析其成因及影响因素,才能发现正确的减灾途径。而每次灾害之后积累的减灾信息又可成为今后改进减灾工作的宝贵依据。对灾害的监测、预报、评估和建立灾害数据库都离不开信息论的指导。

5. 耗散结构理论与协同学在减灾中的应用

1969 年普里戈津的耗散结构理论(dissipative structure theory)指出,自组织现象只有在非平衡系统中,在与外界有着物质和能量交换的情况下,系统内各要素存在着复杂的非线性相干效应时才可能发生,并把这样条件下产生的自组织有序态称为耗散结构。按照经典的热力学第二定律,宇宙将趋向无序和热寂,但实际上生物在进化,社会在发展,并不断演化为更加复杂和高级的形态。这一千古之谜被耗散结构理论所揭开,表明一个自组织开放系统能够从外界引入负熵而提高有序度。哈肯的协同学也是研究系统从无序走向有序的科学,从不同的角度得出了与普里戈津相同的结论。灾害在一定意义上可看做一种无序化的破坏,要提高系统的抗御能力,保证社会经济可持续发展,需要从系统外部输入物质、能量和信息,改进系统的结构,提高系统的稳定度和自组织能力。传统农业的封闭性导致生态功能衰减和抗灾能力下降,农业现代化、专业化和商品化使农业系统由封闭走向开放和高级化,具备主动从外界引入物质、能量、信息充实系统自身和抵御外界胁迫与灾害干扰的能力。

6. 突发性灾害与突变论

托姆 1972 年创立的突变论（catastrophe theory）研究系统结构的突变现象及其机制，突变即系统旧结构的顷刻瓦解和新结构的立即诞生。他用拓扑学、奇点理论和结构稳定性等数学工具研究非连续性的突变现象，描述了飞跃（突变）和渐变两种质变方式的实现条件和范围。严重的灾害可看成一种突变，研究系统惯性回归作用与涨落之间的关系，有助于改进对突发性灾害的预测。

7. 风险理论与风险管理

风险理论（risk theory）研究风险的形成、性质、分析、评估与管理。风险分析是利用概率论和统计方法定量估计系统失效的风险程度，可在系统缺乏现成的失败或故障数据情况下提供该系统出现事故的可能性大小，根据决策树给出的数据，领导部门可以做出以下决策：① 该系统是否应上马或继续工作？② 需增加哪些安全措施？③ 如不能决策，还应进行哪些研究？

通常对准备实施的计划都应进行风险预测，并进行风险决策，计算和估计决策方案在不同客观状态下实施的损益值。对高新技术的风险投资和对灾害的保险事业都是以风险理论为依据的。对风险的管理不限于风险分析和预测，还要进行跟踪分析，对可能出现的各种风险提出相应对策，使风险降低到最小。

8. 危机管理的理论

危机理论（crisis theory）是现代安全减灾风险管理的高级阶段，适用于灾害临近或已发生时的管理。制定危机管理计划是危机管理的最初步骤，主要内容包括：① 危机的调查；② 危机的预测；③ 危机处理手段的选择；④ 危机处理预案的编制；⑤ 危机的控制策略等。[5]制定危机管理计划后最重要的是建立危机管理系统并进一步确定具体的应急行动方案。

9. 最大最小原理

交战中一方采取某种策略后，另一方总是采取最不利于对方的策略群与之对抗使对方得利最小，其中又要选择己方获利最大的策略组合。按照这一原则就可以在多次的重复对策中取得最大的取胜可能。这一原理建立了策略博弈论的基础。减灾也要采取使灾害尽可能减轻，损失尽可能最小的策略。灾害风险决策就是以使损失最小获利最大为目标的。

7.1.4 中国的减灾管理体制与机制

1. 体制与机制

体制（system of organization）是国家机关，企事业单位的机构设置、隶属关系和权利划分等方面的具体体系和组织制度的总称。体制是管理机构和管理规范的结合体或统一体,不同的管理机构和不同的管理规范相结合形成不同的体制。

管理体制是指管理系统的结构和组成方式,核心是管理机构的设置、各管理机构职权的分配以及各机构间的相互协调。管理体制的强弱直接影响到管理的效率和效能。

机制(mechanism)原指机器的构造和工作原理,后被延伸到有机体的构造、功能及其相互关系,现已广泛应用于自然现象和社会现象,指系统内部组织和运行变化的规律。任何系统中,机制都起着基础性和根本性作用。有了良好的机制,系统才具有良好的自适应功能,在环境发生不确定变化时能自动迅速作出反应和调整,实现预定目标。不同的系统或领域具有不同的机制。通过建立适当的体制和制度可以形成相应的机制。机制构建是一项复杂的系统工程和长期培育的过程,既需要改善系统外部环境,也需要改进系统内部的体制与制度。

管理机制是管理系统的内在结构、功能及运行方式,是决定管理成效的核心。不同的系统或领域,有着不同的管理机制。

2. 中国的减灾管理体制

中国实行政府统一领导,部门分工负责,灾害分级管理,属地管理为主的减灾救灾领导体制。在国务院统一领导下,中央层面设立国家减灾委员会、国家防汛抗旱总指挥部、国务院抗震救灾指挥部、国家森林防火指挥部和全国抗灾救灾综合协调办公室等机构,负责减灾救灾的协调和组织工作。各级地方政府成立职能相近的减灾救灾协调机构。在减灾救灾过程中,注重发挥中国人民解放军、武警部队、民兵组织和公安民警的主力军和突击队作用,同时注重发挥人民团体、社会组织及志愿者的作用(图 7.3)。[6]

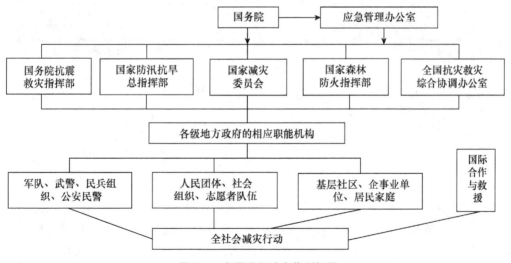

图 7.3 中国现行减灾体制框图

　　上述中央层面的减灾机构均为部际协调机构,由国务院领导成员牵头,有关部委和机构参加。其中国务院抗震救灾指挥部、国家防汛抗旱总指挥部和国家森林防火指挥部带有一定的专业性,分别挂靠在中国地震局、水利部和国家林业局。国家减灾委员会(China National Committee for Disaster Reduction, CNCDR)是具有综合协调性质,并与联合国国际减灾战略办公室对口的国家机构,主要任务是研究制定国家减灾工作的方针、政策和规划,协调开展重大减灾活动,指导地方开展减灾工作,推进减灾国际交流与合作。国家减灾委员会的具体工作由民政部承担。

　　国家减灾委员会的机构组成见图7.4。

图7.4　国家减灾委员会的机构组成

　　国家级减灾机构的建立,极大提高了中国的减灾管理水平,取得了显著的减灾效益。但各中央层面减灾机构之间的功能还有一定的重叠和职能交叉,在实际工作中有时仍存在部门间的扯皮和利益冲突,部分减灾信息尚未做到充分共享。上述问题有待国务院大部制体制改革的进一步推进来解决。地方政府和部门之间的减灾体制建设也很不平衡。

目前有些基层社区和企事业单位初步建立了减灾体制,但大多数基层单位的减灾体制很不健全。

3．中国减灾机制建设的进展

在长期的减灾实践中,中国建立了符合国情、具有中国特色的减灾工作机制。中央政府构建了灾害应急响应机制、灾害信息发布机制、救灾应急物资储备机制、灾情预警会商和信息共享机制、重大灾害抢险救灾联动协调机制和灾害应急社会动员机制。各级地方政府建立相应的减灾工作机制。

1）灾害应急响应机制

中央政府应对突发性自然灾害预案体系分为三个层次,即国家总体应急预案、国家专项应急预案和部门应急预案。政府各部门根据自然灾害专项应急预案和部门职责,制定更具操作性的预案实施办法和应急工作规程。重大自然灾害发生后,在国务院统一领导下,相关部门各司其职,密切配合,及时启动应急预案,按照预案做好各项抗灾救灾工作。灾区各级政府在第一时间启动应急响应,成立由当地政府负责人担任指挥、有关部门作为成员的灾害应急指挥机构,负责统一制定灾害应对策略和措施,组织开展现场应急处置工作,及时向上级政府和有关部门报告灾情和抗灾救灾工作情况。

2）灾害信息发布机制

按照及时准确、公开透明的原则,中央和地方各级政府认真做好自然灾害等各类突发事件的应急管理信息发布工作,采取授权发布、发布新闻稿、组织记者采访、举办新闻发布会等多种方式,及时向公众发布灾害发生发展情况、应对处置工作进展和防灾避险知识等相关信息,保障公众知情权和监督权。

3）灾应急物资储备机制

已经建立以物资储备仓库为依托的救灾物资储备网络,国家应急物资储备体系逐步完善。目前,全国设立了10个中央级生活类救灾物资储备仓库,并不断建设完善中央级救灾物资、防汛物资、森林防火物资等物资储备库。部分省、市、县建立了地方救灾物资储备仓库,抗灾救灾物资储备体系初步形成。通过与生产厂家签订救灾物资紧急购销协议、建立救灾物资生产厂家名录等方式,进一步完善应急救灾物资保障机制。

4）灾情预警会商和信息共享机制

建立由民政、国土资源、水利、农业、林业、统计、地震、海洋、气象等主要涉灾部门参加的灾情预警会商和信息共享机制,开展灾害信息数据库建设,启动国家地理信息公共服务平台,建立灾情信息共享与发布系统,建设国家综合减灾和风险管理信息平台,及时为中央和地方各部门灾害应急决策提供有效支持。

5）重大灾害抢险救灾联动协调机制

重大灾害发生后,各有关部门发挥职能作用,及时向灾区派出由相关部委组成的工作组,了解灾情和指导抗灾救灾工作,并根据国务院要求,及时协调有关部门提出救灾意见,帮助灾区开展救助工作,防范次生、衍生灾害的发生。

6）灾害应急社会动员机制

国家已初步建立以抢险动员、搜救动员、救护动员、救助动员、救灾捐赠动员为主要内容的社会应急动员机制。注重发挥人民团体、红十字会、慈善机构等民间组织、基层自治组织和志愿者在灾害防御、紧急救援、救灾捐赠、医疗救助、卫生防疫、恢复重建、灾后心理支持等方面的作用。但与发达国家相比,中国减灾的全社会参与机制仍较薄弱,市场机制发挥得很不充分,灾害保险赔付仅占灾害经济损失的极小部分,参与减灾活动的非政府组织数量不够多,活力不足,尤其是慈善机构很不发达。国家已经把加强区域和城乡基层防灾减灾能力建设和加强防灾减灾社会动员能力建设列入综合防灾减灾“十二五”规划的主要任务。

7.1.5　减灾的信息管理

1. 减灾信息的作用

在防灾减灾应急管理过程中,信息是防灾减灾应急决策的重要基础和核心要素。防灾减灾信息管理,就是在现代化网络通信技术基础上,通过建立统一的、法定的技术规范、数据标准、数据交换格式,制定相应的制度和管理办法,实现防灾减灾政府间、政府各部门之间的信息共享。

减灾信息包括灾害前兆与致灾因子监测信息、承灾体状况及其脆弱性、灾害风险评估、灾害预测、减灾资源信息、减灾科技信息、减灾政策信息、防灾减灾活动及效益、灾情动态、社会舆情、灾害损失与影响、灾后恢复状况、减灾工作经验总结等。

信息管理在减灾工作中发挥着不可替代的重要作用,无论致灾因子与孕灾环境的监测、承灾体脆弱性与灾害风险的评估、灾害类型与特征的识别、灾害的预测和预警等级判断、减灾决策和应急处置、灾情分析与灾损评估,都需要信息管理的支持。及时和准确的信息,可以大大降低灾害造成的不良社会影响和经济损失,而且能够安抚公众情绪,增强政府应对灾害的决心和信心。延误和虚假的信息会促使管理部门做出错误的决策,谣言更会造成公众的恐慌,使灾害损失沿着信息传播链不断放大。

目前我国减灾信息管理存在的主要问题是尚未形成全国统一的灾害信息收集、汇总、报告制度;不同灾害管理部门之间没有实现充分的信息共享;灾情信息往往由地方官员的主观判断逐级上报,不够客观和科学;有些媒体对灾害风险和灾情的过分炒作或误判也带来了一些不良影响。

2. 减灾信息管理系统的建设

一个比较完善的防灾减灾管理信息和决策信息支持系统包括:资料库、知识系统、规范模型、危机的预警系统、电子信息技术的应用平台等。完备的防灾减灾信息管理能力应具备八项主要特征：灾害数据的准确性；灾害信息跨行业、跨地区、跨部门搜集的全面性；灾害信息分析的权威性；灾害信息多元化、多样化、多媒体、多渠道传递的及时性；灾害信息发布的适时性；灾害信息发布的影响力；灾害信息解释的及时性与科学性；灾害信息沟通的顺畅性。提升防灾减灾信息管理能力的关键在于：抓紧开发建设中枢灾害信息管理系统和综合灾害信息管理咨询机构，强化防灾减灾信息统一管理，并构建有效的灾害信息披露与共享机制，建立公共灾害信息公开制度。

现代信息技术为加强减灾信息管理提供了强有力的手段。对于自然灾害和承灾体状况的监测通常依靠遥感、仪器观测、物联网等，灾害预测、风险与灾损评估等要利用高性能计算机和各种数学模式，预警发布通过各种通信工具、互联网和公共场所的电子屏，科技信息、社会舆情、历史数据、政策文件和经验总结等储存在各种报刊、书籍、文献资料和数据库中。对各类减灾信息都要充分利用上述工具进行收集、整理和分析，剔除错误信息，提取有用信息，并加工成反映深层次问题和规律性的信息产品。

3. 媒体对灾害与减灾活动的宣传报道

发生重大灾害，正确的宣传报道可以稳定人心和动员社会力量抗灾救灾，不恰当和不科学的报道会误导公众，甚至造成思想混乱和社会不稳定。在灾害发生期间，必须加强对媒体宣传报道的引导和管理，坚持正面宣传为主，及时公开报道灾情和科学、准确报道的原则。

发生重大灾害时，一方面要如实报道灾情和相关信息，引起社会舆论和公众的关心，同时要全面报道党中央、国务院和地方政府抗灾救灾的决策部署，大力宣传灾区军民奋力抗灾救灾的感人事迹，反映社会各界的无私支援和国内外的积极反响，以便动员和组织社会力量投入和支援抗灾工作。灾害损失和灾民困难也要如实报道，以引起社会的关心和帮助，但也不要过分夸大和渲染。

传统的社会管理体制，发生重大灾害后为防止社会恐慌，往往在一段时间内封锁灾情信息。但在信息社会与市场经济体制下，真实灾情信息如未能及时公开，扭曲的信息甚至谣言就会满天飞，加剧公众恐慌和社会动荡。在第一时间公开如实报道灾害信息，就能指导公众及时采取防灾措施，还能制止谣言传播和稳定人心。坚持及时公开的原则并不是什么事情都要报道，如涉及国家安全的机密信息和尚不确定的灾害信息都不应报道。

在减灾工作中媒体有责任宣传科学减灾的知识与技术，反对伪科学和封建迷信。这就需要新闻工作者尽可能懂得一些科学知识，不要根据道听途说或主观想象轻易下结论。如 2008 年到 2009 年冬年北方冬小麦产区发生严重的气象干旱，但由于底墒充足和播种质量好，大部地区的农业干旱并不明显。有的记者把少数播种质量差而受旱较重的麦田当做典型宣传报道，造成一些地方在严寒天气盲目浇水，人为造成不应有的损失和资源浪费。遇到复杂的灾情，媒体应向有经验的科技工作者请教，对灾情形势的分析判断要由有关专业部门和权威专家来做，防止片面的宣传报道而产生负面效应。[7]

7.1.6 安全减灾责任制

1. 建立减灾责任制的意义

减灾是关系到人民生命财产安全、社会稳定和经济可持续发展的公益性事业，各级党政机关、企事业单位和社会组织都有法律和制度规定的减灾义务和责任并通过每个成员履行自身的职责。减灾责任制就是要把这种职责明确落实到每个领导者和全体工作人员，充分发挥每个人的主观能动性，保证减灾目标和任务的顺利实现。

减灾责任制(responsibility system of disaster reduction)是全员全过程责任制，要求做到纵向到底、横向到边、责任到人，上下左右相互衔接，构成一个完整的责任体系。在全员责任制体系中，首先是领导责任制，这是全员责任制建立和健全的基础。行政首长不仅要负起经济社会发展的责任，而且要负起减灾的责任，保一方平安责无旁贷。其他分管领导和所有岗位上的工作人员也要制定与本职工作相应的安全减灾责任制，不留死角，尤其是关键岗位和薄弱环节。

2. 减灾责任制的内容

减灾责任制的内容包括减灾目标和为实现目标要做的各项减灾工作。责任目标和工作内容的确定要体现科学性、合理性和先进性。责任制的内容必须明确具体，具有可操作性。

实行减灾责任制，首先要做好思想工作，使责任人认识到减灾不仅关系到本区域或本单位的利益，而且关系到职工、居民和自身的利益和安全。积极参与减灾，是每个职工与公民应尽的义务。同时，还必须建立激励和约束机制，使减灾责任目标的实现与责任人的利益挂钩。通过对减灾责任履行情况的考核和奖惩，把个人对社会的减灾贡献与社会对个人需要的满足紧密结合起来。

7.2 灾害监测、预测和预警

7.2.1 灾害监测

1. 灾害监测的目的与原则

灾害监测(disaster monitoring)是指人们在灾害孕育、发生、发展、衰减直至灾后对其征兆、灾害现象及灾害后效进行的观察。即以科学技术方法，收集灾害风险源、风险区域、承灾体的状况及其时空分布以及对可能引起灾害事件的各种因素进行的观察和测定。

灾害监测的目的是通过对灾害现象及相关因素进行观察和测定，获得大量的灾害发生、演变及灾情信息，为开展灾害预测和预警，进行减灾决策和研究灾害规律提供重要依据。灾害监测要遵循以下主要原则：

（1）坚持"以防为主，防、减、救相结合"的原则。从灾害孕育到灾后恢复的灾害发生演变和减灾活动的全过程都需要进行监测。

（2）重点监测与跟踪监测相结合的原则。灾害的种类繁多，现象复杂，要选择对当地社会经济危害较大的主要灾种及相关要素进行重点监测。一种灾害发生后，在其发展和演变过程中，会沿着灾害链引发其他次生灾害和衍生灾害，并产生复杂的社会、经济和生态影响，灾害的强度、分布和形态也会不断变化，必须进行跟踪监测，直到灾害后果完全消失为止。

（3）点面监测相结合的原则。大面积发生的灾害需要选点监测与面上监测相结合，才能了解灾害发生的总体情况。在对象、方法、站点等选择上应满足科学性、代表性、可监测性、准确性、灵敏性和效益性等要求。

（4）平行监测的原则。灾害的发生是致灾因子的破坏性因素与承灾体的脆弱性想和结合的结果，必须对孕灾环境因素、致灾因子和承灾体状况同时监测，才能准确把握灾害发生的现状和演变动态。

2. 灾害监测的类型与方法

《中华人民共和国突发事件应对法》规定，县级以上人民政府及其有关部门，应当"完善监测网络，划分监测区域，确定监测点，明确监测项目，提供必要的设备、设施，配备专职或者兼职人员，对可能发生的突发事件进行监测。"

灾害监测依据观察手段可分为感官观察和仪器监测两类。感官观察可随时随地进行，直观形象，成本较低，但只能感知一些表面和直接的前兆或现象，有的甚至是假象，许多实质性的灾害信息还需要依靠专门的科学仪器来测定。

灾害监测依据观察对象可分为直接监测和间接监测。前者指对灾害现象和致灾因素的直接观察，后者指对与灾害有关联的事物进行观察，包括对承灾体和灾害影响因子的监测，广义的灾害监测还包括对社会舆情和灾民状况的监测。

自然灾害的监测依据观察内容可分为气象监测、水文监测、地震监测、地质监测、植物病虫监测、海洋监测等，通常由各有关业务部门组织实施，我国目前已建立起气象、水文、农林、地震、海洋等自然灾害监测网，如气象部门已初步形成集成地基、空基、天基的立体监测系统，灾害监测能力居世界前列。

随着现代信息技术的迅速发展，高新技术在灾害监测中得到日益广泛的应用。如应用遥感（remote sensing，RS）技术可以进行快速、大范围、立体性的动态灾害监测，获取的信息量极大，效率高。地理信息系统（geographic information system，GIS）常用于建立多种地理空间数据库和属性数据库,可以直观、形象地显示灾害监测信息,具有很强的空间分析与多源数据集成功能。全球定位系统(global positioning system,GPS)能够准确进行野外定位。三者合称"3S"技术,极大提高了灾害监测的精度、广度和效率。互联网(internet system)的广泛普及极大提高了监测信息的传输效率,电子观测仪器与物联网(internet of things)相结合,使灾害的远程自动监测成为现实,极大提高了灾害监测效率和降低了人工监测成本。

7.2.2　灾害预测

1. 灾害预测的意义和内容

1)灾害预测

灾害预测(disaster prediction)是根据过去和现在的灾害及致灾因素的信息,运用科学的方法和逻辑推理,对未来灾害的形成、演变和发展趋势进行的估计和推测,是发布灾害预警和制定防灾、抗灾和救援决策的依据。

灾害预测的内容包括灾害种类及灾害三要素,即灾害发生时间、地点及强度。

灾害预测的类型,按照预测有效时段可分为超长期预测、长期预测、中期预测、短期预测和临灾预测等。

2)灾害预报

灾害预报(disaster forecast)是灾害管理专业部门对于某种灾害是否发生及其特征向有关部门或社会公众预先告知的行为。

灾害预报与灾害预测的区别在于后者是一项技术性工作,预测结果不一定向外发布。但在有些国家,二者之间并无严格界限。

2. 自然灾害预报的时效

不同灾害类型对预报时效的要求不同。如地震的长期预报是指是对某一地区今后数年到数十年强震形势的粗略估计与概率性预测;中期预报是指对未来一两年内可能发生破坏性地震的地域的预报;地震短期预报是指对3个月以内将要发生地震的时间、地点和震级的预报;临震预报是指对10日内将要发生地震的时间、地点、震级的预报。而天气预报中的短时预报是指未来1~6小时天气动向的预报,短期预报是指未来24~48小时天气情况的预报,中期预报是指对未来3~15天的天气状况的预报,长期预报是指1个月—1年天气状况的预报,也称短期气候预测。植物病虫害的预报则以半年以上为长期,一两个月以上为中期,几天到十几天为短期。显然,气象预报对时效的要求要比地震更高,这是与气象要素相对易于观察和气象灾害更加频繁和多变相联系的。植物病虫害预报对时效的要求居间,这是由于其发生发展既受到有害生物生长发育规律和制约,又受到环境气象条件的很大影响。通常危害巨大的灾害要求更长时效的预报,以利做好充分的物质、技术和人力的准备,发生频繁和发展迅速的灾害对短时预报的要求更高。

一般自然灾害的预报由有关灾害管理部门发布,但地震预报必须由地震部门提交,由当地政府发布,其他自然灾害在危险特别严重时也需要通过政府来发布,以增强权威性,充分调动社会减灾资源,高效组织抗灾和救援,降低灾害损失,保持社会稳定。

3. 自然灾害的预测方法

自然灾害的发生通常需要破坏性因素的不断积累,达到一定程度后呈现爆发性释放,并与承灾体的脆弱性相结合,造成明显的损害和经济损失。无论是孕灾环境还是承灾体,在灾害发生前都有一定的前兆或隐患,根据对这些前兆或隐患的观察,并结合对灾害规律的研究,就有可能对灾害的发生与否及其特征提前做出预测和预报。

由于不同类型灾害的发生机制不同,目前我国对于气象灾害、海洋灾害、生物灾害等的预测已达到较高水平,但对于地震的短临预报仍有很大难度,这是由于地震灾害源位于地下深处,只能采取间接观察手段。未来随着科学技术的发展和学科间的交叉融合,地震预报的难题总有一天是能够解决的。至于人为灾害,由于具有极大的随机性,一般认为是不可预测的。但由于人为灾害与社会、经济的发展密切相关,对于人为灾害的隐患进行盘查,根据风险评估提出相应的防范措施还是能够做到的。

自然灾害的预测有多种方法,常见的有:

1) 趋势外推法

根据致灾因素的发展趋势或运动方向外推预测,如:根据遥感云图影像判定的台风中心的移动轨迹、速度和强度的变化预测未来可能登陆的地点、移动方向和影响范围;根据天气图上冷暖气团的移动方向与速度预测未来冷空气活动或降水的分布与强度;根据滑坡体与母体之间位移加速扩大的趋势做出临滑时间、地点、强度的预报;根据有害生物的迁移方向、速度或繁殖数量的增长与发育速度,预测未来病虫害的发生数量、范围和危害程度。

2) 阈值指标推断法

不同类型的承灾体对于外界环境胁迫都具有一定的弹性或抵抗力阈值,超过这一阈值将使承灾体受到明显的损害,这一阈值统称称为该承灾体的灾害指标。例如喜温植物的体温降到零度以下的某个温度就将发生冻害;风力大于 5 级,正在灌溉的农作物容易发生倒伏;降雨强度超过每小时 20 mm,容易发生城市内涝阻塞交通等。根据环境胁迫因素是否即将达到阈值可以用来推测灾害的发生,但对于多因子引发的复杂灾害,使用单一阈值指标来推断比较困难。

3) 灾害前兆经验推断法

有些灾害在发生前具有一些前兆,如:破坏性地震与滑坡发生前,动植物会出现异常反应,地下水位发生突变;台风到来前天气骤热,风向改变。这些前兆可以作为某些灾害预报的参考,但往往容易与正常的自然现象混淆,而且难以定量表示,对其预报效果不可期望过高。

4)统计预报方法

一种是建立灾害强度与各孕灾因素或影响因素之间的统计关系式,通常用于较长时间或成因复杂的灾害的预报,如利用某个区域的海温、地温和大气环流指数与本地区降水量的历史资料建立多元回归模型,进行旱涝趋势的预报;利用发生源地病虫源数量和本地区气象条件的历史资料建立统计模型,预测病虫害的发生趋势。

另一种方法是针对某些灾害具有明显的周期性的特点,利用时间序列、周期韵律、相似年、物候历等方法来进行预测。

5)综合模型法

有些成因复杂的灾害,需要建立反映多种致灾因子与承灾体状况相互关系及演变过程的数学模型,运用计算机输入各致灾因子和影响因子的数值,通过复杂的计算和逻辑推理,输出灾害预测结果。如荣获国家科技进步特等奖,峰值速度达4700万亿次的超级计算机"天河一号"就已应用于我国的数值天气预报。作物模拟模型、人工神经网络模型和灰色系统模型也已广泛应用于自然灾害的预报。

7.2.3 灾害预警

1. 灾害预警的意义与分级

灾害预警(disaster pre-warning)是指在灾害或灾难以及其他需要提防的危险发生之前,根据以往的总结的规律或观测得到的可能性前兆,向相关部门发出紧急信号,报告危险情况,以避免危害在不知情或准备不足的情况下发生,争取最大限度减低灾害损失的行为。《中华人民共和国突发事件应对法》第二十四条规定国家建立健全突发事件监测制度。可以预警的自然灾害、事故灾难和公共卫生事件的预警级别,按照突发事件发生的紧急程度、发展势态和可能造成的危害程度分为一级、二级、三级和四级,分别用红色、橙色、黄色和蓝色标示,一级为最高级别。预警级别的划分标准由国务院或者国务院确定的部门制定。

除地震以外的灾害、事故的三四级预警,由主管专业部门直接发布;危害较大的一二级预警,由主管部门报请后由当地政府发布并报告上一级政府。

2. 灾害预警的响应

《中华人民共和国突发事件应对法》规定了发布灾害预警之后,各地应采取的响应措施。

发布三级、四级警报,宣布进入预警期后,各级政府应根据即将发生灾害的特点和可能造成的危害,采取以下措施:启动应急预案;责令有关机构与人员及时收集、报告有关信息并向社会公布反映灾害信息的渠道,加强对灾害发生、发展情况的监测、预报和预警工作;组织有关部门和机构、专业技术人员、有关专家学者,随时进行灾害信息的分析评估,预测发生可能性、影响范围、强度和等级;定时向社会发布与公众有关的预测信息和分析评估结果,并对相关信息的报道进行管理;及时发布可能受到危害的警告,宣传防灾和救援知识,公布咨询电话。

发布一级、二级警报,宣布进入预警期后,各级政府除采取上述措施外,还应针对灾害特点和可能造成的危害,采取以下措施:责令应急救援队伍、负有特定职责的人员进入待命状态,动员后备人员做好参加应急救援和处置工作的准备;调集应急救援所需物资、设备、工具,准备应急设施和避难场所,并确保其处于良好状态、随时可以投入正常使用;加强对重点单位、重要部位和重要基础设施的安全保卫,维护社会治安秩序;采取必要措施,确保交通、通信、供水、排水、供电、供气、供热等公共设施的安全和正常运行;及时向社会发布有关采取特定措施避免或者减轻危害的建议、劝告;转移、疏散或者撤离易受突发事件危害的人员并予以妥善安置,转移重要财产;关闭或者限制使用易受突发事件危害的场所,控制或者限制容易导致危害扩大的公共场所的活动;采取法律、法规、规章规定的其他必要的防范性、保护性措施。

3. 预警级别的调整和解除

发布灾害预警的地方政府应根据事态发展,按照有关规定适时调整预警级别并重新发布。有事实证明灾害不可能发生或危险已经解除,应立即宣布解除警报,终止预警期,并解除已经采取的有关措施。

7.3　备灾和预防

7.3.1　备灾的内容

1. 备灾的意义和内容

备灾(disaster preparedness)指由政府、专业灾害管理机构、社区和个人运用所具有的知识和能力,对可能和即将或已经发生的危险事件或条件及其影响进行有效的预见、应对和恢复[8],也就是平时为应对灾害所做的各种准备工作,主要包括救灾物资、资金和技术的储备,广义的备灾还包括减灾应急管理体系建设、预案编制、灾害预测和预警、救灾技能培训、志愿者队伍建设、开展灾害保险等。

2. 救灾物资储备

重大灾害发生时,灾民急需逃生工具,避险和临时安置需要提供帐篷、食物和清洁饮水,还需要拥有应急备用发电和通讯设备,伤员急需药品和急救器材。救灾是时效性很强的工作,救灾人员必须在第一时间到达灾区,在最短时间内将急需物资发放至灾民手中。抗灾抢险还需要大量物资与装备。这些物资、器材与装备在平时都不属于生产资料,不能产生直接的经济效益,但在抗灾救灾的关键时期具有巨大减灾效益。我国自然灾害频繁发生,抗灾救灾所需物资和资金数量巨大,不可能临时筹集,必须增强备灾观念,平时逐年积累,建立完善的救灾物资与资金的储备制度,建立健全政府储备为主、社会储备为补充、军民兼容、平战结合的救灾物资应急保障机制。要实施"国家救灾物资储备工程",多灾易灾地区的各级政府要按照实际需要建设本级生活类救灾物资储备库,形成分级管理、反应迅速、布局合理、种类齐全、规模适度、功能完备、保障有力、符合我国国情的中央—省—市—县四级救灾物资储备网络。做到自然灾害发生 12 小时之内,受灾群众基本生活得到初步救助。

对于农业灾害,由于农业生产的周期长和季节性,还需要储备包括种子、化肥、农膜、柴油、农药、兽药、饲草等生产资料,以利不误农时尽快恢复生产。

救灾物资储备要建立严格的管理制度,平时不得挪用,确保必要的保存数量。出入库要有严格的登记手续,易变质物资要规定明确的保存期并定期更新。

3. 减灾技术储备

技术储备是备灾的重要内容之一。救灾物资即使充足,不懂得如何正确使用也起不了作用。缺乏必要的救灾技能,即使满腔热情也发挥不了作用。如 2008 年汶川地震期间,有不少热血青年前往灾区参加救援作出了重要贡献。但也有一些人不掌握任何救灾技术,反而给灾区增加了负担。

不同灾害类型的减灾技术有很大区别。对于地震灾害,最重要的是生命探寻、危险建筑物处置、医疗急救、道路疏通、应急供电供水、灾民临时安置、心理援助等;对于洪涝灾害,关键是应急泄洪排涝、堤防抢险加固、灾民紧急疏散、临时安置和基本生活保障等;对于农业灾害则急需农作物和牲畜的应急抢救和灾后补救技术。

长期以来由于重视常规技术研究,减灾科技投入不多,减灾技术的研究基础相对薄弱。由于自然灾害的发生具有一定的随机性与偶然性,研究计划期间有可能没有发生所要研究的灾害或实际发生的是其他灾害,使得这类研究能否取得预期成果带有相当大的不确定性。人为模拟胁迫环境的减灾技术研究成本较高,而且模拟灾害环境与农田真实环境还有较大差异。为此,需要增加灾害机理与减灾技术研究的投入,并作为一种基础性研究长期坚持下去,允许科技工作者根据实际灾情灵活调整研究计划,特别是针对当时正在发生的灾害取得第一手调查和观测资料,同时试验和检验各种减灾措施的效果。

自然灾害大多具有很强的区域性,需要按照不同区划,收集、整理和归纳现有减灾技术,提出初步的技术清单。在此基础上制定研究规划,针对薄弱环节和关键技术重点深入研究,逐步形成区域性减灾技术体系,建立不同产业和主要领域的减灾专家库。在发生重大灾害时,组织减灾技术人才实地考察会诊,才能提出符合实际的减灾与补救技术。

7.3.2 灾害的预防

1. 防灾措施的分类

灾害预防(disaster prevention)泛指灾害发生前的各种准备工作,包括技术、经济、社会和管理等方面的准备。其中技术准备包括灾害监测和预报、规划、设计、科研、试验、技术标准、工艺流程等;经济准备包括抢险和救灾物资储备、人员定位、避险场所建设、减灾资金筹集等;社会准备包括专业救援人员培训、志愿者队伍的组织与训练,社区防灾演练,安全文化教育和减灾技能培训等;管理准备包括应急管理体制、法制和机制建设,减灾信息管理系统建设,应急预案编制等。广义的灾害预防还包括灾害发生后为防止次生灾害、衍生灾害和灾害负面影响扩大蔓延而采取的防范措施。

防灾措施包括工程性措施和非工程性措施两大类。

1) 工程性措施

工程性措施有针对灾害源的,如在泥石流多发地段清除堆积物,营造防风林,在河流上游等修建水库,中下游加固堤防等,但更多的工程是针对承灾体的,其中有些旨在加强承灾体的抗灾能力,如对建筑物进行防震加固,室内装饰使用不易燃烧材料,加强工业劳保防护设施,培育农作物抗逆品种等;另一些措施是使承灾体避开灾害源,如对通过合理规划科学选址避开灾害多发地段,修建应急避灾场所等,调整作物布局等。还有一些措施是针对灾害载体的,如扑灭携带病菌或病毒的害虫,在害虫越冬栖息地清除杂草等。

2) 非工程性措施

非工程性措施指以经济、行政、管理、法律等社会性管理行动达到减灾目的的措施。如经济手段包括用经济政策使企业从利润中划出一定比例用于环保和安全减灾工程投资;对违反安全生产规范造成重大事故或隐患,或盲目开采资源造成生态破坏和环境污染的进行惩治;建立灾害保险业务和灾害救济基金等。行政手段包括制定区域或单位减灾规划、救灾预案和减灾对策;建立健全各级政府的减灾机构并落实人员和减灾责任制;贯彻落实国家和地方政府的减灾方针、政策和决策行动方案;支持和检查督促各减灾部门的减灾业务工作和社区的减灾组织工作;组织防灾减灾的宣传教育与培训,组织救灾抢险专业队伍和志愿人员并进行经常性的训练等。法律手段包括减灾立法、执法、司法和对居民进行法制教育等。[9]

工程性措施需要较多的资金与物资投入,经济发达地区有条件实施较大规模的防灾工程,但也不能忽视非工程性措施的作用。非工程性措施与工程性措施的优化配置可以显著提高工程措施的防灾效果。经济不发达地区资金有限,可有选择地实施小型防灾工程,现阶段以非工程性措施为主,力争较快收到明显的减灾效果。

建设减灾实验示范区可以把这两类措施结合起来，以相对小的投入取得尽可能大的减灾效果，并推动面上的减灾工作。实验示范区应选择相对多灾、组织领导力量强和群众基础好的地区或单位，充分利用现有减灾技术成果，广泛动员全社会的力量来减灾。

2. 不同类型灾害的防灾策略

不同类型灾害的可控性有很大差异，需要采取不同的防灾策略。

对于地震、特大洪水、滑坡、泥石流、海啸等巨灾，由于其灾害源的破坏性能量巨大，基本上是不可控的。主要采取规避措施，如工程选址和城乡规划要避开重大灾害多发地段，调整作物布局，修建临时避险场所等。

对于初始破坏性能量很小，可控性强的灾害，如火灾、植物病虫害和传染病初起时，可以用很小的代价消除灾害源。但一旦蔓延扩展开来，扑灭的难度很大，成本很高。

对于频繁发生，可能造成的损失低于防灾成本的灾种，可以采取接受风险的策略。

对于破坏性能量和可能造成的损失或可控性处于中等水平的灾害，要采取适当的防范措施，或调节改善局部环境以减轻灾害胁迫，或增强承灾体的抵抗能力以减轻损害。

对于地震、大风、冰雹、暴雨等突发型灾害，防灾工作的重点是为应急处置提前做好各种准备。对于干旱、涝害、冷害、地面沉降等累积型灾害，防灾工作的重点要放在灾前防止灾害发生和灾害初期防止灾害的扩大蔓延，可收到事半功倍的效果。如果等到发生紧急事态时再不得不采取措施（如因严重干旱导致人畜饮水困难不得不应急输水），则往往事倍功半。

7.3.3 避灾场所的建设

1. 避险场所的防灾作用

建设避险场所的目的是在发生地震、洪水、滑坡、泥石流、森林或草原火灾等危及人民生命安全的重大灾害时，为灾民提供能够保证相对安全和短期生存的地方。不同灾种对于防灾避险场所选址和建设的要求也各不相同。如地震一般选择开阔地段或地下室，防火要选择缺少可燃物的地方，防洪要选择地势高燥处并远离河湖与沟谷，但地势较高处还要考虑饮用水源的保障与防雷。国家减灾委员会在《关于加强城乡社区综合减灾工作的指导意见》中提出："避难场所应具备供水、供电、公厕等基本生活保障功能。要明确避难场所位置、可安置人数、管理人员等信息，标明救助、安置和医疗等功能分区，在避难场所、关键路口等位置设置醒目的安全应急标志或指示牌，引导社区居民在紧急时能够快速到达社区灾害应急避难场所。"

2. 城乡避险场所建设的不同要求

城市与乡村的避险条件与对于避险场所的要求也各不相同。城市的有利条件是拥有大量建筑物和公共设施，如坚固楼房的高层可用于防洪，地下设施可用于防震，影剧院、体育馆和公园都可用于临时安置无家可归者。但城市的人口密集,空间狭窄,发生地震、特大洪水与火灾时的疏散难度大。一旦交通断绝,食物和饮用水的供应将难以保障。因此,对于城市避险场所的建设与规划,要根据不同灾种的特点合理选址,充分利用现有设施,储备适当数量的食物与饮用水。农村避险的有利条件是人口密度较小,除山区外都容易找到地震避险的场所,可以就地取材搭建临时防震棚,除低洼地区外都可选择地势高处避洪,容易获得食物和饮用水源以维持短期生存。但农村的交通、通信、医疗等条件不如城市,避险场所应适当储备应急照明和通信设备及常用医药。

利用邻近非灾区临时安置也是避险的有效措施。《自然灾害救助条例》规定:"受灾地区人民政府应当在确保安全的前提下,采取就地安置与异地安置、政府安置与自行安置相结合的方式,对受灾人员进行过渡性安置。""就地安置应当选择在交通便利、便于恢复生产和生活的地点,并避开可能发生次生自然灾害的区域,尽量不占用或者少占用耕地。"[10]

3. 灾害避险场所的管理

建设灾害避险场所应掌握平灾结合与一所多用的原则。应急避险场所应是具有多种功能的综合体,平时可作为居民休闲、娱乐、健身或防灾培训的活动场所,发生重大灾害时作为、避险使用。还应具躲避多种灾害的功能,但需考虑具体灾害的避险适用性,注意所在区位环境与地质因素的影响。

灾害避险场所要实行谁投资建设,谁负责维护管理的原则。地方政府统一规划修建的避险场所通常由民政和民防部门负责管理或授权由所在社区或企事业单位代管。所有权人或经营者应按要求设置各种设施设备,划定各类功能区并设置标志牌,建立健全场所维护管理制度。当地政府与灾害管理部门应针对不同灾种的避险场所编制应急预案,明确指挥机构,划定疏散位置,编制使用手册与功能区划分布图并向社会公示。应急避险场所应在入口处及附近地段设置统一、规范的标志牌,提示应急避险场所的方位及距离、功能区划详细说明、各类应急设施的分布等。避险场所的储备物资要有专人管理,建立台账,定期更新。

7.3.4 减灾规划

1. 减灾规划的性质与内容

规划是为实施总体目标制定的长远发展计划,包括预期目标以及实现目标所需要的措施和管理活动。

减灾规划(disaster reduction planning)是减轻灾害的长远计划,是配合区域或国家社会、经济发展规划的专项规划。

减灾规划的基本目的是指导各项减灾工作,提高减灾效果。国务院办公厅关于印发国家综合防灾减灾规划(2011—2015 年)的通知指出:编制和实施《规划》,是贯彻落实党中央、国务院关于加强防灾减灾工作决策部署的重要举措,是推进综合防灾减灾事业发展、构建综合防灾减灾体系、全面增强综合防灾减灾能力的迫切需要,对切实维护人民群众生命财产安全、保障经济社会全面协调可持续发展具有重要意义。

减灾规划的类型,按照内容分为综合减灾规划和专项减灾规划,前者如国家综合防灾减灾规划(2011—2015年),后者包括按灾种、产业或领域编制的各种减灾规划,如防震减灾规划、防洪减灾规划、农业减灾规划等。按照区划范围,分为国际减灾规划、国家减灾规划、地区减灾规划、城市减灾规划、村镇减灾规划等。

减灾规划的核心内容包括减灾任务、目标、减灾途径、行动计划、保障措施等。以国家综合防灾减灾规划(2011—2015年)为例,包括以下几个部分:现状与形势;指导思想、基本原则与规划目标;主要任务;重大项目;保障措施。

减灾规划具有明确的阶段性,随着社会、经济的发展和灾害发生态势的演变,对未来一段时期的减灾目标要提出新的要求,采取若干新的减灾举措。如国家减灾委有关负责人解读《国家综合防灾减灾规划(2011—2015年)》,认为有三大亮点:强调预防为主,重点加强自然灾害早期预警;重视综合减灾,倡导鼓励防灾减灾全民参与;承诺受灾群众将在12小时之内得到初步救助。《规划》还明确提出,"十二五"期间,我国自然灾害造成的死亡人数在同等致灾强度下较"十一五"时期明显下降,因灾年均直接经济损失占GDP的比例控制在1.5%以内。

2. 减灾规划的编制与实施

减灾规划的编制要以经济、社会发展规划和有关法律法规为依据,在当地防灾减灾管理机构的统一组织下进行。根据当地经济、社会发展和自然、地理、社会条件确定规划目标,使用范围和年限。同时还要确定规划编制应遵循的各项原则。《国家综合防灾减灾规划(2011—2015年)》中提出的基本原则是:政府主导,社会参与。以人为本,依靠科学。预防为主,综合减灾。统筹谋划,突出重点。规划编制的步骤如下:

① 灾害调查分析;

② 规划期间的灾害形势分析和预测;

③ 灾害风险评估与区划;

④ 确定与区域经济、社会发展相协调的减灾目标;

⑤ 确定区域防灾减灾的重点任务与规划措施;

⑥ 提出规划期间要实施的主要减灾工程项目;

⑦ 费用效益分析和方案优选;

⑧ 广泛征求意见和组织专家论证;

⑨ 上报主管部门审批。

规划制定和发布之后,要落实到下属机构和有关单位,认真组织好《规划》实施工作,加强组织领导,完善工作机制,加大资金投入,确保《规划》目标的顺利实现。要将规划内容纳入地方经济社会发展规划,结合实际制定地区综合防灾减灾规划和部门专项减灾规划,逐级落实工作目标和任务。《规划》涉及的建设项目要认真做好前期工作,合理确定建设规模和投资,按程序报批后实施。各有关部门要根据职能分工,加强对《规划》的指导、支持和协调,共同落实《规划》任务。

7.3.5　应急预案的编制与实施

1. 应急预案的作用

减灾预案(pre-plan of disaster reduction)是政府、有关部门和企事业单位在发生重大灾害事故时应采取的一整套管理办法、技术措施和减灾行动的指导性方案。编制减灾预案可以使政府在发生重大灾害时能有计划有准备地应付突发事变,提高抗灾救灾组织指挥效率和整体救灾功能,使各基层单位能根据实际情况实施紧急抢救行动,防止次生灾害和衍生灾害,控制灾情发展蔓延,使决策者和救灾人员心中有底,减轻心理压力,做到有章可循,有条不紊,临危不惧,防止消极被动。

自 2003 年下半年以来,国务院组织编制了一系列应急预案,已经取得了显著的减灾效益。过去在发生重大灾害时,由中央或地方政府组成临时性的抗灾救灾领导小组,虽然起到一定的统筹协调作用,但由于匆忙组建,缺乏思想、物质和技术准备,减灾效果不够理想,有时还会贻误时机。如 1976 年的唐山地震发生后,中央立即调动军队和医护人员连夜赶往灾区,但由于缺乏安全的挖掘机械和灵敏的生命探测仪器,埋在废墟下的数以万计的灾民未能救出。制定和实施了一系列应急预案后,发生同等强度和规模的重大灾害和事故时,能够做到科学应对,死伤人数和经济损失都将明显下降。

目前我国已初步建立起比较完整的突发事件应急预案体系,国家突发公共事件预案体系包括 7 总体应急预案、专项应急预案和部门应急预案,各地各级地方政府也编制了许多突发事件应急预案。上述预案由各级政府和有关部门按照统一领导、分级负责的原则分别制定。据研究,发生特别重大突发事件时,如果逐级等待上级指示再行动,与每一级按照应急预案立即自行启动,效率要相差 300 多倍,而第一事件处置的好坏往往就决定了伤亡大小和处置成本的高低。国家应急预案体系的不断完善,必将提高全社会应对突发公共事件的能力。[11]

2. 减灾预案的内容

灾害应急预案通常要求具有若干基本要素,[12]包括灾害应急指挥系统、灾害情报体系、救灾抢险体系、急救医疗体系、应急避难体系、应急救灾交通管理体系等六项组成了城市灾害应急预案的基本要素。国务院 2003 年在《省(区、市)人民政府突发公共事件总体应急预案框架指南》中给出了应急预案的框架:

1. 总则

    1.1目的   1.2工作原则   1.3编制依据   1.4现状   1.5适用范围

2. 组织机构与职责

    2.1应急组织机构与职责   2.2组织体系框架描述   2.3应急联动机制

3. 预测、预警

    3.1信息监测与报告   3.2预警   3.3预测预警支持系统   3.4预警级别及发布

4. 应急响应

    4.1分级响应   4.2信息共享和处理   4.3基本响应程序   4.4指挥与协调
4.5新闻报道   4.6应急结束

5. 后期处置

    5.1善后处置   5.2社会救助   5.3保险   5.4调查和总结

6. 保障措施

    6.1通信与信息保障   6.2现场救援和工程抢险装备保障   6.3应急队伍保障
6.4交通运输保障   6.5医疗卫生保障   6.6治安保障   6.7物资保障   6.8经费保障
6.9社会动员保障   6.10紧急避难场所保障   6.11技术储备与保障   6.12其他保障

7. 宣传、培训和演习

    7.1公众宣传教育   7.2培训   .3演习

8. 附则

    8.1名词术语、缩写语和编码的定义与说明

    地方和部门的减灾预案编制可参照国务院提出的上述框架，但越到基层，所规定的职责和行动要更加明确和具体，具有充分的可操作性和可执行力。必要时，还需要制定落实到个人和重要岗位、设施和场所的实施细则。

    3. 减灾预案的编制、实施和修订

减灾预案的编制一般要经过以下程序：

① 组成预案编制的领导小组和起草小组；

② 明确减灾预案的主体与客体；

③ 识别灾害问题，确定编制减灾预案的原则和基本框架；

④ 收集整理历史灾情资料，分析灾害风险，预测可能的灾害情景，确定响应等级；

⑤ 分析典型减灾案例，确定不同响应等级的减灾措施，建立预案的范本；

⑥ 全面编制减灾预案；

⑦ 组织专家对预案进行全面论证，进行必要的修改补充；

⑧ 县级以上减灾预案应通过一定的法律或行政审批程序予以确认，使之在相应的范围内具有法规性。基层单位的预案则应通过村民或职工代表大会审议通过，使之在本

单位的生产活动中具有约束性。

预案的实施工作包括：预案宣传、教育和培训，减灾资源的定期检查和更新，组织定期和不定期的应急抢险救援演练，发生灾害时应急预案的启动和响应，预案实施效果的总结等。

随着区域社会、经济的发展和全球气候变化的影响，灾害的发生会出现某些新特点。减灾工作也有一个不断完善的过程，任何减灾预案都会具有一定的阶段性和局限性。因此，减灾预案每隔几年就应进行一次定期的修订。每发生一次重大灾害，原有预案中不完善的问题都会得到充分的暴露，应在总结经验教训的基础上及时进行修订。

7.4　抢险救援与减灾工程

7.4.1　抗灾抢险的组织

抗灾是在面临灾害威胁或灾害已经发生的情况下采取的应急措施，通常是针对灾害源或灾害载体的工程措施，也有针对承灾体采取的紧急加固保护措施。如洪水临到来前或已经到来后对堤防的紧急加高加固，大风刮起时用绳索或打桩临时加固房屋设施，火灾发生后立即组织扑灭或隔离，干旱时的提水引水措施等。

在对人民生命财产可能造成严重损害的突发性灾害中，抗灾还包括组织人员和重要物资器材的疏散，如在洪峰到来前除抢险人员外将其他人员、粮食、货币和重要文件转移到安全地带；在地震到来前将居民转移到空旷地带建立临时防震棚等。

紧急抗灾时要特别注意关键地段和设施的防护和抢险。如洪水中对水库大坝要重点防护，确定泄洪的合理时机和流量。在面临地震威胁时要重点加强水、电、燃气等城市生命线系统的安全防护。在抗灾斗争中必须保证指挥中心的安全和高效运作尤为重要，为保障减灾措施的贯彻落实和人员物资的及时调运，需要保证交通和有力的通信保障。因此，在发生重大灾害时，率先修复通往灾区的道路和通信系统也是抗灾抢险工作的重要内容。

采取何种抗灾措施要根据灾害程度和特点而定，对于不可抗拒的巨灾，抗灾工作主要是对承灾体采取保护或规避措施，首先是对人的保护，尤其是弱势群体。

抗灾工作必须遵循自然规律和社会规律。在发生巨灾时，难免会发生伤亡，抗灾抢险的目的是千方百计减少生命和财产的损失。在特殊情况下，能以个人的牺牲换来多数人的安全是值得颂扬的英雄行为，但不应提倡无谓的牺牲。1969 年 7 月底，超强的第 3 号台风在汕头附近登陆，中心风速达 54 m/s。周恩来总理已提前通知沿海军民向安全地带转移，但某部队围海造田的农场却仍然动员部分战士和劳动锻炼的大学生组成人墙护堤，瞬间就被狂风卷起的 10 m 高的海浪冲垮，淹死数百名，这就是违背自然规律的恶果。

发生重大灾害时,抗灾抢险工作应由有关专业队伍组织,参与抢险的部队和志愿者都要服从灾害管理部门的统一指挥,不能各行其是。目前,我国法律已明确规定禁止未成年人参与扑救火灾。应该教育少年儿童懂得一些避险逃生的知识,在有条件的情况下,可以协助大人做一些辅助性工作,但不应组织他们参与危险性很大的抢险救援行动。

7.4.2 防灾减灾工程

工程是将自然科学的原理应用到生产部门而形成的各门科学的总称,工程的类别通常按照不同产业来划分,如水利工程、土木建筑工程、交通工程、机电工程、农业工程、航天工程等。工程有时也用来指具体的某个建设项目,如三峡水利枢纽工程。

减灾工程(disaster mitigation engineering)是为达到减灾目的而实施的一系列工程活动的总称,其中在灾前实施、具有预防作用的工程称为防灾工程(disaster prevention engineering),二者常合称防灾减灾工程(engineering of disaster prevention and reduction),是具有显著综合与交叉特征的新型学科。广义的防灾减灾工程涵盖各种自然灾害和人为灾害的发生条件和演变规律、监测和预报、工程防治和应急救援、恢复重建等的科学技术问题,狭义的防灾减灾工程主要是指防治各种灾害的工程项目。目前我国有十多所高等院校设有防灾减灾工程及防护工程专业,作为土木工程学科的二级学科招生。

与灾害管理措施相比,工程措施相当于硬件,而管理措施相当于软件。工程措施要与管理、法制、教育培训等非工程措施相结合,才能最大限度发挥防灾减灾效益。虽然工程措施需要较多资金和物质投入,但对于许多重大灾害,必要的投入还是应该的,有些甚至是必需的。没有相当数量的防灾减灾工程,一旦发生重大灾害,遭受的损失将是工程投资和运行成本的数倍甚至数百倍。

常见的防灾减灾工程有防震减灾工程、防洪减灾工程、地质灾害防灾减灾工程、抗旱节水工程、防风减灾工程、防火工程、防沙治沙工程、水土保持工程、环境保护工程等。

新中国成立以来,由于实施了一系列防灾减灾工程,在很大程度上减少了人员伤亡,减轻了灾害损失。如1976年唐山地震之后,组织进行了全国地震风险区划,要求新建工程项目必须符合所在地区的地震设防标准,对原有的建筑和设施普遍进行了加固。针对频繁发生的旱涝灾害,到2013年全国已建成97 246座水库,总库容 8104.1×10^8 m^3;建成流量 1 m^3/s 以上水闸97 019座,堤防总长 413 679 km,农村供水工程5887.46万处,地下水取水井9749万眼。水土保持工程措施实施了 20.03×10^4 km^2,植物措施 77.85×10^4 km^2,建成淤地坝58 446座。[13]国家实施的南水北调中线工程已在 2014 年底前通水,在一定程度上缓解了华北地区严重缺水的局面。60多年来,在东北、华北和西北沿沙漠外围兴建了延伸数千公里的"三北防护林带",在华北平原大面积营建农田防护林网,在沿海营造防风林,有效减轻了干旱、干热风和风暴潮的危害。2006年起,国家实施了公路灾害防治工程,对公路边坡、路基、桥梁构造物和排水设施进行综合治理,全面提高了普通公路的防灾能力。由于篇幅限制,其他领域的防灾减灾工程不再一一列举。

7.4.3 灾害的应急救援

1. 应急救援队伍的组成

灾害应急救援是指重大灾害发生时,对人民生命财产的保护、急救和对险情的应急排除。

我国灾害应急救援队伍分为骨干队伍、专业队伍和志愿者队伍三大类。骨干队伍包括公安消防、特警以及武警、解放军、预备役、民兵等。其中公安消防的职能早已超出消防灭火的范围,还参加危险化学品泄漏、道路交通事故、地震及其次生灾害、建筑坍塌、重大安全生产事故、空难、爆炸及恐怖事件和群众遇险事件的救援工作,参与处置水旱灾害、气象灾害、地质灾害、森林和草原火灾等自然灾害,矿山、水上事故,重大环境污染、核与辐射事故和突发公共卫生事件等共 19 类应急救援任务。专业队伍包括医疗急救、地震、水利、地质、能源、海洋、矿山、森林武警等部门。主要问题是分属不同行业和部门的专业应急救援队伍多是在计划经济体制下建立的,互不隶属,力量分散,功能单一,缺乏有效的联动机制,经常发生多头指挥、现场混乱、救援处置不力的情况。为此,需要统筹各类应急救援资源,进一步明确常态应急救援主体,构建统一的指挥调度平台,同时还要改进抢险救援装备。

应急救援贵在及时。虽然我国已组建覆盖主要灾种和不同部门的专业应急救援队伍,但在重大灾害发生时仍然是杯水车薪,一时难以覆盖到所有灾区。由于专业队伍到达现场需要一段时间甚至一时难以到达,容易错过最佳救援时机。这时,本地的救灾志愿者队伍能充分发挥就地、及时和熟悉灾区情况的优势,迅速开展自救互救,取得显著的减灾效果。据唐山地震抢救被压埋人员的统计,半小时内挖出人员救活率高达 99.3%,第一天挖出的人员救活率为 81%,第二天挖出的人员救活率急剧下降为 33.7%。大多数幸存者是依靠自救和互救逃生的。但对于非一般人力能解决的复杂严重灾情,骨干队伍和专业伍的抢险救援仍不可替代,经过专业训练的志愿者可以在专业人员指导下协助开展救援工作。

目前我国已初步建立庞大的志愿者队伍,仅北京市就有 40 多万人。除参与应急抢险和救援外,还可参与灾民安置、发放救灾物品、维持社会秩序等工作。但原则上应就地开展救援服务,缺乏专门技能的大量志愿者盲目奔赴灾区往往事与愿违,不但帮不上忙,反而给灾区增加了负担。因此,需要对志愿者按照专业和特长分类登记注册,根据应急救援的需要进行专业培训,更好地发挥志愿者队伍在灾害应急救援中的作用。

2. 应急救援的原则和组织系统

首先要坚持"以人为本"，把人的生命安全放在首位。第二，要坚持时间观念和效率意识，力争在第一时间赶到现场，快速有效控制局面，以尽可能小的代价，把损失降低到可能的最小范围。第三，要坚持多部门及社会力量的协同分工，整合各种减灾资源，发挥整体优势，形成应急合力，实现最佳效果[14]。

灾害应急救援系统由应急指挥中心、现场指挥中心、支持保障中心、媒体中心和信息管理中心组成，其职能分工见图 7.5[14]。

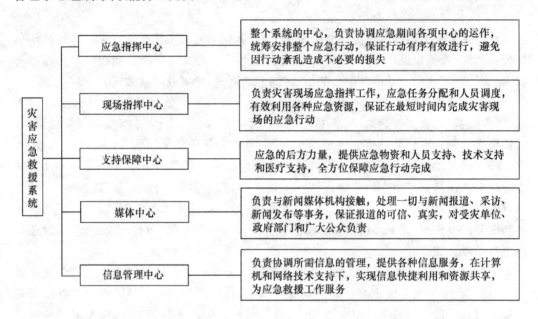

图 7.5　灾害应急救援系统

7.5　灾损评估

7.5.1　灾害损失的构成

灾害损失包括经济损失、社会损失和生态损失三个方面。

灾害经济损失是指因各种灾害事故导致的既得经济利益或预期经济利益的丧失，包括直接经济损失和间接经济损失。前者是指各种灾害事故发生过程中直接造成的现场经济损失，后者是指各种灾害事故发生时和发生后的非现场经济损失。[15]

灾害社会损失包括灾害事故所造成的社会秩序混乱、灾民健康影响和心理创伤、政府和相关部门公信力下降、灾区社会形象受损、地区之间发展水平与社会不同阶层之间的贫富差距拉大等不良社会影响。

灾害生态损失包括灾害事故所导致或加剧的水土流失、环境污染、水资源短缺、植被破坏、生物多样性减少等。

灾害的经济损失通常可用货币衡量,社会损失和生态损失往往难以用货币度量,有些社会影响和生态影响可延续几十年甚至更长。有些损失可以功能替代法折算,但也只能供参考。

灾损评估是对在事故所造成的经济损失和人员伤亡进行的定量估算,是决定灾后救济和恢复重建力度的主要依据。在灾害初期进行的估算为灾损预估,灾后进行的是最终灾损评估。由于灾害造成的社会损失和生态损失难以定量,通常只进行经济损失的定量评估,其中又以灾害现场的直接经济损失为主,间接经济损失和社会损失、生态损失只粗略估计或定性描述。

7.5.2　灾害直接经济损失的评估

虽然把直接经济损失定义为灾害事故现场可以度量的经济利益损失,但不同学者对于其内涵仍有争议。有的人不赞成把人员伤亡列入直接经济损失,因为人的生命是无价的。灾害所造成的资源与环境损失也往往超出灾害现场且难以准确定量估算。不同灾种的具体计算方法更是千差万别。发达国家由于灾害保险覆盖面广,往往以灾后保险公司支付的赔偿作为直接经济损失,但在发展中国家,灾害保险还不普遍。但总的趋势,随着社会经济的发展和定量测算方法的改进,对灾害直接经济损失评估的范围在逐步扩大。

郑功成提出的灾害直接经济损失计算公式如下:[15]

灾害直接经济损失＝人类创造的财富损失＋自然人的生命与健康损失＋自然
资源损失＋相关费用损失

1. 人类创造的财富损失

表示含有人类劳动价值在内的各种物质财富或可以用货币计量的其他财富,在各项经济损失中最为直观且最能找到客观计量标准,经济越不发达的地区,这一项在直接经济损失总量中的比重越大。主要包括产量、产值、利润、物资的损失,房屋、企业设备、基础设施等固定资产的损失,家庭财产与银行存款的损失等。计算产值损失时,不仅要考虑产量的损失,还要考虑质量和价格的下降;对于难以贮存的农产品还存在因灾延误未能及时销售而损坏的问题;工业也需要对半成品或报废品的残值计算。计算利润损失时,因灾造成的成本上升是一个突出的因素,如停电以后不得不以燃油动力替代,道路损毁后不得不绕道通行。

2. 自然人的生命与健康损失

虽然人的生命无价,人员伤亡并不单纯是一种经济损失,但在发生重大灾害,要对因灾伤亡人员进行抚恤、救济和补偿时仍然需要通过经济学的方法确定可操作的标准。从人的成长过程、劳动价值和社会属性来看,自然人具有经济属性,可以从抚养和教育成本、劳动能力与工资水平等方面对相关经济损失进行测算。计算公式如下:[15]

自然人的生命与健康损失＝医疗费＋歇工工资＋劳动力丧失＋抚恤费与丧葬费
＋其他费用

3. 自然资源损失

指自然形态,未经人类加工的物质财富损失,如土地资源、水资源、森林、草原等的损失。虽然估算的难度较大,但仍可从这些自然资源的服务功能上进行估算,如土地生产力的下降或可利用面积减少,水价和提水、输水、净化成本,森林和草原植被的生产功能等。

4. 相关费用损失

主要是灾害救助与恢复重建所需付出的成本,如救援队伍组织与物质消耗,损毁房屋修缮或重建,伤病人员安置、救助与治疗,灾区环境整治等。计算公式如下:[15]

灾害事故直接费用损失＝紧急抢救费用＋现场清理费用＋污染控制费用
＋其他相关费用

其他费用包括交通、检验、调查、接待等。

7.5.3　灾害间接经济损失的评估

灾害间接经济损失的评估远比直接经济损失评估的影响因素更多,难度更大。目前研究较多的是企业的灾害间接经济损失。1926年美国海因里希提出,把生产公司申请,由保险公司支付的损失作为直接损失,意外的财产损失和因灾停工造成的损失作为间接损失,并调研得出直接损失与间接损失的比例为1∶4。此后,国内外有不少调研,表明灾害间接经济损失与直接经济损失的比例因不同灾种和产业有很大差异,大致在2～5之间。[15]

黄谕祥等在1993年首次提出灾害的间接经济损失包括间接停减产损失、中间投入积压增加损失和投资溢价损失三部分,并且利用了城市投入—产出表所表达的产业关联关系估计了由于生产的连锁性造成灾害的进一步损失。[16]王海滋等(1997)和李春华等(2012)先后以地震和洪水为例,把灾害间接经济损失分为减产停产损失、产业关联损失和投资溢价损失三类,并构建了灾害经济损失及其构成关系的框图(图7.6,7.7)。[17,18]

与工业相比,农业的灾害间接经济损失的评估更加复杂,这是由于农业生产的周期和产业链长,灾后的不确定因素更多。有时看来较重的自然灾害,如果后期管理得当和气象条件有利,结果并未减产;有时看来似乎较轻的自然灾害,如果管理不当或后期气象条件不利,最终减产程度出乎意料的大。农产品的价格还受到市场的影响,如 2010 年由于冬季冻害和春季霜冻灾害严重,华北果树普遍减产,但由于当年果品价格飙升,许多农民反而增加了收入。有的丰收年,农民由于价格降低和卖不出去,实际收入反而下降。因此,对农业灾害的间接经济损失评估,需要考虑多种因素并进行跟踪评估。

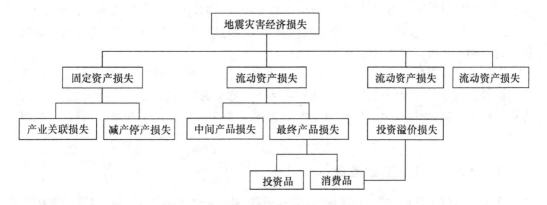

图 7.6　地震灾害经济损失构成及其关系

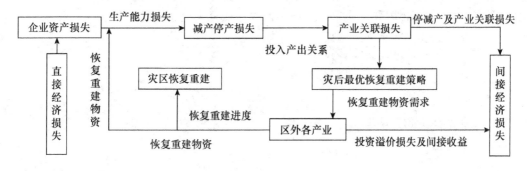

图 7.7　洪灾经济损失构成及其关系

7.6　灾后恢复与重建

7.6.1　灾后恢复重建的内容和步骤

灾后恢复包括受灾地区的生产与经济活动的恢复、基础设施和公共服务的恢复、社会秩序和正常生活的恢复、生态环境的恢复以及灾民心理创伤的恢复等,重大灾害发生之后的恢复重建需要很长一段时期。灾后恢复可分为应急响应期间的快速恢复和灾后重建的全面恢复两个阶段。

应急响应阶段的恢复是指在在灾害发生之后,对基本生活保障所必须设施和服务功能的恢复,包括生命安全保障系统、基本生活支持系统、心理精神依托系统和组织交流活动系统,这个阶段的快速恢复是与应急救援同时进行的,通过应急响应阶段的恢复工作,灾民的基本生活得到保障,灾区的社会秩序初步稳定下来,但还远不能达到灾前的生产、生活水平和社会稳定程度。这一阶段的恢复要求快速完成,但标准不必太高,能保证灾民的安全和基本生活需要就行。

灾后重建阶段的恢复是对受损区域进行全面建设,使所有受损对象恢复到灾前甚至更高的发展水平。在灾情得到基本控制,民生得到基本保障之后,就开始进入这一阶段。在全面恢复阶段,灾民对恢复重建的要求明显提高,要根据灾民需求和可利用资源,分清轻重缓急。要注重质量,不能操之过急。

7.6.2　重大灾害的恢复重建规划

重大灾害使灾区的建筑、基础设施、公共服务、社会秩序和生态环境都遭受巨大的破坏,全面恢复重建需要较长的时期,必须编制恢复重建的总体规划和专项规划并分步实施。重大灾害的恢复重建规划需要由国家或省级政府在全面调研和专家研讨的基础上组织制定。如 2010 年国务院印发的玉树地震灾后恢复重建总体规划包括以下内容:

第一章　灾区概况和重建基础

第二章　总体要求和重建目标

第三章　重建分区和城乡布局

第四章　城乡居民住房

第五章　公共服务设施

第六章　基础设施

第七章　生态环境

第八章　特色产业和服务业

第九章　和谐家园

第十章　支持政策和保障措施

实施规划要注意掌握好以下原则:

1. 恢复重建工作的时序性

灾后恢复重建工作千头万绪,但人力、财力和资源有限,必须根据灾民需求和现实可能排出优先序。图 7.8 是 2004 年印尼地震海啸的灾后工作程序,可以看出,在紧急救援高潮过后就要实施安居工程,使灾民得到临时安置,灾区社会秩序才能得到初步恢复。灾民生活和生产的恢复要同时着手,有条件的先上,如出售尚存产品和田间作物的管理,但有些生产活动则需要在恢复水、电和原材料等的供应后才能进行。公共设施和基础设施的恢复重建则需要更长的时间,其中供水、供电、通信等与灾民生活、生产密切相关的基础设施恢复重建要优先安排,进一步提高生活质量的永久住宅及服务设施兴建可适当放后。[19]

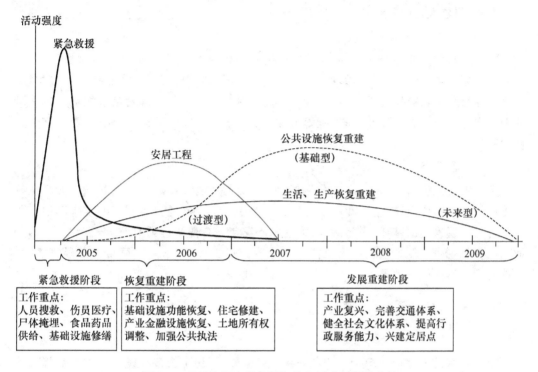

图 7.8　印尼灾区灾后救援和恢复重建工作的进程

2. 科学选址

灾后重建是在原址还是迁址,要考虑当地的地质地貌、水文、气象、历史环境、生态环境、交通条件、人口分布、经济布局、民族与宗教等多种因素。

(1)考虑安全。汶川地震之后,映秀镇新建不久又遭遇特大泥石流的侵袭,造成新的伤亡,就是由于对新址的灾害隐患估计不足。

(2)考虑未来的发展潜力。选择交通相对便利,资源条件相对有利,与本地区经济中心城市联系紧密的地点。还要注意尽可能少占农田,尽量不占良田。

3. 恢复水平

应急救援阶段的恢复标准可以低些,满足灾民基本生活需要就行。但到全面恢复阶段,恢复重建的标准应高于灾前的原有水平。这是因为住宅建筑和基础设施建设都要使用或运行至少几十年,而且随着社会经济发展,人民对居住条件和公共服务的要求会越来越高。如果新建的住宅和基础设施过几年或十几年都不能适应新的需求而不得不推倒重建,会造成巨大的浪费。如有的人口密集地区,灾后修建的公路不够宽,几年后就出现交通拥堵,不得不重新拓宽。另一方面,也不能过于超前,更不能脱离实际。在人烟稀少的山村,修建太宽的公路就没有必要。

4. 资源需求与调度

在紧急救助阶段,初步的恢复除政府调拨救灾物资外,还要充分利用本地资源,尤其是在外界救援物资到达之前。如农村可利用现有建材、木料、薄膜等搭建临时安置房,利用各家存粮和菜田提供食用。到全面恢复阶段,对建设物资的需求量极大增加。要尽可能挖掘本地资源潜力以降低成本,统筹调拨灾区以外资源,对于紧缺资源要责成有关企业加快生产。

5. 融资问题

重大灾害发生后,灾区财政十分困难,灾民收入大幅下降甚至完全断绝。灾区恢复重建所需资金需要政府、企业和社会各界伸出援手。国家和地方政府在财政预算中应预留救灾与恢复重建的基金,平年储备,集中用于灾年。企业也应留有防灾资金并投保,从而建立多种融资机制。组织灾民尽快恢复生产或以工代赈,增强灾区自身的经济实力,也能起到一定的融资效果。

7.6.3 灾后社会秩序的恢复

1. 灾后的社会不稳定因素

重大灾害的发生往往产生和诱发一系列社会矛盾,历史上多次发生大灾之后爆发农民起义或战乱,现代社会由于建立了完整的救援体系,一般不会发生大的动乱,但灾后仍然存在大量社会不稳定因素:

1) 灾后恐慌

灾害带来的财产损失、亲人伤亡、社会秩序失控、信息不畅、基本生存需求得不到满足、知识和技能不足都可以引起灾民的恐慌,通过灾害链的连锁效应、谣言传播、从众心理和集群行为,这种恐慌还会在人群中放大,甚至扩散到非灾区群众。[20]如 2010 年日本的地震海啸灾害过后,我国部分地区疯传核污染扩散,碘盐被抢购一空。火灾、余震、滑坡与泥石流、疫病等次生、衍生灾害也会加剧灾民的恐慌。

2) 恢复重建中的矛盾冲突

灾后恢复重建可分为救灾期、安置期、重建期、正常化等四个阶段,在救灾期确保生存是第一需求,各种矛盾被暂时掩盖。安置期各种矛盾开始显现,在重建期集中爆发并产生各种冲突,以利益冲突为核心,并伴随管理冲突、文化冲突和个人冲突。[21]如部分灾民要求追究灾中损毁房屋和基础设施的建设质量和政府监管责任,对救灾物资和安置房的分配是否及时和公正产生质疑,此外,危房拆除、维修、加固和倒塌房屋的补助,过渡房建设占地的补偿,基础设施和公共服务设施修建、居民住房规划等,都存在利益矛盾和不稳定因素。如未能及时化解,很容易引发聚众诉求、越级上访,甚至哄抢物资等群体事件。

3) 灾后刑事犯罪案件多发

重大灾害过后由于物防、技防设施严重受损,物业管理和人防流于形式,大量居民外出避灾,原有群防群治工作基本瘫痪,使治安防控难度空前增大。煽动哄抢救灾物资、宣传组织迷信活动及流氓、强奸、盗窃、抢劫等刑事犯罪活动呈现先抑后扬和持续走高趋势,哄抬物价、生产出售伪劣食品药品、贪污侵占救灾款物、骗取保险、暴力争夺工程项目、非法传播邪教并募集捐款等经济犯罪也可能增多。

2. 加强灾后治安防控工作

加强灾后防控机制建设,首先要建立健全治安防控指挥协调并设立指挥平台和情报信息系统,广泛收集涉及社会稳定、治安动向、社情民意等内幕性、深层次、预警性、动态性情报信息,注意案件高发地段和不同,打造街面巡逻防控网、重点地区防控网、社区巡逻防控网街面和单位内部巡防网等"四张网"。要突出重点人口及来自高危地区人员的管控,尤其是可能从事违法犯罪活动的治安危险分子,对社会极端不满人员、有报复社会苗头可能铤而走险的人员。

3. 灾区政府的危机管理策略[20]

(1) 加强社会监管,依法惩处引起社会恐慌的谣言传播者。

(2) 加强市场管制,制止哄抬物价和囤积行为。尽可能提供充足的救灾物资,保证群众基本生存需求。为保持灾区物价稳定,第一,要积极发展生产,增加社会商品总供给量。第二,要充分运用经济和法律手段,进行价格调控,特别是抓住带动物价指数上涨的"龙头"价格,切实管好"米袋子""菜篮子"等基本生活必需品的价格。第三,政府支持,部门配合,综合治理,齐心协力,摘好价格监督。其中,治理公路"三乱"(乱设卡、乱收费、乱罚款)要防灾突出的地位,确保通往灾区的物资快捷畅通。[22]

(3) 确保信息畅通。本着及时、真实、透明的原则,正向引导舆论。充分应用电视和报纸等媒体统一规范灾害信息基调,发布有利于政府危机公关的信息。对利用网络和手机传播谣言,煽动群众闹事的不良信息要及时封堵、删除和查处,澄清事实,稳定人心。

(4) 强化政府和第三方权威机构的公信力以消除群众疑虑。对于违背科学原理的谣传可以邀请权威专家宣讲澄清。

(5) 社会协同开展群众心理健康辅导,开通心理咨询热线,进行专业性心理干预,开展灾区群众互助,普及救灾知识,以提高自救互助和心理承受能力。

(6) 注意宗教政策,搞好民族团结。我国西部和边疆一些多灾地区大多是信仰各种宗教的少数民族聚居区,灾后社会稳定与落实党的宗教与民族政策密切相关。在恢复重建工作中要尊重少数民族的宗教信仰和风俗习惯,认真听取他们的诉求和意见,切实照顾群众利益,保护民族文化。对于恢复重建中出现的矛盾和冲突,要依托民族自治机构和有威望的宗教和民族人士,做好少数民族和信教群众的思想工作。

7.6.4 灾后生产的恢复

重大灾害发生后,不仅造成人员伤亡、生产停顿、产品和设备损坏,还通过产业链影响到上下游企业的生产和市场消费,农产品等生活必需品生产和供电、供水的中断更直接影响到灾区人民的生活。尽快恢复受损企业与产业的生产,不仅可以减少灾区的经济损失,还直接关系到灾民的生活保障和社会稳定。

1. 灾区基础设施的恢复

灾区恢复生产要把基础设施的恢复放在首位,这是因为电力和能源、供水、交通、通信等不仅是现代工农业生产最重要的生产要素,而且是人民维持基本生活所必需。首先要千方百计恢复交通,只有打通被灾害事故封堵的道路,救援物资和人员才能进入,需要转移的灾民和伤病人员才能转移出去,恢复生产所需原料和生产资料才能运进,产品才能运出。紧接着要尽快恢复供电,在一时难以满足充分供电的情况下,要采取柴油发电、从相邻地区输电等变通办法。在用电十分紧张的情况下,首先要保证救援和医疗用电。在灾情有所缓解之后,再逐步恢复生产用电。通信系统和供水系统也要抓紧恢复,为改善灾民生活条件和逐步恢复生产提供保障。

2. 灾区工业生产的恢复

灾区工业生产的恢复是复杂的系统工程,要成立灾后恢复工业生产的统筹领导机构,制定抗灾复产工作方案、目标和实施办法,并抓好落实,健全考核与奖惩制度。

以湖南省衡阳市 2008 年冰雪灾后工业生产的恢复过程为例,要重点抓好以下工作[23]:

(1) 全力以赴抓抢修。深入现场了解企业灾损和生产情况,做好厂房、设备的抢修、维护和保养,加快恢复水淹矿井的供电和排水设备检修,尽早排除尚存险情和隐患。

(2) 做好煤、电、油、气、运等生产要素的保障工作。积极联系和主动协调电力、通信、交通等部门,力争在最短时间内恢复。在电力供应全部恢复正常以前要做好有序用电、节约用电,优先保证重点骨干企业、重点建设项目和矿山救灾排水用电、用油,限制高耗能、高污染企业用电。

(3) 受灾较轻企业开足马力生产能快则快能超则超,受灾较重企业也要振奋精神抓好生产自救,早日实现满负荷生产。在电力供应尚未完全恢复正常的情况下,要科学安排合理调度,尽可能利用节假日、气温回升时段及晚班组织生产,实行错峰、避峰生产。但停产企业如不具备恢复生产的条件时要确保安全,尤其是矿山企业,绝对不得盲目恢复生产。

（4）通过一批新项目建设着力培育新的增长点,企业要研究新的市场动向,寻求发展机遇,如冰雪灾害导致南方地区对电力设备器材的需求猛增。

（5）千方百计保市场。部分企业因停产半停产或道路封闭不能按时供货,导致客户需求告急,甚至要废除合同另求合作厂家。要迅速加强与客户沟通联系,做好宣传解释,取得理解和支持,保住原有市场。

3．灾区农业生产的恢复

灾区农业生产的恢复比工业生产更加复杂,要综合考虑灾害造成的损失、对农业生产条件和设施的破坏、灾后可种植期的长度、本地劳动力和生产资料的状况以及农业技术支撑条件、地方政府与社会救助能力等因素,制定可行的生产恢复方案与技术措施。对于不同的地区、不同类型的灾害、灾害发生的不同时期与程度,所需要采取的恢复措施是不同的,应实行分类指导。[24]

1）灾后种植业生产的恢复

抢收已成熟尚能利用的农产品及时上市。组织修复损毁农田、农机、水利设施和仓库。积极争取上级调拨化肥、种子、农药、地膜、柴油等物化补贴尽快到位公平发放,积极联系农资部门调运和贷款购买急需生产资料。未成熟作物要根据灾害影响,抓紧抗旱、排涝、中耕、施肥、防治病虫等各项管理,由于大量劳力忙于救灾和安置,各项技术措施要尽可能简便易行。绝收地块抓紧清理翻耕,根据灾后无霜期长度抢种能够成熟的早熟品种。为满足灾民和附近城镇需求可种植速生叶菜和室内芽菜。绝收果园要彻底清理,残留果树进行根外施肥和土壤消毒,适当整枝疏果以恢复树势,加强苗圃管理,提供重新栽植的树苗。灾后无霜期尚有 60 天以上的稻田可种植再生稻。

2）灾后养殖业生产的恢复

因灾死亡畜禽和鱼类要挖坑深埋或焚烧进行无害化处理。尽快修复因灾损毁畜舍、棚圈和鱼塘并对内部和周围环境彻底消毒。存活畜禽和鱼类重新分类合并饲养或养殖,调整饲料饵料配方,提高营养标准,促进动物迅速恢复体况。注意畜禽饮水清洁和通风防湿。防止使用受潮发霉饲料饵料,必要时可添加预防应激和疾病的药物。主动对保留畜禽和鱼类实行免疫注射。积极协调农资部门调运和贷款购买恢复生产所需种畜、种蛋、鱼苗、配方饲料和饵料、兽药、鱼药、疫苗等生产资料。残存可利用畜产品和水产品要在确保无害的前提下抓紧处理和上市。

7.7　救济与善后

7.7.1　灾后救济

重大灾害过后,临时安置的灾民的生命安全虽然得到保障,但由于房屋、财产和设施严重受损,生活困难,尤其是在物质储备和货币储备都很少的农村,需要迅速开展救助,包括国家财政救助、灾害保险救助、社会救助、受灾单位和灾民自救、灾害保险救助四个途径。

1. 政府财政救助

国家财政对自然灾害损失进行补偿,基本思路是以税收作为再分配工具实现社会保障,这是世界各国公认的原则。发展中国家由于市场机制尚不完善,灾害保险发育迟缓,政府财政应当在灾害救助中发挥主导作用。根据国际经验,在工业化中后期阶段,政府财政救助资金至少应占 GDP 的 1.5%。[25]目前我国政府财政的灾害救助投入水平偏低,随着经济发展水平的不断提高,今后灾害救助财政投入将有明显的增加。政府财政救助由国家和地方分级管理,采取无偿救助与有偿使用并存,救灾与扶贫相结合。无偿救助资金用于紧急抢救灾民,保证最低生活;有偿资金主要用于灾后恢复生产。

2. 社会救助

政府财政救助虽然发挥着主导作用,但在发生重大灾害时,政府的财力仍然十分有限,难以担当灾害社会救助所有公共管理的责任。国家综合防灾减灾"十二五"规划提出要完善鼓励企事业单位、社会组织、志愿者等参与防灾减灾的政策措施,建立自然灾害救援救助征用补偿机制,形成全社会积极参与的良好氛围。充分发挥公益慈善机构等非政府组织在防灾减灾中的作用,完善自然灾害社会捐赠管理机制,加强捐赠款物的管理、使用和监督。2008 年汶川地震以来,我国对灾区的社会救助有明显增加,但与发达国家相比,社会救助的规模和普遍程度还很小,特别是慈善机构的数量和规模都不大。应出台奖励政策和法规,扶持非政府公益组织的发展,鼓励国内外组织和个人对自然灾害的救助捐赠,同时严格管理捐赠资金,让捐赠者的爱心真正洒落在灾民的心田。

3. 受灾单位和灾民自救

由于我国还是一个发展中国家,受灾单位和灾民也不能完全依赖政府和社会团体的救助,要充分利用自身拥有减灾资源的作用,最大限度减轻灾害损失,恢复正常的生产和生活。新中国成立初期就制定了"生产自救,节约度荒,群众互助,以工代赈并辅之以必要的救济"的救灾工作方针,包括平时储备的物资和资金用于恢复生产和购置必需的生活资料;将残留建材和自有树木用于家园重建;非灾区的亲友给予帮助也是一种自救途径。农村居民要不误农时抓紧田间管理,农业绝收的可在当地政府指导下外出打工。地方政府还可以组织灾民参加当地列入计划的工程建设。

4. 推行灾害保险

灾害保险是发达国家灾后救助的主要途径,通过转移和分散风险,通常可以获得灾害直接损失 50% 以上的赔付。但发展中国家的市场机制还不完善,灾害保险覆盖面窄,尤其是贫困地区的农村,需要探索适合中国国情的灾害保险体制。2006 年以来,我国新一轮的农业灾害政策性保险试点的范围逐年扩大,取得显著成效,但在西部一些财政困难的省区覆盖面还偏小。

在发生巨灾的情况下，一般的保险公司难以支付巨额的赔偿，国际通行的做法是由再保险公司对保险公司承保。还可以通过巨灾期货、巨灾债券、巨灾期权等方式来转移和分散巨灾风险。

7.7.2 灾后环境整治

1. 灾后环境整治的意义

重大灾害发生对灾区生态环境造成严重破坏和污染，尤其是地震、洪水等破坏力极大和死亡率较高的大灾。如汶川地震及其次生灾害加剧了水土流失，造成 66.67×10^4 hm² 农田受损，土地生产力下降；大片森林被毁，珍稀动物生存受到威胁；地表水和地下水受到污染，城乡水井井壁坍塌，井管断裂或错开、淤沙，部分饮用水浑浊泥沙含量大。大量医疗垃圾、生活垃圾和人畜粪便污染物导致病毒、细菌滋生，直接影响饮用水安全。灾区人畜尸体如处理不及时或方法不当，也有可能引发疫病流行。因此，灾后对灾区必须及时进行环境整治，包括灾区卫生防疫和生态恢复两大部分。

2. 灾区卫生防疫

历史上的重大灾害发生后，灾后死于疫病的人数往往超过灾害中的直接死亡。这是因为古代社会缺乏及时有效的救援和医疗防疫知识。现代社会虽然应急救援能力和医疗防疫水平有了很大提高，但在重大灾害发生时，由于伤亡人数多、交通堵断、当地基础设施和医疗机构受损，人畜尸体和大量污染物来不及处理，仍然是对灾民和救援者健康和生命安全的极大威胁。因此，在抢救灾民和临时安置之后，要立即开展灾区的环境整治和卫生防疫工作。如在汶川地震中，绵阳市[26]总结出 10 条卫生防疫措施：统筹指挥、整合资源，医疗卫生防疫覆盖到村；统一技术方案，规范应急处置；狠抓环境整治和消杀防疫，消除疾病隐患；注重能力恢复，加强疫情监测报告和分析；现场快检与实验室监测相结合，保证饮水安全；严格食品卫生监管，防止食源性疾病发生；进行应急接种，建立免疫屏障；开展卫生学评价，控制危险因素；开展病媒生物监测，防止媒介生物孳生；广泛开展健康教育，普及救灾防病知识。实现在大灾之年无暴发疫情和突发公共卫生事件发生，传染病报告发病率较前三年同期平均水平下降 29.23%。

农村灾后伤残和病人较多，又存在大量的污染源和致病原。灾民安置点应建立临时医疗点，村卫生员要在乡镇卫生院和外来医疗急救队的指导下，提供村民伤残病等情况，协助做好医疗救护和防疫工作。

灾民临时住所的粪便、废水、垃圾都妥善处理，在原有的排污系统恢复以前，可将垃圾集中深埋，将粪便和污染通过沟渠引到农田，避免在住所附近堆积。死亡畜禽要喷洒消毒液、焚烧或深埋，进行无害化处理。要组织村民对住所周围环境经常消毒和消灭蚊蝇。

3. 生态系统恢复

灾后要对灾区及周围环境的生态系统进行恢复。疏浚河道,修整受损农田,清理滑坡与泥石流迹地,选择适宜树种草种栽植以恢复植被。

在生态恢复时要特别重视要加强水源保护,加强饮用水的水质监测,监管居民集中点的污水排放和生活垃圾处理,防止污染地下水。山区要尽快制定水土流失控制方案。救援初期为抢救生命打通道路或修建临时安置灾民的住所,往往来不及采取充分的保护措施,把土直接推进山间与河谷。灾后重建时要及时清理沟谷,控制水土流失。灾后还要注意野生动物生境的恢复,清除生境连通的障碍,必要时向珍稀野生动物栖息地提供适量的食物。灾区恢复重建活动要尽量减少对野生动物栖息地的干扰。

7.7.3　灾害善后工作

广义的灾害善后工作包括灾损评估、灾民安置、抚恤救助、恢复生产、重建家园、环境整治、保险理赔、总结经验和奖惩处理等一系列工作。狭义的灾害善后主要指前文所述之外,因灾致死伤残人员抚恤、灾区环境整治、灾后总结经验教训、对有关人员的奖惩等。

发生重大灾害时,国家规定工人、职员和军人因工负伤被确定为残废时,完全丧失劳动力不能工作,退职后饮食起居需人扶助者,发给因工残废抚恤费至护肤劳动能力或死亡时止。工人、职员因工死亡,除发给一次性抚恤金外,还按其供养的直系亲属人数,每月付给供养直系亲属抚恤费,至受供养人失去受供养条件为止。还规定革命残废军人抚恤费,革命军人牺牲、病故抚恤费,国家工作人员伤亡、病故抚恤费等。农村居民因灾死亡或伤残,由村集体给予适当抚恤,无统一标准,当地民政部门通常也给予适当救助。

重大灾害发生和平息后,灾区的企事业单位和农村集体都应该及时总结,内容包括本次灾害事故发生的原因与造成的损失,应急响应的主要做法与效果,存在问题与经验教训,加强安全减灾能力的主要措施。在此基础上,检查薄弱环节,盘查隐患并限期采取处置措施。对原有的预案进行补充和修订,改进防灾减灾管理。对抗灾救灾中涌现出来的先进人物和事迹进行表彰和奖励,对防灾和救灾中的消极行为与失误进行批评和教育,对渎职者给予必要的行政处分,构成犯罪的提交司法部门依法处理。

不发生重大灾害的年份,企事业单位和农村集体也应进行年度减灾工作总结,经常对员工和村民进行减灾知识和技能的培训,盘查和及时消除隐患。

每次重大灾害的发生都会暴露出不少灾害事故隐患和减灾管理存在问题,地方政府对抗灾救灾中的先进人物和事迹应予以表彰奖励,但不能以此掩盖减灾工作中的失误,追求虚假政绩。重大灾害过后,应及时组织相关部门和专家研讨,从管理和技术两方面进行总结,举一反三,找出薄弱环节,及时消除隐患,修订原有预案,改进减灾管理。不少省市还组织编撰减灾年鉴,记载本地区灾害发生概况和减灾活动的效果。

7.8　减灾法制建设

7.8.1　中国减灾法制建设的成就

减灾法制(legality of disaster reduction)是减灾系统工程的重要组成部分,是防灾减灾工作顺利开展的前提,公民生命财产安全和国民经济可持续健康发展的保障。

新中国成立以来减灾法制不断完善。到 2003 年,涉灾法律行政法规已超过 170 部,覆盖各种常见灾害。既涵盖灾害监测预警、应急处置,也涵盖灾害救助、赔偿补偿和恢复重建等减灾环节;既涉及灾害应对人员、财政、物资保障,也涉及通讯和交通支撑。初步建立起具有中国特色的减灾法律制度体系,基本明确了政府、企业、社会、个人各方的权利义务,做到有法可依。在综合类立法方面,2007 年公布的《突发事件应对法》将突发事件分为自然灾害、事故灾难、公共卫生事件、社会安全事件等四大类分别加以规范。《刑法》《治安管理处罚法》等法律中也有与自然灾害有关的内容条款。在各灾种立法方面,针对水旱灾害、气象灾害、地质灾害、生物灾害、危险品泄漏、食品安全、公共卫生、环境灾害、海洋灾害等,分别制定了一系列法律和行政法规。相关部门还出台大量部门规章,地方人大和政府也出台了大量各灾种应对的专门地方性法规和地方政府规章。结合防灾减灾的各阶段工作,在有关规划、普查、测绘、救助、权责等方面的法律、法规中都含有减灾有关的内容。有关灾害治理应对的人、财、物诸方面的保障,也有了较系统的法律规范。我国还参与了一些与灾害预防、处置、救助等相关的国际条约协定。[27]

7.8.2　中国减灾法制建设存在的问题[27,28]

1. 缺乏防灾减灾的基本法

虽然已建立许多单灾种的减灾法律法规,但综合减灾立法仍然缺失;救灾环节立法内容比较丰富,但灾害预防预警、灾后恢复重建、因灾征收征用等方面的立法较为缺失。《突发事件应对法》的公布虽然起到一定的综合规范作用,但并不能替代《防灾减灾基本法》的立法。由于经济全球化和全球气候变化,现代社会发生的灾害越来越带有综合性,并形成灾害链延伸和扩展,而现有法律法规对不同灾害减灾的共性问题缺乏统一规定,在几种灾害并发或产生新的次生灾害时往往无法可依。各类灾种减灾法律法规之间也缺乏相互联系与协调。

2. 权责分配不够合理清晰

现有减灾法律法规过于强调政府责任为主,公众在灾害应对处置中的权利不足,特别是知情权未得到有效保障;同时也存在公众责任不足,灾民和灾区存在"等,靠,要"的单纯依赖倾向。

3. 存在失衡与偏差

重抗灾,轻预防;重救灾,轻管理制度构建;导致灾害应对的"一案三制"(减灾预案和体制、机制、法制)建设往往流于形式,未能发挥应有效力。各地编制的减灾预案大多照葫芦画瓢,缺乏区域特色和可操作性。

4. 未实现灾害应对管理的常规化

近年来在发生较大灾害时,往往要等中央高层领导出台才能有效处置和应对,中央和地方政府的权责界限不清,"属地管辖"原则尚未全面落实。

7.8.3 中国减灾法制建设的发展方向[27]

针对上述问题,应通过法律制度建设逐步克服灾害应对的"人治"倾向,逐步形成完善的防灾减灾法律制度体系。

1. 以责任公平分担与风险合理分摊为基本原则加以完善

应从权利义务相统一的理念出发,公平设置各方权利义务。包括尽快完善灾害保险法制,通过灾害保险分担、补偿灾害损失,有效调动投保人主动防灾减灾的积极性。立法建构巨灾保险制度,设置强制性的"责任封顶"机制。救灾补偿要充分考虑受灾对象之间、救灾地区之间和历次救灾补偿之间的相对公平。

2. 尽快出台防灾减灾基本法

借鉴发达国家的经验,由全国人大出台综合减灾法律和相关专项法律法规。综合减灾法律的制定应秉承安全第一、综合治理的理念,涵盖各灾种,超越单阶段,将灾害管理的全流程纳入。考虑到现有应急预案缺乏法律赋予的强制力和执行力,不能发挥预期效果,有必要在基本法中明确应急预案的法律效力。

3. 补充和完善现有单灾种和专项法律法规及预案

虽然已有许多单灾种的防灾减灾法律法规,但仍有一些灾种和减灾环节的立法存在缺失。现有减灾预案的编制大多是在各级政府和减灾部门层面,远未达到"横向到边,纵向到底"的要求。需要加强指导,组织社区、乡村和企事业单位,针对当地主要灾种全面编制具有可操作性的减灾预案。

4. 加强防灾减灾标准立法

包括单项标准和综合标准,涵盖灾害种类划分、灾情统计、灾损评估、防灾减灾工程技术、灾害救助、恢复重建等各个方面。如编制符合国情的建筑物抗灾设防标准已是当务之急,还需采取切实有效措施,鼓励工程设计、施工、经营的企业单位采取更为严格的技术标准。

5. 完善与相关法律法规的衔接机制

包括与传统的民法、行政法、刑法、诉讼法的关联,较为综合的环境法、社会保障法的关联,以及保险法、交通法、气象法、地质法、农业法的关联衔接等,并涉及防灾减灾法制与其他法律的相互影响。

练习题

1. 减灾管理过程包括哪些基本环节?

2. 为什么说减灾是一项复杂的系统工程?

3. 减灾"一案三制"建设包括哪些内容?

4. 灾前要做哪些减灾工作?

5. 灾后的减灾工作包括哪些内容?

6. 我国的减灾法制建设有哪些成就?存在哪些问题?

思考题

1. 针对你所在单位或家乡的主要灾种编制减灾预案。

2. 结合你所经历某次灾害和所在地区情况,考虑如何评估灾害的直接和间接经济损失。

3. 结合你所在单位或地区的情况,讨论一下现有灾害监测、预测和预警系统的存在问题。

主要参考文献

[1] UNISDR. Terminology on Disaster Risk Reduction. The United Nations International Strategy for Disaster Reduction(UNISDR). UN. Geneva, Switzerland, May, 2009.

[2] 李树刚. 灾害学. 北京:煤炭工业出版社,2008:243—244.

[3] E. J. 亨利,等著. 可靠性工程与风险分析. 北京:原子能出版社,1988.

[4] 联合国国际减灾战略第六十六届会议大会决议. 66/199.国际减少灾害战略. 2011 年 12 月 22 日第 91 次全体会议通过. http://www.un.org/zh/ga/66/res/all2.shtml [2012-2-28].

[5] 龟田利明著. 危险管理论. 北京:中国金融出版社,1988.

[6] 联合国国际减灾战略第六十六届会议大会决议. 66/199.国际减少灾害战略. 2011 年 12 月 22 日第 91 次全体会议通过. http://www.un.org/zh/ga/66/res/all2.shtml [2012-2-28].

[7] 何奇. 注意农业灾害报道的负面效应. 新闻爱好者,2009(7 上半月):63.

[8] 2009UNISDR. Terminology on Disaster Risk Reduction. The United Nations International Strategy

for Disaster Reduction (UNISDR). UN. Geneva, Switzerland, May, 2009.

[9] 郑大玮,张波主编. 农业灾害学. 北京:中国农业出版社,1999,216—217.

[10] 国务院. 自然灾害救助条例. 北京:人民出版社,2010.

[11] 闪淳昌. 加强应急预案体系建设提高应对突发事件和风险的能力. 现代职业安全,2007(6):72—75.

[12] 滕五晓. 城市灾害应急预案基本要素探讨. 城市综合减灾 2006,13(1):11—17.

[13] 中华人民共和国水利部,中华人民共和国国家统计局. 第一次全国水利普查公报. 北京:中国水利水电出版社 3.2013,3—6.

[14] 张翘楚. 关于重大突发公共事件应急救援机制的研究. 北京人民警察学院学报,2010,(2):26—33,41.

[15] 郑功成. 灾害经济学. 北京:商务印书馆,2010. 246—271.

[16] 黄谕祥,杨宗跃,邵颖红. 灾害间接经济损失的计量. 灾害学,1993,9(3):7—11.

[17] 王海滋,黄渝祥. 地震灾害间接经济损失的概念及分类. 自然灾害学报,1997,6(2):11—16.

[18] 李春华,李宁,李建,等. 洪水灾害间接经济损失评估研究进展. 自然灾害学报,2012,21(2):19—26.

[19] 王岱,张文忠,余建辉. 国外重大自然灾害区域重建规划的理念和启示. 地理科学进展,2010,29(10):1153—1161.

[20] 唐钧,黄永华,郑雯,张益锋. 灾后恐慌症及其应对. 中国减灾,2011(4上):21—22.

[21] 钱宁. 灾后重建中的矛盾和冲突及其化解. 中国减灾,2010(10上):30—31.

[22] 张保增. 加强价格管理 保持社会稳定. 价格月刊,1995,(12):24.

[23] 衡阳市经济委员会. 段志刚在全市一季度工业生产调度会上的讲话. 灾后恢复生产专辑第二十六期,http://www.doc88.com/p-941839316553.html,2008-2-18,2008-02-18.

[24] 郑大玮主编. 村干部安全管理知识读本. 北京:中国人事出版社,中国劳动社会保障出版社,2014:147—128.

[25] 尧水根. 略论中国农业自然灾害救助机制构建. 农业考古,2010(6):213—214.

[26] 王卓,吴建林,张光贵,等. 汶川地震后绵阳卫生防疫措施与效果分析. 预防医学情报杂志,2009,25(5):364—367.

[27] 栗燕杰. 我国防灾减灾法制建设问题与发展方向探讨. 中国减灾,2013(7上):42—43.

[28] 邓聪. 我国防灾减灾法制建设的几点思考. 怀化学院学报,2012,31(9):30—33.